全国计算机等级考试四级教程

——数据库原理

（2020 年版）

Quanguo Jisuanji Dengji Kaoshi Siji Jiaocheng

——Shujuku Yuanli

教育部考试中心

主编　杨冬青

参编　王文杰

高等教育出版社·北京

内容提要

本书根据教育部考试中心制订的《全国计算机等级考试四级数据库原理考试大纲(2018年版)》编写而成。主要内容包括数据库原理概述，数据模型和数据库系统的模式结构，关系数据模型和关系数据库系统，关系数据库标准语言SQL，SQL与数据库程序设计，关系数据库的规范化理论与数据库设计，数据库系统实现技术，分布式、对象-关系、NOSQL数据库，数据库应用及安全性等。本书的编写目标是使通过四级数据库原理考试的考生能够掌握数据库系统基本概念和主要特征，了解各种主要数据模型，尤其是要深入理解关系数据模型，掌握关系数据语言，深入理解关系数据理论，掌握数据库设计方法，具有数据库设计能力，理解数据库管理的基本概念和数据库系统实现的核心技术，并了解随着数据库技术的发展而形成的新型数据库系统及其应用。

本书可供报考全国计算机等级考试四级数据库原理的考生使用，也可用作普通高等学校计算机专业基础课程教材或参考书。

图书在版编目(CIP)数据

全国计算机等级考试四级教程. 数据库原理 : 2020年版 / 教育部考试中心编. -- 北京 : 高等教育出版社, 2020.2

ISBN 978-7-04-053540-2

Ⅰ. ①全… Ⅱ. ①教… Ⅲ. ①电子计算机-水平考试-教材②数据库系统-水平考试-教材 Ⅳ. ①TP3

中国版本图书馆CIP数据核字(2020)第014230号

策划编辑 何新权　责任编辑 何新权　封面设计 李树龙　版式设计 杜微言
责任校对 刘丽娴　责任印制 赵义民

出版发行 高等教育出版社
社　　址 北京市西城区德外大街4号
邮政编码 100120
印　　刷 北京中科印刷有限公司
开　　本 787mm×1092mm 1/16
印　　张 15
字　　数 370千字
购书热线 010-58581118
咨询电话 400-810-0598
网　　址 http://www.hep.edu.cn
　　　　 http://www.hep.com.cn
网上订购 http://www.hepmall.com.cn
　　　　 http://www.hepmall.com
　　　　 http://www.hepmall.cn
版　　次 2020年2月第1版
印　　次 2020年2月第1次印刷
定　　价 32.00元

物 料 号 53540-00

积极发展全国计算机等级考试
为培养计算机应用专门人才、促进信息产业发展作出贡献

（序）

中国科协副主席　中国系统仿真学会理事长
第五届全国计算机等级考试委员会主任委员
赵沁平

当今，人类正在步入一个以智力资源的占有和配置，知识生产、分配和使用为最重要因素的知识经济时代，也就是小平同志提出的"科学技术是第一生产力"的时代。世界各国的竞争已成为以经济为基础、以科技（特别是高科技）为先导的综合国力的竞争。在高科技中，信息科学技术是知识高度密集、学科高度综合、具有科学与技术融合特征的学科。它直接渗透到经济、文化和社会的各个领域，迅速改变着人们的工作、生活和社会的结构，是当代发展知识经济的支柱之一。

在信息科学技术中，计算机硬件及通信设施是载体，计算机软件是核心。软件是人类知识的固化，是知识经济的基本表征，软件已成为信息时代的新型"物理设施"。人类抽象的经验、知识正逐步由软件予以精确的体现。在信息时代，软件是信息化的核心，国民经济和国防建设、社会发展、人民生活都离不开软件，软件无处不在。软件产业是增长快速的朝阳产业，是具有高附加值、高投入高产出、无污染、低能耗的绿色产业。软件产业的发展将推动知识经济的进程，促进从注重量的增长向注重质的提高方向发展。软件产业是关系到国家经济安全和文化安全，体现国家综合实力，决定21世纪国际竞争地位的战略性产业。

为了适应知识经济发展的需要，大力促进信息产业的发展，需要在全民中普及计算机的基本知识，培养一批又一批能熟练运用计算机和软件技术的各行各业的应用型人才。

1994年，国家教委（现教育部）推出了全国计算机等级考试，这是一种专门评价应试人员对计算机软硬件实际掌握能力的考试。它不限制报考人员的学历和年龄，从而为培养各行业计算机应用人才开辟了一条广阔的道路。

1994年是推出全国计算机等级考试的第一年，当年参加考试的有1万余人，2017年报考人数已达620万人。截至2017年年底，全国计算机等级考试共开考50次，考生人数累计达7 665万人，有2 885万人获得了各级计算机等级证书。

事实说明，鼓励社会各阶层人士通过各种途径掌握计算机应用技术，并通过等级考试对他们的能力予以科学、公正、权威性的认证，是一种比较好的、有效的计算机应用人才培养途径，符合我国的具体国情。等级考试同时也为用人部门录用和考核人员提供了一种测评手段。从有关公司对等级考试所作的社会抽样调查结果看，不论是管理人员还是应试人员，对该项考试的内容和

形式都给予了充分肯定。

计算机技术日新月异。全国计算机等级考试大纲顺应技术发展和社会需求的变化,从2010年开始对新版考试大纲进行调研和修订,在考试体系、考试内容、考试形式等方面都做了较大调整,希望等级考试更能反映当前计算机技术的应用实际,使培养计算机应用人才的工作更健康地向前发展。

全国计算机等级考试取得了良好的效果,这有赖于各有关单位专家在等级考试的大纲编写、试题设计、阅卷评分及效果分析等多项工作中付出的大量心血和辛勤劳动,他们为这项工作的开展作出了重要的贡献。我们在此向他们表示衷心的感谢!

我们相信,在21世纪知识经济和加快发展信息产业的形势下,在教育部考试中心的精心组织领导下,在全国各有关专家的大力配合下,全国计算机等级考试一定会以“激励引导成才,科学评价用才,服务社会选材”为目标,服务考生和社会,为我国培养计算机应用专门人才的事业作出更大的贡献。

前　　言

全国计算机等级考试四级教程，暨计算机专业基础课程教材——《数据库原理》，是根据教育部考试中心组织和实施的考试及制订的《全国计算机等级考试四级数据库原理考试大纲（2018年版）》编写的。

本教材以《全国计算机等级考试四级教程——数据库原理（2017年版）》为基础，根据新版考试大纲的要求，反映数据库技术的新进展，对教材内容进行了适当的扩充和修改。

本教程主要内容包括：数据库原理概述、数据模型和数据库系统的模式结构、关系数据模型和关系数据库系统、关系数据库标准语言SQL与数据库程序设计、关系数据库的规范化理论与数据库设计、数据库系统实现技术、分布式数据库与对象-关系数据库和NOSQL数据库、数据库应用及安全性。

通过学习，要求计算机等级考试四级的合格考生能掌握数据库系统基本概念和主要特征，了解各种主要数据模型，尤其是要深入理解关系数据模型，掌握关系数据语言，深入理解关系数据理论，掌握数据库设计方法，具有数据库设计能力，理解数据库管理的基本概念和数据库系统实现的核心技术，并了解随着数据库技术的发展而形成的新型数据库系统和数据库应用。

本教程由北京大学杨冬青教授主编，参加编写的人员包括：王文杰（第1、2、3、8、9章），杨冬青（第4、5、6、7章）。中国科学院研究生院罗晓沛教授对教程进行了审阅。

由于编写时间仓促，编者水平有限，疏漏之处在所难免，望读者提出宝贵意见，以便修订时改正。

编　者

目　　录

第1章　数据库原理概述

在现代社会里,数据库和数据库系统已经成为计算机信息系统的核心技术和重要基础,也是人们社会生活中不可缺少的一部分。从某种意义来讲,数据库的建设规模、数据库信息量的大小、使用频度和使用效果已成为衡量一个国家信息化程度的重要标志。要想掌握好数据库技术,首先需要了解数据库技术的基础知识,包括:信息、数据、数据库、数据库系统、数据库管理系统等专业术语的内涵,了解数据管理技术的发展历程、使用数据库方法的优势和不足、数据库技术的研究领域等。

本章的考核目标是:

- 理解并掌握数据库技术的基本概念和数据库方法的主要特征;
- 理解并掌握数据库系统的构成成分;
- 理解并掌握数据管理技术的进展,数据库方法相比于其他数据管理方法的优势;
- 了解数据库管理技术的发展历程;
- 了解数据库的应用领域,理解数据库应用是促进新型数据库发展的主要动力;
- 理解并掌握数据库技术的研究领域。

1.1　数据库技术基本概念

1.1.1　信息与数据

1. 信息(Information)

信息是具有特定语义的数据,也是对现实世界事物的存在方式或运动状态的反映,而且具有可感知、可存储、可加工、可传递和可再生等自然属性,信息又是社会上各行各业不可缺少的具有社会属性的资源。

2. 数据(Data)

数据是反映事物的存在方式或运动状态的原始数字和事实,是描述现实世界事物的物理符号记录,是一种可以鉴别的信息。物理符号可以是:数字、文字、图形、图像、声音及其他特殊符号。数据的各种表现形式,都可以经过数字化后存入计算机。并且由此可以从数据中挖掘出更深层次的信息。

3. 信息、数据与知识的关联

数据是信息的符号表示,或称载体;信息与数据是密切相关的。

例如:　　2017,100　　　2017 数据库课程的选课人数为 100

　　　　　　数据　　　　　　　　　　信息

因此，构成一定含义的一组数据称为信息，信息是数据的内涵，信息通过数据进行描述，又是数据的语义解释。

尽管信息与数据两者在概念上不尽相同，但在某些不需要严格分辨的场合，也可以把两者不加区分地使用，例如信息处理也可以说成数据处理。

4. 数据处理

表示原始信息的数据，称为源数据。对这些源数据进行汇集、存储、综合、推导，从这些原始、杂乱、难以理解的数据中抽取或推导出新的数据，这些新的数据称为结果数据，它们表示了新的信息，是有价值、有意义的。提供给某些特定的人使用，可以作为某种决策的依据或用于新的推导。这一过程通常称为数据处理或信息处理。

众所周知，信息是有价值的，信息的价值与它的准确性、及时性、完整性和可靠性有关。因为信息的价值必须通过使用信息的决策者的行为结果来体现，所以，为了提高信息的价值，就要用科学的方法来管理用于表示信息的数据，这种科学的方法就是数据库技术。

1.1.2 数据库、数据字典、数据库管理系统、数据库系统

数据库、数据字典、数据库管理系统和数据库系统是与数据库技术密切相关的基本概念。

1. 数据库(Database，DB)

数据库是按一定结构组织并可以长期存储在计算机内的、在逻辑上保持一致的、可共享的大量相关联数据的集合，是存放数据的仓库。也就是说：数据库中的数据按一定的数据模型组织、描述和储存，具有较小的冗余度、较高的数据独立性和易扩展性，并可为在一定组织范围内的各种用户所共享。

数据库的规模可以是任意的，而且它的复杂程度也是有高有低的。例如，只包含名字和地址列表的数据库，可能只包含几百条记录，每条记录的结构也很简单。然而，一个大型图书馆的计算机管理可能会有几十万条按不同类别组织的记录。再有像 Facebook 网络和亚马逊网站的大型数据库，更加复杂，规模更大，可以有几亿甚至更多用户，再加上用户个人信息、商品信息等，占用的存储空间达到几十 TB(Terabyte，1 TB = 10^{12} Byte)，需要上百人维护数据库，并保证数据库的最新状态。

2. 数据字典(Data Dictionary，DD)

数据库中的数据通常可以分为用户数据和系统数据两个部分。用户数据是用户使用的数据；系统数据也称数据字典，包括对数据库的描述信息、数据库的存储管理信息、数据库的控制信息、用户管理信息和系统事务管理信息等。所以，数据字典也称系统目录或元数据。

3. 数据库管理系统(Database Management System，DBMS)

数据库管理系统是位于用户与操作系统之间的一个定义(Defining)、操纵(Manipulating)、管理(Managementing)、构建(Constructing)和维护(Maintaining)数据库的系统软件，是数据库和用户之间的一个接口，并为不同用户和应用程序共享(Sharing)数据库提供便利。在 DBMS 的支持下，用户可以方便地定义数据库中的数据；可以对数据库的数据执行查询、插入、删除、更新等基本操作；统一管理和控制数据库的建立、运行和维护，以保证数据库中数据的安全性、完整性、多用户对数据的并发使用、发生故障后的系统恢复、事务支持；数据库的重组织和性能监视、分析；等等。

有关数据库管理系统的进一步阐述见第 7 章。

4. 数据库系统(Database System,DBS)

数据库系统是指在计算机系统中引入数据库后的系统,如图 1.1 所示,一般由用户数据库、操作系统、数据库管理系统、应用开发工具、应用系统、数据库管理员和数据库用户构成。应当指出的是,数据库的建立、使用和维护等工作只靠一个 DBMS 远远不够,还要有专门的人员来完成,这些人被称为数据库管理员(Database Administrator,DBA),详见 1.1.3 小节。

在一般不引起混淆的情况下常常把数据库系统简称为数据库。实际上,可以将数据库描述为更大范畴的、大型企业内部的信息系统的一部分。一个公司内部的信息技术(Information Technology,IT)部门设计和维护一个由各种计算机、存储系统、应用软件以及数据库组成的信息系统。

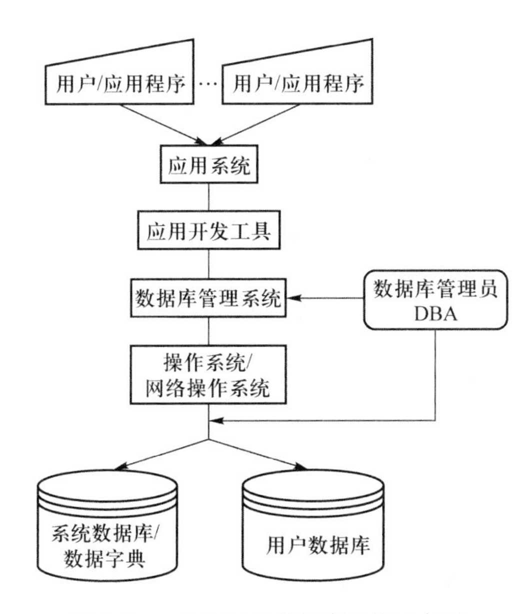

图 1.1　一个简化的数据库系统示意图

(1) 数据库系统中的硬件平台

包括计算机和网络设备。计算机是硬件的基础平台,常用的有微型机、小型机、中型机、大型机和巨型机;网络设备也已成为目前数据库系统的硬件平台,其结构形式主要有单机集中方式、客户机/服务器方式、浏览器/服务器方式及分布方式。

由于数据库系统数据量都很大,加之 DBMS 丰富的功能使得自身的规模也很大,因此整个数据库系统对硬件资源提出了较高的要求,这些要求是:

- 有足够大的内存存放操作系统、DBMS 的核心模块、数据缓冲区和应用程序。
- 有足够大的磁盘等直接存取设备存放数据库,有足够的进行数据备份的设备。
- 系统有较高的通信能力,以提高数据传送率。

(2) 数据库系统中的软件平台

数据库系统的软件平台主要包括:

- DBMS:为数据库的建立、使用和维护而配置的软件。
- 支持 DBMS 运行的操作系统(OS)或网络操作系统(NOS)。
- 与数据库有接口的高级语言及其编译系统,便于开发应用程序。
- 以 DBMS 为核心的应用开发工具。
- 为特定应用环境开发的数据库应用系统。

(3) 人员

数据库系统中的人员包括:数据库管理员、系统分析员和数据库设计人员、应用程序员和最终用户。不同的人员涉及不同的数据抽象级别,具有不同的数据视图。详见 1.1.3 小节。

1.1.3 数据库系统中的人员

数据库系统中的人员包括数据库管理员、系统分析员和数据库设计人员、应用程序员和最终用户。不同的人员涉及不同的数据抽象级别,具有不同的数据视图,如图 1.2 所示。

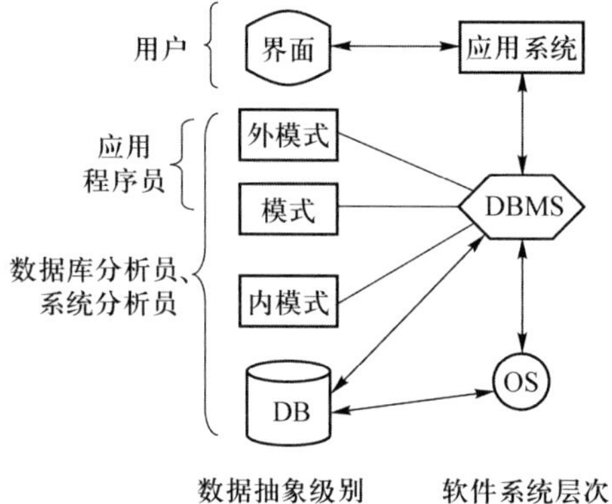

图 1.2 数据库系统中各类人员的数据视图

1. 数据库管理员(Database Administrator,DBA)

数据库管理员的职责包括:

① 确定数据库中的信息内容和结构。

② 确定数据库的存储结构和存取策略(选择索引)。

③ 定义数据的安全性要求和完整性约束。

④ 监控数据库的使用和运行。

⑤ 数据库的性能改进。选择创建及维护哪些索引,这个工作属于物理数据库设计与调优的范畴,而这也是 DBA 的职责之一。

⑥ 定期对数据库进行重组或重构,以提高系统的性能。

2. 系统分析员和数据库设计人员

系统分析员的职责包括:

① 负责应用系统的需求分析和规范说明。

② 确定系统的硬软件配置并参与数据库系统的概要设计。

数据库设计人员具体的职责包括:

① 参加用户需求调查和系统分析。

② 负责数据库中数据的确定、数据库各级模式的设计。

在一般情况下,这两种工作可都由数据库管理员担任。

3. 应用程序员

应用程序员负责设计和编写应用系统的程序模块,并进行调试和安装。

4. 用户

这里用户是指最终用户(End User),他们通过应用系统的用户接口使用数据库。常用的接口方式有浏览器、菜单驱动、表格操作、图形显示、报表书写等。

1.2 数据库数据管理方法的特点

1.2.1 数据管理技术发展的三个阶段

数据管理技术是指对数据的分类、组织、编码、存储、检索和维护的技术。数据管理技术的发展和计算机技术及其应用的发展联系在一起,经历了人工管理、文件系统和数据库系统三个阶段。表 1.1 对数据管理技术发展的三个阶段进行了比较。

表 1.1 数据管理技术发展的三个阶段的比较

		人工管理阶段(20 世纪 50 年代中期以前)	文件系统阶段(20 世纪 50 年代后期到 60 年代中期)	数据库系统阶段(20 世纪 60 年代后期以来)
背景	应用背景	科学计算	科学计算、数据管理	大规模管理
	硬件背景	无直接存取存储设备	磁盘、磁鼓	大容量磁盘、磁盘阵列
	软件背景	没有操作系统	有文件系统	有数据库管理系统
特点	处理方式	批处理	联机实时处理、批处理	联机实时处理、分布处理、批处理
	数据的管理者	用户(程序员)	文件系统	数据库管理系统
	数据面向的对象	某一应用程序	某一应用	现实世界中的某个部门、企业、组织等
	数据的共享程度	无共享、冗余度极大	共享性差、冗余度大	共享性高、冗余度小
	数据的独立性	不独立,完全依赖于程序	独立性差	具有高度的物理独立性和一定的逻辑独立性
	数据的结构化	无结构	记录内有结构、整体无结构	整体结构化,用数据模型描述
	数据控制能力	应用程序自己控制	应用程序自己控制	由数据库管理系统提供数据安全性、完整性、并发控制和恢复能力

1.2.2 数据库方法的特点

与人工管理方法和文件系统方法相比较,数据库方法具有如下的优势。

1. 数据库系统自描述特点

数据库方法的一个基本特征是数据库系统不仅包括数据库本身,还包括对数据库的结构和约束条件的完整定义或描述。这些定义被存储在 DBMS 系统目录中,该目录中的信息包括:每个文件的结构信息、每个数据项的类型和存储格式,以及加在数据上的各种约束条件。存储在系统目录中的这些信息描述了主数据库的结构。

DBMS 软件和那些需要了解数据库结构信息的数据库用户，都需要使用系统目录。一个通用的 DBMS 软件包并不是为某个特定的数据库应用程序编写的。因此，应用程序或用户必须参考系统目录以了解某个指定数据库的文件结构，例如将要访问的数据的类型和格式等。

在传统的文件处理中，数据的定义一般作为应用程序自身的一部分。因此，这些程序也就局限于只能在某个专门的数据库中工作，而该数据库的结构也就在应用程序中进行声明。因此，文件处理软件只能访问一个指定的数据库，而 DBMS 软件则可以通过从系统目录中提取数据库的定义，然后使用这些定义来达到访问多个数据库的目的。

2. 程序与数据是分离的

在传统的文件处理中，数据文件的结构总是嵌入在访问它的程序之中。因此，文件结构的任何改变都需要同时改变访问这一数据文件的所有程序。与之相比，在大多数情况下，DBMS 访问程序则无须做这样的改变。这是因为存储在 DBMS 数据字典中的数据文件结构与访问它的程序之间是相互分离的。当程序访问数据库数据时，由 DBMS 通过查询数据字典确定被访问的数据。通常把这种性质称为程序-数据独立性（Program-Data Independence）。

在某些类型的数据库系统，如面向对象数据库和对象-关系系统中，用户可以把施加于数据上的操作定义作为数据库定义的一部分。这样，操作（Operation，也称为函数或方法）就可以分为两部分指定：操作的接口（或签名）部分包括该操作的名称和它所需要的变量（Argument）（或参数）的数据类型；操作的实现（或方法）部分可独立地指定，从而也可独立地进行改变，不会影响接口部分。用户的应用程序可以操作数据，通过操作的名称和参数调用这些操作即可，无须理会这些操作是如何实现的。这种特征称为程序-操作独立性（Program-Operation Independence）。

3. 数据结构化

DBMS 提供给用户的是数据的概念表示（Conceptual Representation），不包含数据存储和操作实现的细节。非形式化地说，数据模型（Data Model）是一种用于提供这种概念表示的数据抽象类型。数据库使用数据模型来描述整个组织的数据结构，在描述数据时不仅描述数据本身，还要描述数据之间的联系，但却隐藏了大多数数据库用户并不关心的数据存储和实现的细节。

4. 由 DBMS 进行统一的数据管理和控制

数据库对用户来说是可以同时存取（并发）、共享的资源，它由 DBMS 进行统一的数据管理和控制。为此，DBMS 还必须提供以下各方面数据控制功能：

（1）支持数据的多视图

一个 DBMS 通常会有许多用户，而每个用户可能需要不同的数据库视角或视图（View）。一个视图可能是一个数据库的子集，也可能包含从数据库文件导出但未显式存储的虚数据（Virtual Data）。某些用户可能没有必要知道他们引用的数据是存储的还是导出的。因此，一个允许用户执行各种不同应用程序的多用户 DBMS 必须提供定义多视图的能力。

（2）支持数据共享和多用户事务处理

顾名思义，一个多用户 DBMS 必须能够允许多个用户同时访问数据库。当多个应用程序的数据在一个数据库中集成和维护时，这一特性就显得尤为重要。因此，DBMS 必须包括并发控制（Concurrency Control）软件，以确保若干个用户能以一种受控的方式更新相同的数据，从而保证更新的结果是正确的。这种类型的应用一般称为联机事务处理（On-Line Transaction Processing,

OLTP)应用。事务(Transaction)这个概念已经成为许多数据库应用的核心,多用户 DBMS 的一个基本任务即是保证并发事务可以正确而有效地执行。

(3) 具有可控的冗余

在文件系统和传统方法中多次存储相同数据的冗余(Redundancy)可能会引起一系列问题。比如,对于更新操作,可能会导致重复操作;相同数据被重复存储必将浪费存储空间,这对于大型数据库来说,将会造成非常严重的问题;表示相同数据的文件可能会出现不一致。

在数据库方法中,理想情况下,数据库设计应该将每个逻辑数据项只存储在数据库中的一个地方。这种方式避免了不一致性,并节省了存储空间。但在某些情况下,具有一定的可控冗余对于提高查询的性能也是十分有益的。在这种情况下,要求 DBMS 应该有能力控制这类冗余,以避免文件之间出现不一致。

(4) 提供数据库数据的安全性(Security)保护,限制非授权的访问

当多个用户共享一个大型数据库时,大多数用户都不可能被授权访问数据库的所有信息。另外,有些用户可能只允许检索数据,而另外一些用户则既可以检索数据,又可以更新数据。因此,访问操作的类型(检索或更新)也必须加以控制。通常,赋予每个用户或用户组一个通过口令保护的账号,以此可获得合法的数据库访问。DBMS 应该提供一个安全和授权的子系统(Security and Authorization Subsystem),DBA 可以使用这个子系统创建账户,并指定对该账户的限制。然后,DBMS 将强制这些限制自动地执行。

(5) 为程序对象提供持久性存储

保持程序对象和数据结构的持久性存储是数据库系统的一个重要功能,这也是面向对象数据库系统(Object-Oriented Database System)出现的一个主要原因。编程语言一般都有复杂的数据结构,例如 C++中类的定义。一旦程序终止,这些程序变量的值一般会被丢弃。而对于 C++中的一个复杂对象,可以永久地存储在一个面向对象 DBMS 中。这样的一个对象就可以被认为具有持久性,因为它们可以在程序终止后继续存在,并可以被以后的另一个 C++程序直接检索。

(6) 提供高效查询处理的存储结构,支持高效的数据查询处理与优化

数据库系统必须提供高效的执行查询和更新的能力。因为数据库一般是存储在磁盘上的,DBMS 必须提供专门的数据结构来加快磁盘搜索以找到想要的记录。为此要使用称作索引(Index)的辅助文件。为了处理一个特定查询所需的数据库记录,必须将这些记录从磁盘复制到内存中。因此,DBMS 一般都有一个缓冲(Buffering)模块,用来维护主存缓冲区中的数据库部分。DBMS 也可以利用操作系统来完成磁盘数据的缓冲。

DBMS 的查询处理与优化(Query Processing and Optimization)模块基于现有的存储结构,负责为每个查询选择一种有效的查询执行方案。

(7) 提供数据库的备份(Backup)和恢复(Recovery)功能。DBMS 提供备份和恢复子系统,负责从硬件和软件的故障中进行恢复。

(8) 提供定义和确保数据库完整性(Integrity)检查。大多数数据库应用程序都需要根据自己业务规则的需要和数据模型的内在规则,为自己持有的数据建立某些完整性约束。DBMS 应该具有提供定义和确保这些约束检查的能力。

(9) 提供多用户界面。

因为数据库用户有各种类型,而且他们所具有的技术知识层次也各不相同。因此,DBMS 应

该提供各种不同类型的用户界面。这些界面通常包括为偶尔访问的用户提供的查询语言界面、为应用程序开发人员提供的编程语言界面、为简单参与用户提供窗体和命令代码界面、为独立用户提供菜单驱动界面和自然语言界面。窗体风格界面和菜单驱动界面被称为图形用户界面(Graphical User Interface,GUI)。有许多专用的语言和应用环境可以指定GUI。现在由数据库提供Web GUI界面的功能,即由数据库提供Web支持正变得越来越普遍。

(10) 可缩短程序开发时间

数据库方法得以推广的一个主要原因是:它只需花费极少的时间就可以完成一个新应用的开发。据估计,使用DBMS进行应用程序开发所花费的时间,仅仅是传统的文件系统开发时间的1/6到1/4。

尽管数据库方法有很多优点,但是在某些情况下,使用数据库系统反而会导致不必要的开销,而使用传统的文件处理方式却不会蒙受这种损失。导致使用DBMS而增加额外开销的主要原因有:

① 初期对硬件、软件和培训的高额投资;

② DBMS为了定义和处理数据而提供的普遍性功能导致的额外开销;

③ 为了提供安全性、并发控制、恢复和完整性功能而导致的额外开销。

如果数据库设计者和DBA没能正确地设计数据库,或是没能正确地实现数据库系统应用,还可能会出现另外的一些问题。因此,在下述情况下使用传统的文件方式处理数据可能会更加合适:

① 数据库应用比较简单,易于定义并且一般不会发生变化;

② 某些应用程序存在严格的实时性和专用性要求,而通用的DBMS对处理这样的应用开销过高,不合适;

③ 不需要多个用户访问数据。

1.3 数据库管理技术的发展历程

数据库技术从20世纪60年代开始萌芽,到20世纪60年代末和70年代初,发生了对数据库技术有着奠基作用的三件大事,标志着数据库技术已发展到成熟阶段:

(1) 1968年美国的IBM公司推出了第一个数据库管理系统IMS(Information Management Systems),它是基于层次模型的数据库管理系统,是首例成功的数据库管理系统的商品软件。

(2) 1969年美国数据库系统语言协会CODASYL(Conference On Data System Language)的数据库任务组DBTG(DataBase Task Group)发表了若干报告,确立并建立了数据库系统的许多概念、方法和技术。DBTG所提议的方法是基于网状结构的,它是数据库网状模型的基础和典型代表。

(3) 1970年美国IBM公司的高级研究员E.F.Codd提出了关系数据模型及其相关概念,开创了数据库关系方法和关系数据库理论的研究领域,奠定了关系数据库的理论基础。

1. 早期数据库系统

早期数据库应用系统也称为格式化数据库系统,主要基于三种类型:层次、网状模型的数据库系统和倒排(Inverted)文件系统。这一时期数据库系统的特点是:

(1) 采用“记录”为基本的数据结构。在不同的“记录型”之间,允许存在相互联系;

(2) 一次查询只能访问数据库中的一个记录,存取效率不高,操作也比较麻烦。

早期层次和网状数据模型的数据库系统的一个主要问题在于:数据记录的概念表示与其在磁盘上的物理存储位置混淆不清。这使得数据查询不够灵活,尤其是当新的查询需要不同的存储组织以便有效地处理时,这种新的查询将难以有效实现。如果应用需求有所改变,要重新组织数据库也是很困难的。早期层次和网状数据模型数据库系统的另一个缺点是其仅提供编程语言界面。这使得实现新查询和处理不仅费时而且代价不菲,这是因为必须编写、测试和调试新的程序。

2. 关系型数据库系统

关系模型是一种数学化的模型,它将数据的概念表示与其物理存储分离开来。数据的关系表示类似于一张二维表。关系数据模型还引入了高级查询语言,可以作为编程语言界面的一种替代,这样就可以快速编写新的查询。

20 世纪 70 年代末开发了早期的实验性关系系统,并在 80 年代初出现了商业关系数据库管理系统 RDBMS(Relational Database Management System)。随着新的存储和索引技术以及更好的查询处理与优化技术的发展,关系数据库已成为数据库应用的主流数据库系统。现在,关系数据库几乎存在于所有类型的计算机中,从小的个人计算机到大型服务器。

与第一代数据库系统相比较,关系数据库系统具有如下优点:

(1) 采用了人们习惯使用的表格作为基本的数据库结构,简单明了,使用和学习都很方便;

(2) 一次查询仅使用一条命令或语句,即可访问整个“关系”(或二维表),效率远高于第一代数据库系统。通过多表联合操作,还能对互有联系的若干二维表实现“关联”查询。

3. 对象-关系型数据库系统

关系数据库系统管理的信息,包括字符型、数值型、日期型等多种类型,但本质上都属于单一的文本信息。随着多媒体应用的扩大,人们对数据库提出了新的需求,希望数据库系统能存储图形、声音等复杂对象,并能实现复杂对象的复杂行为。将数据库技术与面向对象技术相结合,便成为研究数据库技术的新方向。对象-关系数据库系统是建立在关系数据库系统技术之上的,可以直接继承关系数据库系统原有的技术和用户基础,已成为新一代数据库系统的主流。

4. 大数据时代存储系统和 NOSQL 数据库

最近十多年,随着以 Twitter、Facebook、微信等为代表的新型社交媒体软件,以淘宝、京东等为代表的大型电子商务网站,以 Google、百度为代表的 Web 搜索以及云存储服务的迅猛发展,需要大量的数据库和众多的服务器来存储和处理这些网站和公司的大数据。

何谓大数据?大数据,又称巨量资料,指的是所涉及的数据资料量规模巨大到无法通过人脑甚至主流软件工具,在合理时间内达到选取、管理、处理、并整理成为对企业经营决策有用的信息。大数据主要特点有:第一,数据库巨大,其数据量从 TB 级别跃升到 ZB 级别①,同时伴随着数据规模的剧增,数据的价值密度在减小,从大数据中挖掘有价值的知识正在变得越来越困难;第二,数据多元化,结构化、半结构化以及非结构化数据融合,且数据来源多样,质量参差不齐,对海量异构内容数据(如网页、社交网络、网络日志、视频、图片、地理位置信息等)的处理难度变得更

① 1 TB=1 024 GB,1 PB=1 024 TB,1 EB=1 024 PB,1 ZB=1 024 EB。

大；第三，实时数据处理，由于采用静态的处理架构，已经无法应对大数据稍纵即逝的特点了。

这就需要一种新型的数据库来管理这些巨量数据，这种数据库可以提供快速的数据搜索和检索，以及对非传统数据可靠和安全的存储。这些新系统在某些方面并不能与现今的SQL关系数据库兼容，因此NOSQL数据库出现了。NOSQL通常解释为Not Only SQL，意指对于管理大量数据的系统，有些数据可以使用SQL系统存储，另外的数据可使用NOSQL存储。

1.4 数据库的应用

数据库的应用领域非常广泛，不管是家庭、公司或大型企业，还是政府部门，都需要使用数据库来存储数据信息。传统数据库中的很大一部分用于商务领域，如证券行业、银行、销售部门、医院、公司或企业单位，以及国家政府部门、国防军工领域、科技发展领域等。

数据库在传统应用中的成功鼓舞了其他类型应用的开发者也来尝试使用它们。而这些其他类型的应用在传统上使用它们自己的、专门的文件和数据结构。例如：

(1) 科学应用。这类应用存储在某些领域的科学实验中所产生的大量结果数据，如高能物理或者人类基因组图谱等；

(2) 图片的存储和检索。这些图片可以来自扫描的新闻或个人照片，卫星照片图像，也可以来自医疗过程图像；

(3) 视频的存储和检索。例如电影，或者来自新闻或者个人数码相机的视频片段；

(4) 数据挖掘应用。这类应用分析海量数据，查找特定的模式或联系；

(5) 空间应用。这类应用存储数据的空间位置，例如地理信息系统中使用的气象信息或地图；

(6) 时间序列应用。这类应用在定期的时间点存储如经济数据等信息，例如每日销售信息或每月的国民生产总值数据。

人们很快发现，基本的关系系统并不是很适合上述的各种应用，主要原因可能是：

(1) 比起简单的关系表示，这些应用的建模需要更复杂的数据结构；

(2) 除了基本的数字和字符串类型，还需要新的数据类型；

(3) 为操纵新数据类型需要构建新的操作和查询语言；

(4) 需要新的存储和索引结构。

这促使了DBMS开发者在他们的系统中增加功能，支持各种新的应用，从而形成了一些新的应用系统。

1.4.1 多媒体数据库

这类数据库主要存储与多媒体相关的数据，如声音、图像和视频等。多媒体数据最大的特点是数据连续，而且数据量比较大，存储需要的空间较大。

在DBMS发展的前30年（大概是1965年—1995年），其应用主要集中在大部分数值型的商业和工业数据的管理上。未来的几十年内，非数值型的文本信息可能会成为数据库系统管理的主要内容。这些内容需要DBMS增加一些新的功能，包括文档比较、文档概念化、文档理解、文档索引与文档汇总等。

1.4.2 移动数据库

该类数据库是在移动计算机系统上发展起来的,如笔记本电脑、掌上计算机等。该数据库最大的特点是通过无线数字通信网络传输。移动数据库可以随时随地地获取和访问数据,为一些商务应用和紧急情况带来了便利。

所谓移动数据库是指支持移动计算环境的分布式数据库。由于移动数据库系统通常应用在诸如掌上电脑、PDA、车载设备、移动电话等嵌入式设备中,因此,它又被称为嵌入式移动数据库系统。在移动计算中,分布式数据库系统中存在的一些软件问题变得更加复杂了,如数据管理、事务管理、数据库恢复等,主要是由移动计算环境所具有的特征决定的。

1.4.3 空间数据库

空间数据库主要包括地理信息数据库(又称为地理信息系统,即 GIS)和计算机辅助设计(CAD)数据库。其中地理信息数据库一般存储与地图相关的信息数据;计算机辅助设计数据库一般存储设计信息的空间数据,如机械、集成电路以及电子设备设计图等。

1.4.4 电子商务

万维网提供了一个由计算机互连而构成的大型网络。用户可以使用一种 Web 发布语言来创建文档,如超文本标记语言(HyperText Markup Language,HTML),并将这些文档存储在 Web 服务器上以供其他用户访问。文档可以通过超链接(Hyperlink)被连接起来,超链接就是指向其他文档的指针。20 世纪 90 年代,电子商务(E-Commerce)作为 Web 上的一个主要应用蓬勃兴起。人们很快发现,电子商务 Web 页面的部分信息经常可以由 DBMS 动态地从数据库中抽取数据。于是,人们开发了多种技术以支持在 Web 上交换数据。目前,扩展标记语言(eXtended Markup Language,XML)被认为是在各种类型的数据库和 Web 页面之间交换数据的主要标准。XML 把文档系统中使用的模型概念与数据库建模概念结合在一起。

1.4.5 ERP 和 CRM

目前,大多数大型组织使用多种软件应用包与后端数据库(Database Back-ends)紧密协同工作。后端数据库表示一个或多个数据库,可能由不同的厂商及不同的数据模型来维护数据,由这些软件包操纵数据库以支持事务处理、报告生成以及回答特定的查询。企业资源规划(Enterprise Resource Planning,ERP)就是最常用的系统之一,它用来合并一个组织中的各种功能领域,包括产品生产、销售、分发、市场、财务和人力资源等。另一个流行的系统类型是客户关系管理(Customer Relationship Management,CRM)软件,其横跨订单处理、市场及客户支持等功能领域。这些应用都是可以在 Web 上实现的,无论是内部或外部用户都可以通过多种 Web 门户(Web-portal)界面来与后台数据库进行交互。

1.4.6 数据库技术与信息检索

从传统意义上来看,数据库技术应用于结构化和格式化的数据,这些数据出现于政府、商业及工业等部门的日常事务中。数据库技术在生产制造、零售、银行、保险、金融和保健等行业应用得十分广泛，这些行业产生了数据表形式的结构化数据，比如发票或者患者登记文档等。同时，一个称为信息检索(Information Retrieval，IR)的领域也在同步发展。信息检索处理图书、手稿以及各种形式的基于图书馆的文献，通常用关键字对数据进行索引、编目及标注。信息检索主要是基于这些关键字来搜索资料，并涉及文档处理和自由格式文本处理中的许多问题。在基于关键字的文本搜索、查找文档并按相关性对其评级、自动文本分类以及按主题文本分类等方面，人们已做了相当多的工作。随着Web的出现以及HTML页面数量的增长(至今已达到几十亿页面)，非常需要应用多种信息检索技术来处理Web上的这些数据。Web页面上的数据一般包含图片、文本以及动态变化的活动对象。Web上的信息检索是一个新的问题，需要多方面创新地联合应用数据库技术与信息检索技术。

1.5 数据库技术的研究领域

数据库技术的研究主要包括以下三个领域。

1. 数据库管理系统软件的研究

数据库管理系统软件的研究，包括研究和实现DBMS本身以及以DBMS为核心的一组相互联系的软件系统。DBMS是数据库系统的基础，为了适应不断发展的、特定应用的需要，研究和实现新型的DBMS，它们应具有分布性、开放性、异构系统的互连性、可扩充性和国际标准化。研究和实现以DBMS为核心的一组支持软件，开发全过程的系统工具软件和中间件，如数据库分析设计工具、数据库运行维护工具，以及支持多种语言、多种数据库互联等。研究的目标是提高系统的性能和提高用户的生产率。

数据库安全从某种意义上说是数据库系统的生命。因为目前建立数据库系统的领域非常广泛，其中多数将涉及重要的商业利益和保密信息，这就要求创建的数据库既具有共享性又具有良好的安全性，然而，数据库的安全性问题也源自数据库的共享性。因此，数据库的安全理论和技术的研究成为数据库管理系统软件研究的重要组成部分。

2. 数据库设计技术和方法的研究

数据库设计的主要任务是在DBMS的支持下，按照应用的要求，为某一部门或组织设计一个结构合理、使用方便、效率较高的数据库及其应用系统。其中主要的研究方向是数据库设计方法学和设计工具，包括数据库设计方法、设计工具和设计理论的研究，数据模型和数据建模的研究，计算机辅助数据库设计方法及其软件系统的研究，数据库设计规范和标准的研究等。

数据模型是数据库系统的基础，新的应用中出现的复杂处理对象，如图形、图像、视频、音频等多媒体数据，三维空间数据，时态数据，超媒体超文本数据等，要求具有更加丰富的数据表示能力的新的数据模型。

3. 数据库理论的研究

数据库理论的研究主要集中于关系的规范化理论、关系数据理论等。近年来，随着计算机网络技术、人工智能技术、并行计算技术、分布式计算技术和多媒体技术等计算机领域中其他新兴技术的发展对数据库技术产生了重大影响，数据库技术与其他计算机技术互相结合、互相渗透，使数据库中新的技术内容层出不穷。数据库的许多概念、技术内容、应用领域，甚至某些原理都有了重大的发展和变化，建立和实现了一系列新型数据库系统，如分布式数据库系统、并行数据库系统、知识库系统、多媒体数据库系统等,它们共同构成了数据库系统大家族,使数据库技术不断地涌现出新的研究方向。

1.6 小结

本章把数据库定义为一个相关联数据的集合,这里的数据指的是被记录的事实。一个典型的数据库表示了现实世界的某些方面,并为具有特定目的的一组或多组用户服务。数据库管理系统是位于用户与操作系统之间的一个定义、操纵、管理、构建和维护数据库的系统软件。数据库系统是指在计算机系统中引入数据库后的系统,一般由数据库、操作系统、数据库管理系统、应用系统及相关人员构成,并给出了各类人员的主要职责,可见数据库系统不仅是一个计算机系统,而且还是一个人-机系统。在这个系统中,人的作用特别是数据库管理员的作用尤为重要。本章还阐述了数据库方法相对于其他数据管理方法的某些优势。通过对数据管理技术进展的介绍,阐述了数据库技术的产生和发展背景,并通过对数据库应用简史和数据库技术的三个研究领域的介绍,呈现了数据库技术在当今社会的重要性和发展前景。

习题

一、单选题

1. 下列条目中不属于数据库系统中的软件平台的是

   A) DBMS 及支持 DBMS 运行的操作系统(OS)或网络操作系统(NOS)

   B) 能与数据库接口的高级语言及其编译系统,以及以 DBMS 为核心的应用开发工具

   C) 检测、预防和消除计算机系统病毒的软件

   D) 为特定应用环境开发的数据库应用系统

2. 下列关于数据字典的叙述中,不正确的是

   A) 数据库中的数据可分为用户数据和系统数据

   B) 数据字典指的是系统数据

   C) 数据字典中包括数据库的描述信息、存储管理信息和控制信息

   D) 用户数据就是用户管理信息

3. 数据库用户有各种类型,而且他们所具有的技术和知识层次也各不相同,因此,为了便于他们的使用,DBMS 应该提供各种不同类型的

   A) 数据文件　　B) 数据视图　　C) 访问权限　　D) 用户界面

4. 下列条目中不属于数据库技术研究领域中的研究内容的是

   A) 数据库理论的研究　　B) 数据库存储设备的研究

   C) 数据库设计技术和方法的研究　　D) 数据库管理系统软件的研究

二、多选题

5. 信息的价值与信息的下列哪些性质有关?

   A) 准确性　　B) 及时性　　C) 可靠性

   D) 开放性　　E) 完整性

6. 下列条目中,哪些是数据库管理员的职责?

   A) 负责应用系统的需求分析和规范说明

B）确定数据库的存储结构和存取策略

C）定义数据的安全性要求和完整性约束

D）监控数据库的使用和运行，改进数据库的性能

E）设计和编写应用系统的程序模块，并进行调试和安装

参考答案

一、单选题

1. C　　2. D　　3. D　　4. B

二、多选题

5. ABCE　　6. BCD

第2章　数据模型和数据库系统的模式结构

数据模型和数据库系统的模式结构是数据库系统的核心和基础,也是数据库原理课程的重点之一。本章将首先阐述数据模型的概念、组成要素和分类;简述概念模型的产生和基本概念,以及概念模型的一种表示方法——E-R图;接着阐述常用的逻辑数据模型,包括层次模型、网状模型、关系模型、面向对象模型和对象-关系模型。随后阐述数据库系统中的模式、实例和数据库状态,重点阐述数据库系统的三级模式和两层映像体系结构,以及数据的逻辑独立性和物理独立性。最后对本章进行小结并给出习题。

本章的考核目标是:

- 理解数据模型和数据库系统的模式结构是数据库系统的核心和基础;
- 掌握数据模型的基本概念和组成要素,了解数据模型的抽象层次和各层次的主要数据模型以及相互关联;
- 理解概念模型的基本概念,掌握如何通过E-R方法描述现实世界的概念模型;
- 理解各种主要数据模型的基本概念,深入理解关系模型与层次模型和网状模型的主要区别,对象-关系模型与关系模型、面向对象模型的关系;
- 了解数据库系统中的模式、实例和数据库状态;
- 牢固掌握数据库系统的三级模式和两层映像体系结构,以及数据库数据的逻辑独立性和物理独立性。

2.1　数据模型和数据模型组成的要素

2.1.1　数据模型的概念

模型是现实世界特征的模拟和抽象。在数据库技术中用数据模型(Data Model)这个工具来描述、组织和处理现实世界中的数据。因此,数据模型是用来描述数据库数据的结构、定义在结构上的操纵,以及数据间的约束的一组概念和定义,它描述了数据库的静态特征与动态行为,为数据库的表示和操纵提供框架。

数据模型应满足三点要求:

① 能比较真实地模拟现实世界;

② 容易为人们所理解;

③ 便于在计算机上实现。

一种数据模型要很好地满足这三方面的要求,在目前尚很困难。在数据库系统中针对不同的使用对象和应用目的,采用不同的数据模型。

数据模型是数据库系统的核心和基础。

2.1.2 数据模型组成的要素

一般地讲,任何一种数据模型都是严格定义的概念集合。这些概念必须能够精确地描述系统的静态特性、动态特性和数据约束条件。因此数据模型通常都是由数据结构、数据操作和数据约束三个要素组成。

1. 数据结构

数据结构描述数据模型的静态特性,是数据模型的基础。它以一种统一的方式描述基本数据项的类型与性质以及数据与数据间的关联。数据结构也是刻画一个数据模型性质最重要的方面。因此在数据库系统中,通常按照其数据结构的类型来命名数据模型。例如,层次结构、网状结构、关系结构的数据模型分别命名为层次模型、网状模型和关系模型。

2. 数据操作

数据操作表示数据模型的动态行为。数据操作是指对数据库中各种对象(型)的实例(值)允许执行的操作的集合,包括操作及有关的操作规则。数据库主要有检索和修改(包括插入、删除、更新)两大类操作。数据模型必须定义这些操作的确切含义、操作符号、操作规则(如优先级)以及实现操作的语言。

3. 数据约束

数据约束描述数据结构中数据间的语法和语义关联,包括相互制约与依存关系以及数据动态变化规则,以保证数据的正确性、有效性与相容性。数据约束包括数据完整性约束、数据安全性约束以及并发控制等约束,数据约束既刻画了数据静态特征,也表示了数据动态行为规则。

数据模型应该反映和规定本数据模型必须遵守的、基本的、通用的数据约束,特别是数据完整性约束。例如,在关系模型中,任何关系必须满足实体完整性和参照完整性这两类约束(稍后将详细讨论)。

此外,数据模型还应该提供定义数据约束的机制,以反映具体应用所涉及的数据必须遵守的特定的语义约束。例如,在较早的学校数据库中规定大学生年龄不得超过 32 岁,硕士研究生不得超过 38 岁,博士研究生入学年龄不得超过 45 岁等。

2.2 数据模型的分类

根据抽象的层面不同,数据模型可分为:概念层模型、逻辑层模型和物理层模型。

1. 概念层模型

概念层模型简称为概念模型(Concept Model),它是独立于计算机系统的数据模型,它不涉及信息在计算机内部的表示,也不依赖于具体的计算机系统。概念模型是从现实世界到信息世界的语义抽象,主要用于数据库设计中的概念设计。概念模型是划分客观世界概念、描述概念的性质以及概念间联系的语义模型。它是从用户观点对数据和信息建模,是数据库设计者与用户之间交流的工具,是数据库逻辑模型的基础。它表示简单、易于理解且具有较强的语义表达能力,它应该独立于具体的逻辑模型并易于向数据库管理系统支持的逻辑数据模型转换。

实体联系模型(Entity-Relationship Model)简称 E-R 模型,是最常用的概念模型。在 E-R 模型基础上增加概括、聚集等语义描述,形成扩充的实体-联系模型(Extended Entity-Relationship Model),简称 EER 模型。它们可以看作是基于客观对象的模型。此外还有面向对象模型、谓词模型等。

2. 逻辑层模型

逻辑层模型简称为逻辑模型(Logical Model),用来描述数据库数据的整体逻辑结构,所以也称为结构数据模型。逻辑模型是从数据库实现的角度对数据建模,独立于具体的系统物理平台,但它是面向数据库管理系统的模型,逻辑模型主要描述数据的逻辑存储结构、数据操作和完整性约束。

传统的逻辑模型是基于记录的模型,它们是层次模型、网状模型和关系模型。此外还有面向对象模型和对象-关系模型等。另一类模型是一种自描述数据模型,基于这类模型的数据存储是将数据的描述与数据值结合在一起的,比如 XML 模式,以及键值存储和 NOSQL 系统等。传统的 DBMS 中,描述(模式)与数据是分开的。

3. 物理层模型

物理层模型简称为物理模型(Physical Model),描述逻辑模型的物理实现,是数据库最底层的抽象,它确定数据的物理存储结构、数据存取路径以及调整、优化数据库的性能。物理模型的设计目标是提高数据库性能和有效利用存储空间。

三个层次的数据模型间相互独立而又存在着关联,特别是概念模型与逻辑模型之间更有必然联系,如 E-R 模型一般与关系模型关联,EER 模型与对象-关系模型关联,而面向对象模型的概念模型与逻辑模型则基本一致。基于不同的数据模型可以构建不同的数据库系统以适应不同的应用需求,它包括通用的数据库系统(如层次数据库系统、网状数据库系统、关系数据库系统、面向对象数据库系统和对象-关系数据库系统等)以及特定的数据库系统(如多媒体数据库系统、移动数据库系统、空间数据库系统等)。

2.3 概念数据模型——E-R 模型

2.3.1 概念数据模型的基本概念

概念数据模型首先由 Peter Chen 在 1976 年提出,其初始模型为实体-联系模型(E-R 模型),此后于 1977 年及 1981 年 Smith 与 Haymmer 等提出了扩充实体-联系模型(EER 模型),20 世纪 80 年代后又出现了面向对象模型及其他多种语义模型。目前概念模型已成为数据库的一种基础模型。

概念模型用于信息世界的建模,与具体的 DBMS 无关。为了把现实世界中的具体事物抽象、组织为某一 DBMS 支持的数据模型,人们常常首先将现实世界抽象为信息世界,然后将信息世界转换为机器世界,这一过程如图 2.1 所示。实际上,概念模型是现实世界到机器世界的一个中间层次。

1. 信息世界中的基本概念

信息世界涉及的概念主要有以下方面。

(1) 实体(Entity)

客观存在并可相互区别的事物称为实体。实体可以是具体的人、事、物,也可以是抽象的概念或联系,例如,一个供应商、一个学生、一个职工、一门课、一个部门、学生的一次选课、部门的一次订货等都是实体。

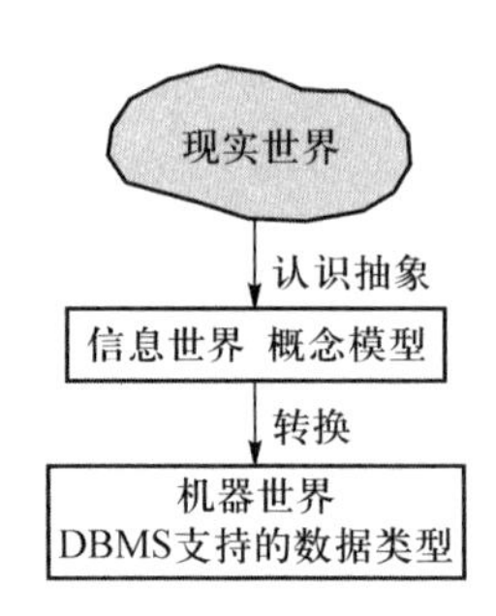

图 2.1 现实世界中客观对象的抽象过程

(2) 属性(Attribute)

实体所具有的某一特性称为属性。一个实体可以由若干个属性来刻画。例如,学生实体可以由学号、姓名、性别、出生日期、系等属性组成,如(20170011,周志平,男,1990,计算机系),这些属性组合起来表征了一个学生。

E-R 模型通常使用的属性类型有:简单属性和复合属性、单值属性和多值属性、存储属性和派生属性。

简单属性也称为原子属性,是不可再分的属性,比如年龄、性别等。复合属性可被划分为更小的子部分,复合属性的子部分具有独立的意义,例如电话号码可由区号+本地号码组成,出生日期可由年+月+日组成。复合属性的值是由组成它的简单属性的值拼接而成。有些情况下用户需要把复合属性作为一个整体进行引用,但有时用户可能只需引用特定的某个子属性。

对于某个特定的实体,大多数属性只有一个值。这样的属性称为单值属性。例如,学生的年龄属性就是一个单值属性。有些情况下,同一个实体的某个属性可能具有多个值,例如,学生的学位属性,一个人可能没有大学学位,另一个人可能具有一个学位,也可能具有两个或多个学位。因此,不同人的学位属性值的个数可能也不同。这样的属性称为多值属性。

某些情况下,两个(或两个以上)属性值是相关的,例如一个人的年龄属性和出生日期属性。对于特定的学生实体,由当前日期和该实体的出生日期值可以得到年龄属性的值。这样,称年龄属性为派生属性(Derived Attribute),或者说年龄是由属性出生日期派生出来的,出生日期属性称作存储属性(Stored Attribute)。

(3) 实体型(Entity Type)

具有相同属性的实体必然具有共同的特征和性质。用实体名及其属性名集合来抽象和刻画同类实体,称为实体型。例如,学生(学号,姓名,性别,出生日期,系)就是一个实体型。

(4) 实体集(Entity Set)

同型实体的集合称为实体集。例如,全体学生就是一个实体集。

(5) 码或键(Key)

一个实体类型的所有实体上的一个重要约束是码或键(Key)或关于属性的唯一性约束(Uniqueness Constraint)。这样的属性称为码属性(Key Attribute),码属性的值能够唯一地识别每个实体。例如,学生号是学生实体的码或键。

(6) 域(Domain)

属性的取值范围称为该属性的域。例如,学生号的域为 11 位整数,姓名的域为字符串集合,年龄的域为小于 120 的整数,性别的域为(男,女)。域中所包含值的个数称为域的基数(Cardinal Number)。有的域的基数可以是无穷的,有的域的基数可以是有限的。

(7) 空值(NULL)

某些情况下,一个特定实体的某个属性可能没有适用的属性值。例如,属性学位只适用于具有大学学位的人。当实体的某个属性没有适用的属性值时，我们将该属性赋以空值 NULL。因此，对于一个没有大学学位的人而言，其属性的值将是 NULL。当我们不能确定一个特定实体的属性值时，也可以使用 NULL。例如当不知道某个学生的宿舍电话时，可以为该属性赋以 NULL。需要注意的是，前一类空值是指没有适用的值，即属性不适用于该元组，而后一类空值实质上是指属性值未知。对于后一类空值，可被进一步划分为两种类型。第一类表明属性值存在，只是暂时缺失而已，例如，一个大学生的身高属性值为 NULL。第二类表示不能确定该属性值是否存在，例如，一个人的宿舍电话属性值为 NULL。

(8) 联系(Relationship)

在现实世界中，事物内部以及事物之间是有联系的，这些联系在信息世界中反映为实体内部的联系和实体之间的联系。事实上，只要实体类型的某个属性参照另外的实体类型，它们之间就存在着某种联系。实体内部的联系通常是指组成实体的各属性之间的联系。参与联系的实体集的个数称为联系的度或元，如学生选修课程是二元联系，供应商向工程供应零件是三元联系。

联系可以有属性，也可以没有属性。例如，学生和课程之间可以通过选课关系联系起来，其属性为成绩。而学生和系别之间的联系，则可以用入学日期做属性，也可以不用属性。

2. 两个实体型之间的联系

两个实体型之间的联系可以分为三类。

(1) 一对一联系(1∶1)

如果对于实体集 A 中的每一个实体，实体集 B 中至多有一个实体与之联系，反之亦然，则称实体集 A 与实体集 B 具有一对一联系，记为 1∶1。

例如，如果部门实体与经理实体之间存在一对一联系，那么意味着一个部门只能有一个经理管理，而一个经理只管理一个部门。

(2) 一对多联系(1∶n)

如果对于实体集 A 中的每一个实体，实体集 B 中有 n 个实体($n \geqslant 0$)与之联系，反之，对于实体集 B 中的每一个实体，实体集 A 中至多只有一个实体与之联系，则称实体集 A 与实体集 B 具有一对多联系，记为 1∶n。

例如，一个学校里有多名教师，而每个教师只能在一个学校里教书，则学校与教师之间具有一对多联系。

(3) 多对多联系(m∶n)

如果对于实体集 A 中的每一个实体，实体集 B 中有 n 个实体($n \geqslant 0$)与之联系，反之，对于实体集 B 中的每一个实体，实体集 A 中也有 m 个实体($m \geqslant 0$)与之联系，则称实体集 A 与实体集 B 具有多对多联系，记为 m∶n。

例如，一门课程同时有若干个学生选修，而一个学生可以同时选修多门课程，则课程与学生之间具有多对多联系。

实际上，一对一联系是一对多联系的特例，而一对多联系又是多对多联系的特例。

实体型之间的这种一对一、一对多、多对多联系不仅存在于两个实体型之间，也存在于两个以上的实体型之间。例如，对于课程、教师与参考书三个实体型，如果一门课程可以有若干个教师讲授，使用若干本参考书，而每一个教师只讲授一门课程，每一本参考书只供一门课程使用，则课程与教师、参考书之间的联系是一对多的。

同一个实体集内的各实体之间也可以存在一对一、一对多、多对多的联系。例如,学生实体集内部具有领导与被领导的联系,即某一学生(班干部)“领导”若干名学生,而一个学生仅被另外一个学生直接领导,因此这是一对多的联系。

3. 弱实体集

现实世界中存在一类实体集,其所有属性都不足以形成码,它们必须依赖于其他实体集的存在而存在,这样的实体集称为弱实体集。而具有码属性的实体集称为强实体集。

例如,两个实体:贷款(贷款号,金额)和还款(还款号,还款日期,金额)。每个“贷款”的各个“还款”不同,但不同“贷款”之间的“还款”却可能相同,因此“还款”的属性不能形成码,则“还款”是一个弱实体类型的实体。再如,两个实体:产品(名称,价格),公司(名称,地址,联系电话)。“产品”和“公司”之间有“制造”联系,“产品”是一个弱实体类型的实体。

弱实体类型的属性不能形成码,所以有可能出现不同实体的属性值完全相同的情况,难以区别。为此,弱实体类型需要与一般的强实体类型相关联。假设联系型 R 关联弱实体型 A 和一般实体型 B,弱实体型 A 的不同实体可以通过与 B 的有关实体相结合来加以区别,则 B 称为弱实体型 A 的识别实体型,R 称为 A 的识别联系。所以并不是说弱实体类型就没有码。

B 有时也称为父实体类型(Parent Entity Type)或者属主实体类型(Owner Entity Type),相应的,A 有时也称为子实体类型(Child Entity Type)或从属实体类型(Subordinate Entity Type)。因为如果没有属主实体,就无法识别一个弱实体类型,弱实体集与强实体集之间是一对多的关系。

弱实体型必须具有一个或多个属性,使得这些属性可以与识别实体的码结合形成相应弱实体型的码。这样的弱实体属性称为弱实体型的部分码。

通常弱实体类型的度可以是任意的,属主实体类型本身也可以是弱实体类型。除此之外,弱实体类型还可以有多个识别实体类型,以及度大于 2 的识别联系类型。

2.3.2　概念模型的一种表示方法——E-R 图

概念模型有多种表示方法,最常用也是最著名的是实体-联系图(Entity-Relationship Diagram),简称 E-R 图。

E-R 模型是一个图示化模型,E-R 图提供了表示实体型、属性和联系的方法。

- 实体型:用矩形表示,矩形框内写明实体名。用双线矩形框来区分弱实体类型。
- 属性:用椭圆表示,并用无向边将其与相应的实体连接起来。复合属性及其组成属性之间也用线段相连。多值属性用双线椭圆框表示(如图 2.2 所示),派生属性用虚椭圆表示(如图 2.3 所示)。每个码属性的名称下面有下画线,并位于椭圆中。弱实体型的部分码属性的名称下面有虚线或点虚线的下画线。

图 2.2　多值属性　　　　图 2.3　派生属性

- 联系:用菱形表示,菱形框内写明联系名,并用无向边分别与有关实体连接起来,同时在无向边旁标注上联系的类型(1∶1、1∶n 或 m∶n)。联系型本身也是一种实体型,也可以有属性。如果一个联系具有属性,则这些属性也要用无向边与该联系连接起来。弱实体型用双线菱形框来区分识别联系,从属实体集用双线连接弱实体集,用箭头(一对多联系)指向强实体集(如图 2.4 所示)。

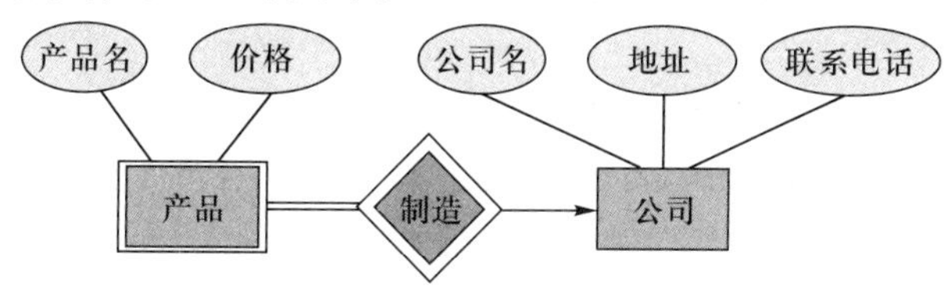

图 2.4 弱实体集

例 2.1 为仓库管理设计一个 E-R 模型。仓库主要管理零件的进库、出库、采购等事项。仓库根据需要向外面厂家购买零件,而许多工程项目需要仓库供应零件。这个 E-R 模型如图 2.5 所示。它的具体建立过程和方法将在数据库概念设计中给出。

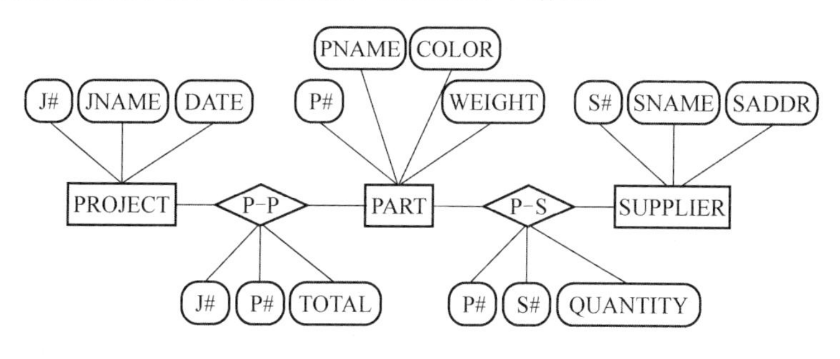

图 2.5 E-R 图示例

联系类型也可以发生在多于两个实体型之间。例 2.1 中,如果规定某个工程项目指定需要某个厂家的零件,那么 E-R 图就是如图 2.6 那样了。

注:在 E-R 图中,联系型的属性中可以不包括与它相关的实体的码或键,当将 E-R 图转化为逻辑模型时再给出。

E-R 模型有两个明显的优点:接近人的思维方式,容易理解;与计算机无关,用户容易接受。

E-R 模型由于其易理解性且容易向关系模型转换,成为数据库概念设计的最一般的模型。

E-R 模型是一个很好的方法,但它也有不足之处。主要是 E-R 模型只能说明实体以及实体间语义的联系,还不能进一步说明详细的数据结构。其次是 E-R 模型有时难以表达实际应用中复杂的客观语义,为此,人们从不同的方面扩展 E-R 模型的语义表现力,形成扩充的 E-R 模型。扩充 E-R 模型通过实体型的扩充表达概括/特化语义,通过聚集建模将实体及它们之间的联系当作一个整体看待,即看成一个聚集起来的新实体,新实体又通过联系与其他实体建立关系。为了增强模型的语义表达能力,除扩充 E-R 模型之外,人们还提出了面向对象模型,它具有比扩充 E-R 模型更多的语义,此外还有多种语义数据模型,例如,函数模型、NF2 模型及

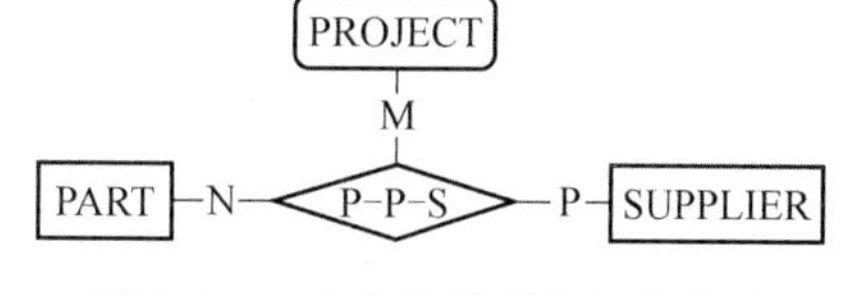

图 2.6 三个实体类型之间的联系

谓词模型等。随着对象-关系数据库的发展,扩充 E-R 模型成为它的概念设计工具。根据不同的应用要求,在概念设计中也可采用具有针对性的语义数据模型。

2.4 常用的逻辑数据模型

逻辑数据模型主要有层次数据模型、网状数据模型、关系数据模型、面向对象数据模型,以及对象-关系数据模型等。其中前三种模型是建立在 E-R 模型上的,而后两种模型则分别建立在面向对象模型及扩充的 E-R 模型上。前三种是传统的基于记录的模型,后两种是基于对象的模型。

2.4.1 层次模型和网状模型

层次模型(Hierarchical Model)主要反映现实世界中实体间的层次关系,数据用记录的集合表示,数据间的联系用链接表示,其记录被组织成树型结构,以此来表示各类实体及它们的联系,如图 2.7 所示。

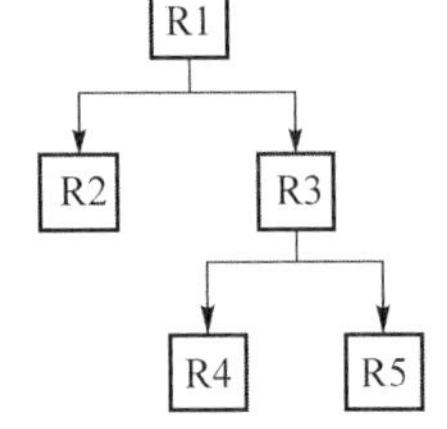

图 2.7 层次模型示例

树状结构中结点为记录型,记录型间的联系表示为树状结构的边。由于层次模型是树状结构,它有且仅有一个结点无父结点,该结点称为根结点,根以外的结点有且仅有一个父结点。每个记录型可以有若干字段,用于描述记录型表示的实体属性,一个记录型可以有若干记录值。层次模型的存储结构通过邻接法、链接法和邻接-链接混合法实现数据的存储连接。由于现实世界中许多实体之间的联系是一种层次结构,用层次模型反映一对多的关系非常自然,层次模型引入冗余数据和指针来实现实体的多对多关系。

层次数据库系统的典型代表是 IBM 公司的 IMS(Information Management Systems)数据库管理系统,这是 1968 年 IBM 公司推出的第一个大型的商用数据库管理系统。曾经得到广泛的使用。

现实世界中事物之间的联系更多的是非层次关系,用层次模型表示非树状结构很不直接,网状模型更适合描述多对多的联系。网状模型(Network Model)是比层次模型更具普遍性的结构,它与层次模型类似,分别用记录和链接表示数据和数据间的联系,不同的是,其记录被组织成网状结构。它允许多个结点没有父结点,一个子结点可以有多个父结点,在两个结点之间可以有一种或多种联系,如图 2.8 所示。

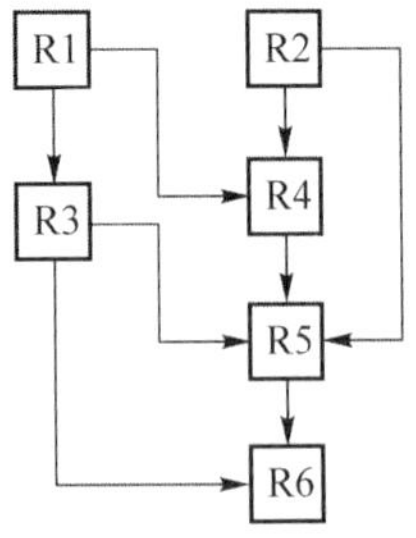

图 2.8 网状模型示例

网状模型实现实体间 $m:n$ 联系比较容易。记录之间联系是通过指针实现的,常用链接法,包括单向链接、双向链接、环状链接。此外,还有指引元阵列法、二进制阵列法、索引法等。因此数据的联系十分密切。网状模型的数据结构在物理上也易于实现,效率较高,但是编写应用程序较复杂,程序员必须熟悉数据库的逻辑结构。

网状数据模型的典型代表是 DBTG 系统,亦称 CODASYL 系统。DBTG 系统虽然不是实际的软件系统,但是它提出的基本概念、方法和技术具有普遍意义。

层次模型和网状模型提供的数据操作主要有查询、插入、删除和更改。

2.4.2 关系模型

关系模型(Relational Model)是目前最常用的一种数据模型。关系数据库系统采用关系模型作为数据的组织方式。

关系模型用二维表格结构表示各类实体及实体间的联系,一个关系数据库一般由多张二维表组成,每张二维表称为一个关系。二维表的表头称为关系模式,它由若干字段名(或称属性名)组成;二维表中的数据称为关系实例,简称关系,关系实例由表中的行组成。关系模型比较简单,容易为初学者接受。关系在用户看来是一个表格,记录是表中的行,属性是表中的列。详细说明见第 3 章。

例 2.1 中的 E-R 图可以转换成图 2.9 所示的关系模型。转换的方法见第 6 章中的数据库逻辑结构设计。

PART模式(J#, PNAME, COLOR, WEIGHT)
PBOJECT(P#, JNAME, DATE)
SUPPLIER(S#, SNAME, SADDR)
P-P(J#, P#, TOTAL)
P-S(P#, S#, QUANTITY)

SUPPLIER关系

S#	SNAME	SADDR
S1	PICC	SHANGHAI
S2	FADC	BEIJING

PROJECT关系

J#	JNAME	DATE
J1	JA	95.1
J2	JB	96.5
J3	JC	96.7

PART关系

P#	PNAME	COLOR	WEIGHT
P1	SCREW	BLUE	14
P2	BOLT	GREEN	17
P3	NUT	RED	12
P4	SCREW	RED	19

P-P关系

J#	P#	TOTAL
J1	P3	18
J2	P3	25
J3	P3	5
J4	P2	20

P-S关系

P#	S#	QUANTITY
P3	S1	100
P3	S2	200
P2	S3	500

图 2.9 关系模型实例

关系模型有很好的数学基础,它用关系代数、关系演算等语言描述数据操作,用数据间依赖关系描述数据间的完整性约束,根据关系模式中数据依赖关系的复杂程度定义关系模式的规范级别。关系模型要求关系必须是规范化的,关系的规范化条件很多,但首要条件是关系的每一个分量必须是不可分的数据项。

关系模型与网状、层次模型的最大区别是关系模型用表格的数据而不是通过指针链来表示和实现实体间联系。关系模型的数据结构简单,用户易懂,只需用简单的查询语句就可对数据库进行操作。关系模型是数学化的模型,可把表格看成一个集合,因此集合论、数理逻辑等知识可引入关系模型中。关系模型是一个成熟的有前途的模型,已得到广泛应用。

关系模型的数据联系是靠数据冗余实现的,这使得关系模型的时间效率和空间效率较低,另外,关系模型的连接等操作开销较大。

2.4.3 面向对象模型

将面向对象方法与数据库相结合所构成的数据模型称为面向对象数据模型,简称面向对象(Object-Oriented,OO)模型。面向对象数据模型区别于传统的基于记录的逻辑模型,它基于面向对象概念在逻辑层面上对数据建模，将客观世界的实体抽象为对象，通过对对象、对象标识、类、继承性等概念的刻画，以支持面向对象概念和机制。所以，面向对象模型既是概念模型又是逻辑模型。

面向对象模型出现于20世纪80年代中期，由于关系模型对非事务处理型应用（如工程领域、多媒体领域以及GIS领域）适应性不强，因此促使了面向对象模型的产生。面向对象模型支持面向对象的相关概念。现实世界中的事物被模型化为对象，每个对象有唯一的对象标识。每个对象的状态和行为被封装在一起，状态是该对象属性值的集合，行为是对象状态上的操作（或称方法）。具有相同属性和操作集的对象构成对象类，类被分为不同层次，子类继承其父类（或称超类）的属性和方法，而对象被看成类的一个实例。由于对象被封装，对象与外部的通信通过消息传递来完成，如图2.10所示。类继承可分为两种：一种是单继承，即一个类只能有一个超类；另一种是多重继承，即一个类可以有多个超类。例如，“所有文件”构成文件类，文件类中的每个文件是对象，如图2.11所示。

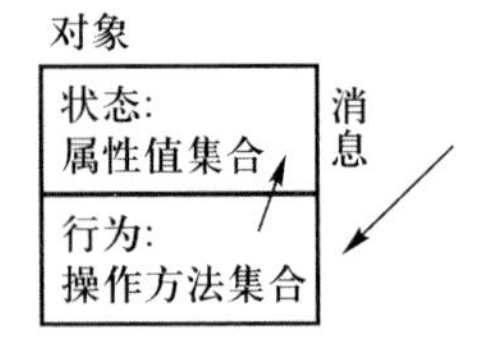

图2.10　对象示意图

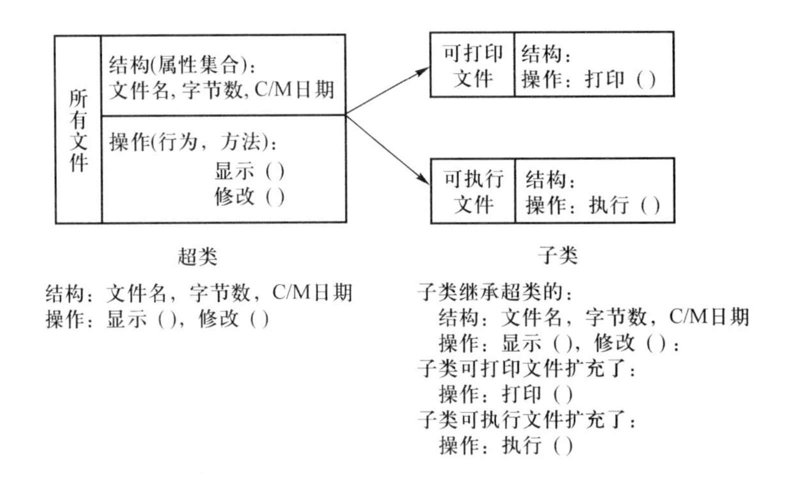

图2.11　对象类的层次、继承和扩充

这样，在已有类的基础上定义新的类时，可以只定义特殊的属性和方法，而不必重复定义父类已有的属性和方法，这有利于实现可扩充性（Extensibility）。

例2.1中的E-R图可以设计成如图2.12的面向对象模型。

与传统数据模型一样，面向对象模型通过消息传递对数据进行查询、插入、删除和更改。

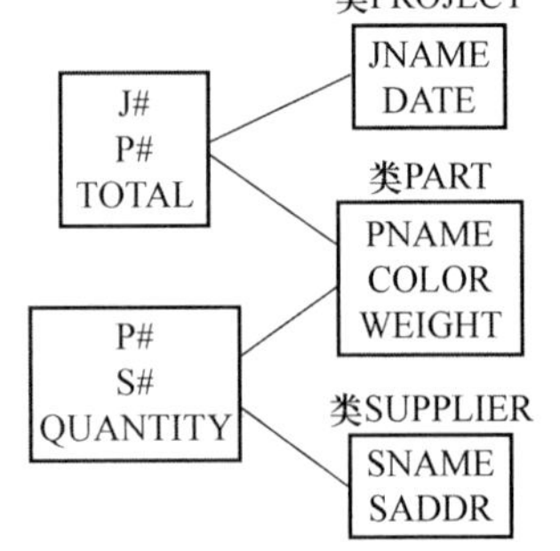

图2.12　面向对象模型的实例

2.4.4　对象-关系数据模型

将关系模型与面向对象模型的优点相结合而构成的新的数据模型称为对象-关系数据模型，简称对象-关系（Object Relational，OR）模型，它是一种逻辑数据模型。

由于关系模型数据库系统在事务处理领域具有较好的适应性，但在非事务处理领域则适应性不强，它在长期广泛的使用中具有使用群体广、方便的特点，而用面向对象模型所构建的数据库系统虽然功能强、适应面宽，但是，它的使用不够方便，因此较难普遍推广应用。因此将关系模型的优点与面向对象模型的优点相结合，所构成的对象关系模型具有关系与面向对象两种模型的优势且能避免两者的不足，达到优势互补的目的。

对象-关系模型在关系模型的基础上扩充了数据类型，支持对象概念和对象类型，支持用户定义的抽象数据类型，支持表间具有继承、组合等关联，它们可以构成复杂的数据结构。并且，它可以通过函数构建方法和约束，但是没有消息等动态操作能力，也没有封装能力。

对象-关系模型有如下的优点：

① 它具有完整的关系模型全部功能且能表示复杂数据结构与抽象数据类型能力。

② 它能在事务处理领域及大量非事务处理领域中应用。

③ 它采用关系表作为基本结构，具有明显的关系模型特点，因此使用极为方便。

④ 由于其使用风格明显接近关系模型，因此易为关系模型用户所接受。

⑤ 对象关系模型以关系表为基础，其构建方式可以对关系模型作扩充而组成，因此具有构建简单、容易实现的优点。

对象关系模型目前也是主流数据模型之一，著名的关系模型数据库系统 Oracle、Sybase、DB2 及 Informix 等均在其系统上建立了扩充型的对象关系模型数据库系统。数据库国际标准语言 ISO SQL99(又称 SQL3)的显著特点就是扩充了支持面向对象模型的功能，提供了 SQL/Object Language Binding，这一扩充可以同时处理关系模型中的表和对象模型中的类与对象。

以对象-关系模型作为数据模型的数据库系统，称为对象-关系数据库系统(ORDBS)，它既保持了关系数据库系统的非过程化数据存取方式和数据独立性，继承了关系数据库系统的已有技术，支持关系数据库系统的数据管理，又能够支持面向对象模型和对象管理。

2.5 数据库系统的模式结构

数据库系统的结构按考虑的层次和角度的不同而不同，一般有如下两种：

- 从数据库管理系统角度看，数据库系统通常采用三级模式结构。这是数据库系统内部的系统结构。

- 从数据库最终用户角度看，数据库系统的结构分为集中式结构、分布式结构、客户机/服务器结构以及面向 Web 应用的三层和 n 层体系结构等。这是数据库系统外部的体系结构。

本节介绍数据库系统的模式结构。有关数据库系统外部的体系结构将在第 8 章中阐述。

2.5.1 数据库系统中模式、实例和数据库状态

1. 数据库系统中模式、实例和数据库状态的概念

在数据模型中有“型”(Type)和“值”(Value)的概念。型是指对某一类数据的结构和属性的描述，值是型的一个具体赋值。数据库的型是稳定的，而数据库的值是随时间不断变化的，因为数据库中的数据在不断变更。所以，数据库的型亦称为数据库的内涵(Intention)，数据库的值亦称为数据库的外延(Extensive)。

数据库模式(Database Schema)，是数据库中全体数据的逻辑结构和特征的描述，它仅仅涉

及“型”的描述,不涉及具体的“值”。模式的一个具体值称为模式的一个实例(Instance)。同一个模式可以有很多实例。数据库模式在数据库设计阶段指定,并被认为不会经常发生改变。例如,定义学生关系为:学生(学号,姓名,性别,年龄,所在系),这是这个关系的型,而('20100178','张明','男','21','计算机')则是这个关系型的一个具体值,是一个实例。

在某个特定时刻,数据库中的数据被称为一个数据库状态(Database State)或快照(Snapshot),也称为数据库的具体值(Occurrence)或实例(Instance)的当前集合。在一个给定的数据库状态中,每个模式结构都有它自己实例的当前集合。例如在下面的示例中包含关系STUDENT模式结构和作为它的实例的各个学生实体的值的集合。对于一个特定的数据库模式,可以构造出许多相应的数据库状态。每次插入、删除一个记录,或改变一个记录中某个数据项值的时候,其实都是从一个数据库状态向另一个数据库状态转变的过程。

2. 一个示例

例2.2 设“学生-选课-课程”数据库中的三个关系是:学生关系STUDENT、课程关系COURSE和选课关系SC。这个数据库的模式和当前数据库状态(当前值)如图2.13所示。

学生关系 STUDENT

s# (学生号)	sname (姓名)	sex (性别)	age (年龄)	dept (所在系)
20100178	张明	男	21	计算机
20100212	李慧玲	女	21	信息
20100251	王一鸣	男	20	数学
20110310	王安祥	男	19	外语
20110438	郭晓新	女	20	计算机
20120340	周红	女	18	信息
20120529	欧阳光明	男	17	计算机
20120640	孙杰	男	17	数学
20120725	赵勇	男	16	外语
20120730	李青青	女	16	物理

课程关系 COURSE

c# (课程号)	cname (课程名)	teacher (教师)
C01	信息系统	李定发
C02	数据库	杨弘
C03	高等数学	张克杰
C04	英语	王英
C05	网络	陶国栋

选课关系 SC

s# (学生号)	c# (课程号)	grade (成绩)
20100178	C02	90
20100178	C05	85
20100212	C01	76
20100251	C03	83
20110310	C03	94
20110310	C04	77
20110310	C05	88
20110438	C02	68
20120340	C01	91
20120340	C02	85
20120529	C05	90
20120640	C02	87
20120640	C03	64
20120640	C04	78
20120725	C04	95

图 2.13 “学生-选课-课程” 数据库的模式和当前数据库状态

大多数数据模型都有用图表显示数据库模式的某些约定。使用图表显示的模式也被称为模式图(Schema Diagram)。图 2.14 就是例 2.2 中所示数据库的模式图,这个图显示的是每个关系的型(结构),而不包含每个关系的实例。我们称模式中的每个对象(如 STUDENT、COURSE 或 SC)为一个模式结构(Schema Construct)。

学生关系 STUDENT

s# (学生号)	sname (姓名)	sex (性别)	age (年龄)	dept (所在系)

课程关系 COURSE

c# (课程号)	cname (课程名)	teacher (教师)

选课关系 SC

s# (学生号)	c# (课程号)	grade (成绩)

图 2.14 “学生-选课-课程”数据库的模式图

模式图只能显示模式某些方面的特性,如记录类型与数据项的名称。而模式的其他方面特征往往不能用模式图表现出来,例如,图 2.14 既没有表明每个数据项的数据类型,也没能表示出多个关系之间的相互联系。许多约束类型也没有在模式图中表示出来,例如,“外语专业的学生必须在大学二年级结束之前通过英语六级考试”这类约束就很难表示。

识别数据库模式和数据库状态是十分重要的。当定义(Define)一个新的数据库时,可以只为 DBMS 指定它的数据库模式。在这个时间点上,对应的数据库状态是没有数据的空状态。当数据库第一次装入或加载初始数据的时候,就可以得到数据库的初始状态。从那时起,对数据库每次施行修改操作以后,都可以得到另一个数据库状态。在当前的任何时间点上,数据库都有一个当前状态。DBMS 负责确保数据库的每个状态都是一个合法状态,也就是说,一个满足模式中的结构和约束的状态。因此,为 DBMS 指定一个正确的模式非常重要,而且这个模式还必须经过最精心的设计。DBMS 在系统目录中存储了模式结构的描述和约束,它们被称为元数据或数据字典,以便 DBMS 在需要它们的时候可以随时使用。

正像前面提到的那样,尽管一般情况下都可以认为模式是不会发生改变的,但是,一旦应用需求发生变化的时候,需要模式作相应改变的情况还是会时常发生。例如,决定在一个关系中增加一个数据项,如需要在 STUDENT(学生)模式中加入 DateOfBirth(生日)。这种情况被称为模式演化(Schema Evolution)。大多数现代 DBMS 都包括一些可用于模式演化的操作。

2.5.2 数据库系统的三级模式结构

数据库系统的三级模式结构是指数据库系统是由外模式、模式和内模式三级抽象模式构成,这是数据库系统内部的体系结构或总体结构,如图 2.15 所示。在数据库系统领域,一般不必深入到二进位或字节的级别看待数据,而是从文件级(物理级)开始,因为数据库系统往往是建立在文件系统基础之上的。三级抽象模式在数据库系统中都存储于数据库系统的数据字典中,是数据字典的最基本的内容,数据库管理系统通过数据字典来管理和访问数据模式。

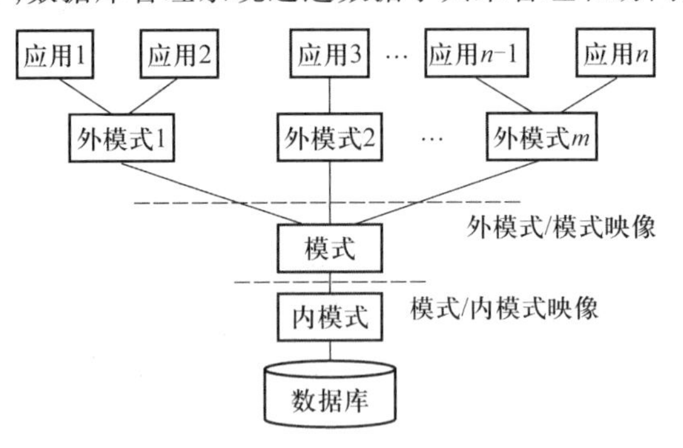

图 2.15 数据库系统的三级模式结构

1. 模式(Schema)

模式也称逻辑模式或概念模式,是数据库中全体数据的逻辑结构和特征的描述,是所有用户的公共数据视图。它是数据库系统模式结构的中间层,既不涉及数据的物理存储细节和硬件环境,也与具体的应用程序以及所使用的应用开发工具及高级程序设计语言(如 FORTRAN、C、CO-

BOL 等)无关。

模式实际上是数据库数据的逻辑视图。一个数据库只有一个模式。数据库模式以某一种数据模型为基础,统一、综合地考虑了所有用户的需求,并将这些需求有机地结合成一个逻辑整体。定义模式时不仅要定义数据的逻辑结构,例如数据记录由哪些数据项构成,数据项的名字、类型、取值范围等,而且要定义数据之间的联系,定义与数据有关的安全性、完整性要求。

DBMS 提供模式数据定义语言(Data Definition Language,DDL)来描述逻辑模式,即严格地定义数据的名称、特征、相互关系、约束等。逻辑模式的基础是数据模型。

2. 外模式(External Schema)

外模式也称子模式(Subschema)或用户模式,它是数据库用户(包括应用程序员和最终用户)能够看见和使用的局部的逻辑结构和特征的描述,是数据库用户的数据视图,是与某一应用有关的数据的逻辑表示。

一个数据库可以有多个外模式。由于它是各个用户的数据视图,如果不同的用户在应用需求、看待数据的方式、对数据保密的要求等方面存在差异,则其外模式描述也就不同。即使对模式中的同一数据,在外模式中的结构、类型、长度、保密级别都可以不同。另一方面,同一外模式可以被某一用户的多个应用程序所使用,但一个应用程序只能使用一个外模式。

外模式是保证数据安全性的一个有力措施。每个用户只能看见和访问所对应的外模式中的数据,数据库中的其余数据是不可见的。

外模式通常是模式的子集,外模式处理的数据并不实际存储在数据库中,而仅可以从模式中构造出来,因此,外模式比模式的抽象级别更高。DBMS 提供子模式描述语言(子模式 DDL)来严格地定义子模式。

3. 内模式(Internal Schema)

内模式也称物理模式或存储模式(Storge Schema),一个数据库只有一个内模式。它是数据物理结构和存储方式的描述,是数据库内部的表示方法。例如,记录的存储方式是顺序存储、按照 B 树结构存储还是按 Hash 方法存储;索引按照什么方式组织;数据是否压缩存储,是否加密;数据的存储记录结构有何规定等。

2.5.3 数据库的两层映像与数据独立性

数据库系统的三级模式是对数据的三个抽象级别,它把数据的具体组织留给 DBMS 管理,使用户能逻辑地、抽象地处理数据,而不必关心数据在计算机中的具体表示方式与存储方式。为了能够在内部实现这三个抽象级别之间的联系和转换,数据库管理系统在这三级模式之间提供了两层映像:外模式/模式映像和模式/内模式映像。

正是这两层映像保证了数据库系统中的数据能够具有较高的数据独立性,包括数据的物理独立性和数据的逻辑独立性。数据的物理独立性是指用户的应用程序与存储在磁盘上的数据库中数据是相互独立的,这样当数据的物理存储结构改变时,应用程序不用改变。数据的逻辑独立性是指用户的应用程序与数据库的逻辑结构是相互独立的,也就是说,当数据的逻辑结构改变时,用户程序也可以不变。

1. 外模式/模式映像

模式描述的是数据库数据的全局逻辑结构,外模式描述的是数据的局部逻辑结构。对应于同一个模式可以有任意多个外模式。对于每一个外模式,数据库系统都有一个外模式/模式映像,它定义该外模式与模式之间的对应关系。这些映像定义通常包含在各自外模式的描述中。

当模式改变(例如增加新的关系、新的属性、改变属性的数据类型等)时,则数据库管理员对各个外模式/模式的映像作相应改变,可以使外模式保持不变。应用程序是依据数据的外模式编写的,因而应用程序不必修改,保证了数据与程序的逻辑独立性,简称数据的逻辑独立性。

2. 模式/内模式映像

数据库中只有一个模式,也只有一个内模式,所以模式/内模式映像是唯一的,它定义数据库全局逻辑结构与存储结构之间的对应关系,例如,说明逻辑记录和字段在内部是如何表示的。该映像定义通常包含在模式描述内部。当数据库的存储结构改变(例如选用了另一种存储结构)时,由数据库管理员对模式/内模式映像作相应改变,可以使模式保持不变,从而应用程序也不必改变,保证了数据与程序的物理独立性,简称数据的物理独立性。

在数据库的三级模式结构中,数据库模式即全局逻辑结构是数据库的中心与关键,它独立于数据库的其他层次。因此设计数据库模式结构时应首先确定数据库的逻辑模式。

数据库的内模式依赖于它的全局逻辑结构,但独立于数据库的用户视图即外模式,也独立于具体的存储设备。它将全局逻辑结构中所定义的数据结构及其联系按照一定的物理存储策略进行组织,以达到较好的时间与空间效率。

数据库的外模式面向具体的应用程序,它定义在逻辑模式之上,但独立于存储模式和存储设备。当应用需求发生较大变化,相应外模式不能满足其视图要求时,该外模式就得作相应改动,所以设计外模式时因充分考虑到应用的扩充性。

特定的应用程序是在外模式描述的数据结构上编制的,它依赖于特定的外模式,与数据库的模式和存储结构独立,不同的应用程序有时可以共用同一个外模式,数据库的两层映像保证了数据库外模式的稳定性,从而从底层保证了应用程序的稳定性,除非应用需求本身发生变化,否则应用程序一般不需要修改。

数据与程序之间的独立性,使得数据的定义和描述可以从应用程序中分离出去。另外,由于数据的存取由 DBMS 管理,用户不必考虑存取路径等细节,从而简化了应用程序的编制,大大减少了应用程序维护和修改的工作量。

2.5.4 DBMS 语言

DBMS 选定并且数据库设计完成后,就需要对数据库的概念模式和内模式进行定义,并需要描述它们之间的所有映射。在许多 DBMS 中,层与层之间并没有严格的界限划分,DBA 和数据库设计者使用 DDL 对这两种模式进行定义。DBMS 有一个 DDL 语言编译器,它的功能是处理 DDL 语句,以便识别模式结构的描述,并把这些模式描述存储在 DBMS 的系统目录中。

而那些在概念模式和内模式之间有明确界限划分的 DBMS 中,DDL 语言只用于定义概念模式。内模式则可由存储定义语言(Storage Definition Language,SDL)进行定义。而两个模式之间的映射可以用这两种语言中的任何一种进行定义。在如今大多数关系型 DBMS 中,还没有一种特定的执行 SDL 功能的语言。取而代之的是,内模式由一系列与存储有关的参数和规范说明指定,DBA 控制存储数据的索引和映射。对一个真正的三层模式体系结构而言,还需要第三种语言,称为视图定义语言(View Definition Language,VDL),它用来定义用户的视图以及它与概念模式之间的映射。但是在大多数 DBMS 中,DDL 语言可以同时负责定义概念模式和外模式。在关系型 DBMS 中,SQL 可作为 VDL 用来定义用户或应用视图。

一旦对数据库模式进行了编译而且也在数据库中装入了数据,那么用户必须要有某种方法来操纵数据库。典型的数据操纵包括对数据的检索、插入、删除和修改。DBMS 为这些数据操纵提供了一个操作集合或语言,它被称为数据操纵语言(Data Manipulation Language,DML)。

在当今的 DBMS 中,前面提到的几种类型的语言通常并不一定是独立的语言,相反,可以将包括概念模式定义、视图定义和数据操纵等功能集成为一个综合性语言。存储定义语言一般都是分开的,因为它被用于定义物理存储结构,以便对数据库系统的性能进行调整,此工作一般由 DBA 完成。最典型的综合性数据库语言的例子就是 SQL 关系数据库语言,它合并了 DDL、VDL 和 DML 语言的表示,还具有表示约束规范说明语句和模式演化以及其他的一些特性的语句。SQL 早期版本中包含有 SDL 语言,后来被删除了,这样 SQL 只用于概念模式和外模式。

DML 有两种主要类型:非过程化(Nonprocedural)的 DML 和过程化(Procedural)DML。

非过程化 DML 也称为高层 DML,可单独使用,并可以简洁的方式指定复杂的数据库操作。大多数 DBMS 都允许非过程化 DML 语句既可以从终端交互地输入,又可以嵌入到通用编程语言之中。在后一种情况中,DML 语句必须在程序中进行标识,以便于在预编译过程中把它们提取出来,由 DBMS 进行处理。过程化 DML 也称为低层 DML,必须嵌入到通用编程语言中,它会从数据库中检索单独的记录或对象,并对每个记录或对象分别进行处理。因此,它需要使用编程语言从记录集合中获取并处理每个记录。正因为这个特点,过程化 DML 也被称作一次一个记录(Record-at-a-time)的 DML。而非过程化 DML,例如 SQL,可以在一个 DML 语句中指定和检索多个记录,因此也被称为一次一个集合(Set-at-a-time)或面向集合(Set-oriented)的 DML。非过程化 DML 的查询指定的内容经常是检索哪些数据,而不是如何检索它们。因此这种语言也被称为描述性(Declarative)语言。

2.6 小结

本章首先阐述了数据模型的基本概念和数据模型组成的三个要素:数据结构、数据操作和数据约束;区分了三个抽象层次上的主要数据模型:概念层数据模型概述了实体-联系模型(E-R 模型),如何通过 E-R 方法描述现实世界的概念模型;逻辑层数据模型概述了层次模型、网状模型、关系模型、面向对象模型和对象-关系模型,关系模型与层次模型和网状模型的主要区别,对象-关系模型与关系模型、面向对象模型之间的关系;物理层数据模型描述逻辑模型的物理实现方法。本章把数据库模式、实例与数据库状态区别开来,模式不会经常改变,然而数据库状态却会在每次插入、删除或更新数据的时候发生改变。

本章还详细阐述了数据库系统的三级模式和两层映像的体系结构:内模式描述的是数据库的物理存储结构,模式是数据库中全体数据的逻辑结构和特征的描述,外模式是模式的子集,是不同用户组的数据库视图;三级模式之间的两层映像:外模式/模式映像和模式/内模式映像,保证了数据库系统中数据具有较高的逻辑独立性和物理独立性。

数据模型和数据库系统的三级模式和两层映像的体系结构是数据库系统的核心和基础,充分体现了数据库系统的优点及数据库系统与其他数据库管理技术之间的区别。

习题

一、单选题

1. 下列关于数据模型的说法中,哪一条是错误的?

A) 数据模型能够精确地描述系统的静态特性、动态特性和数据约束

B) 数据模型通常都是由数据结构、数据操作和数据约束三个要素组成

C) 数据结构描述数据模型的动态特性

D) 一般来说,任何一种数据模型都是严格定义的概念的集合

2. 下列模型中,哪一条不是传统的基于记录的逻辑模型?

A) 层次模型　　B) 网状模型　　C) 关系模型　　D) 面向对象模型

3. 如果一门课程可以有若干位教师讲授,而每一位教师也可以讲授若干门课程,则课程与教师这两个实体型之间的联系是

A) 一对一　　B) 多对多　　C) 一对多　　D) 多对一

4. 下列数据操作中,哪一个不会改变数据库状态?

A) 数据查询　　B) 数据插入　　C) 数据删除　　D) 数据更新

5. 下列关于数据库三级模式结构的叙述中,哪一条是错误的?

A) 数据库系统的三级模式结构是指:外模式、模式、内模式

B) 在数据库系统三级模式结构中,外模式、模式和内模式都可以有任意多个

C) 外模式/模式映像保证了数据与程序之间具有较高的逻辑独立性

D) 模式/内模式映像保证了数据与程序之间具有较高的物理独立性

二、多选题

6. 下列数据库系统中,哪些不是通用的数据库系统?

A) 层次和网状数据库系统　　B) 关系数据库系统

C) 面向对象数据库系统　　D) 空间数据库系统

E) 知识库系统和演绎数据库系统

7. 下列关于对象-关系数据模型的叙述中,正确的是

A) 对象-关系模型既是概念模型又是逻辑模型

B) 对象-关系模型既能在事务处理领域中应用,又能在大量非事务处理领域中应用

C) 对象-关系模型以对象为基础

D) 对象-关系数据库系统继承了关系数据库系统的技术,又支持OO模型和对象管理

E) 对象-关系模型的构作方式之一是对关系模型作扩充而成,它构作简单,容易实现

参考答案

一、单选题

1. C　　2. D　　3. B　　4. A　　5. B

二、多选题

6. DE　　7. BDE

第3章　关系数据模型和关系数据库系统

关系数据模型和关系数据库系统是本课程的重点，它们的原理、技术和应用都十分重要。本章将系统地阐述关系数据模型和关系数据库系统。首先阐述关系数据库系统的产生和发展历史，关系数据模型的基本概念，着重阐述组成关系数据模型的三个要素：关系数据结构、关系操作集合和关系完整性约束。然后详细阐述关系数据模型的数据结构和基本术语、形式化定义关系模型和一般的表示方法；详细阐述关系操作语言，主要是用代数方式表达的关系代数操作及其扩充；详细阐述关系模型的三类完整性约束：实体完整性约束、参照完整性约束和用户定义完整性约束，关系的完整性约束现在被认为是关系模型的一个重要组成部分，并在大部分关系数据库管理系统中被自动执行和检查。最后对本章进行小结并给出习题。

本章的考核目标是：

- 了解关系数据库系统的产生和发展历史；
- 理解并牢固掌握组成关系数据模型的三个要素：关系数据结构、关系操作集合和关系完整性约束；
- 理解并牢固掌握关系数据模型的数据结构和基本术语；
- 理解并牢固掌握关系模型的三类完整性约束：实体完整性约束、参照完整性约束和用户定义完整性约束；
- 掌握并正确地使用关系代数的各种操作完成对数据库数据的查询、修改等操纵。

3.1　关系数据库系统概述

3.1.1　关系数据库系统的发展历史

关系数据库系统是支持关系数据模型的数据库系统。关系数据库是目前应用最广泛的数据库，由于它以数学方法为基础管理数据库，所以与其他类型数据库相比具有突出的优点。

1970 年美国 IBM 公司 San Jose 研究室的研究员 E.F.Codd 首次提出了数据库系统的关系模型。开创了数据库关系方法和关系数据理论的研究，为关系数据库技术奠定了理论基础。由于 E.F.Codd 的杰出工作，他于 1981 年获得 ACM 图灵奖。

20 世纪 70 年代末，关系方法的理论研究和软件系统的研制均取得了很大成果，最主要的研究和开发工作始于 IBM 公司的 San Jose(现在称 Almaden)研究中心，该中心在 IBM370 系列机上研制的关系数据库实验系统 System R 获得成功。与此同时，由加利福尼亚大学伯克利分校开发了关系数据库管理系统 Ingres。其提供了比较成熟的关系 DBMS 技术，证实了关系数据库的许多优点，包括高级的非过程语言接口、较好的数据独立性等，为商品化的关系 DBMS 的研制做好了技术上的准备。到了20世纪80年代,关系数据库系统已经成为数据库系统发展的主流。近年来,关系数据库系统的研究取得了辉煌的成就。涌现出许多性能良好的商品化关系数据库管理系统,如IBM公司的DB2、Oracle公司的Oracle、SAP公司的Sybase、微软公司的SQL Server等。

关系型数据库作为应用最广泛的通用型数据库,其突出优势主要有:

- 保持数据的一致性(事务处理)。
- 由于以标准化为前提,数据更新的开销很小。
- 可以进行JOIN等复杂查询。
- 存在很多实际成果和商业技术信息(成熟的技术)。

关系数据库已被广泛应用于各个领域,成为主流数据库。需要指出的是,随着数据量的剧增,NOSQL(见8.3节)数据库得到了很大发展,但是关系型数据库系统仍然是绝大多数应用最有效的解决方案,而且具有非常好的通用性和非常高的性能。

3.1.2 关系数据模型

关系数据模型由关系数据结构、关系操作集合和关系完整性约束三大要素组成。

1. 关系数据结构

关系模型把数据库表示为关系的集合。通俗地讲,每个关系都类似一张值表(Table of Values),或者在某种程度上类似于记录的一个"平面"文件(Flat File)。当一个关系被看作一张值表时,表中每一行都表示一个相关数据值的集合。

在用户看来,关系模型中数据的逻辑结构是一张二维表。关系模型的数据结构单一,在关系模型中,现实世界的实体以及实体间的各种联系均用关系来表示。在2.3节中,实体类型和联系类型作为对现实世界数据进行建模的基本概念,而在关系模型中,表中的每一行表示一个事实,这个事实通常对应一个现实世界的实体或联系,表名和列名用来帮助解释每行值的含义。我们将在3.2节中详细阐述关于关系模型的数据结构。

2. 关系操作集合

关系模型中常用的关系操作包括:选择、投影、连接、除、并、交、差等,以及查询操作和插入、删除、更新操作两大部分。查询的表达能力是其中最主要的部分。

关系模型给出了关系操作的能力和特点,关系操作通过关系语言实现。关系语言的特点(优点)是高度非过程化,所谓非过程化是指:

- 用户不必请求DBA为他建立特殊的存取路径,存取路径的选择由DBMS的优化机制来完成。
- 用户不必求助于循环和递归来完成数据的重复操作。

关系操作的特点是集合操作方式,即操作的对象和操作的结果都是集合。关系操作能力可用两种方式来表示:代数方式和逻辑方式。代数方式主要有关系代数,它是用对关系的操作来表达查询要求的方式;逻辑方式主要有关系演算,它是用谓词来表达查询要求的方式。关系演算又可按谓词变元的基本对象是元组变量还是域变量分为元组关系演算和域关系演算。关系代数、元组关系演算和域关系演算三种语言在表达能力上是完全等价的。因此,稍后我们只对关系代数进行阐述(详见3.4节)。

关系代数、元组关系演算和域关系演算均是抽象的查询语言,这些抽象的语言与具体的

DBMS 中实现的实际语言并不完全相同。但它们能作为评估实际系统中查询语言能力的标准或基础。实际的查询语言除了提供关系代数或关系演算的功能外,还提供了许多附加功能,例如聚集函数、关系赋值、算术运算等。

在关系代数中,查询的结果是一个新的关系,可以使用关系代数操作对新的关系继续计算。关系代数之所以非常重要,主要原因有以下几点:第一,它为关系模型操作提供了一个形式化的基础;第二,关系代数被看作关系数据库管理系统 RDBMS 中实现查询和优化查询的基础;第三,RDBMS 的 SQL 标准查询语言中结合了关系代数中的一些概念。因此,当前使用的商用关系数据库管理系统中任何关系系统的核心操作和功能都是建立在关系代数操作之上的。

关系代数为关系模型定义了一组操作,与此不同的是,关系演算为关系查询提供了一个更高级的描述性表示法。关系演算表达式创建了一个新关系,这个新关系中变量的取值范围为数据库存储关系中的行(元组演算)或者存储关系中的列(域演算)。在关系演算表达式中,对指定如何检索查询结果的操作没有次序上的要求,演算表达式只指定了结果中应包含什么信息。这是关系代数和关系演算之间的主要区别。关系演算之所以重要,是因为它有坚实的数理逻辑基础,同时元组关系演算也是 RDBMS 的标准查询语言 SQL 的部分基础(SQL 是基于元组关系演算的,同时也加入了一些关系代数及其扩展中的操作)。

还有一种重要的关系语言是 SQL。SQL 不仅具有丰富的查询功能,而且具有数据定义、数据操作和数据控制功能,是集数据查询功能、数据定义功能、数据操作功能和数据控制功能于一体的关系数据语言(有的书中将数据查询功能和数据操作功能合称为数据操纵功能)。它充分体现了关系数据语言的特点和优点,是关系数据库的标准语言。关于 SQL 语言将在第 4 章和第 5 章中阐述。

因此,关系数据语言可以分为三类:关系代数语言、关系演算语言以及兼具两者双重特点的语言,如图 3.1 所示。它们的共同特点是:语言具有完备的表达能力,是非过程化的集合操作语言,功能强,能够独立使用也可以嵌入高级语言中使用。

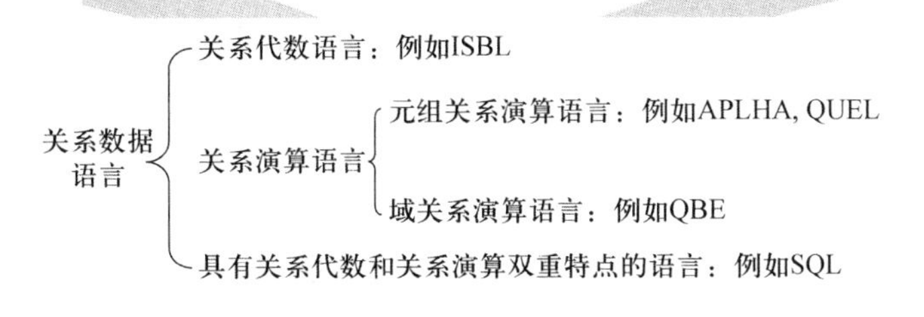

图 3.1 关系数据语言分类

3. 关系的完整性约束

数据库的数据完整性是指数据库中数据的正确性、相容性和一致性。这是一种语义概念,包括两个方面:

- 与现实世界中应用需求数据的正确性、相容性和一致性;
- 数据库内数据之间的正确性、相容性和一致性。

例如,学生的学号必须唯一,性别只能是男或女,学生所选修的课程必须是已开设的课程,等等。可见,数据库中数据是否具备完整性关系到数据库系统能否真实地反映现实世界,因此数据库数据的完整性是十分重要的。

数据完整性由完整性规则来定义,关系模型的完整性规则是对关系的某种约束,因此也称为完整性约束。它提供了一种手段来保证当用户对数据库数据进行插入、删除、更新操作时不会破坏数据库中数据的正确性、相容性和一致性,也就保证了用户查询得到的数据是有意义的。关系模型的完整性约束将在3.3节中详细阐述。

3.2 关系模型的数据结构

3.2.1 关系模型的数据结构和基本术语

在关系数据模型中,数据结构用单一的二维表结构来表示实体及实体间的联系,如图3.2所示。

(1) 关系(Relation)

一个关系对应一个二维表,二维表名就是关系名。例如,图3.2包含两个表,也即两个关系:学生登记表关系和系信息表关系。

(2) 属性(Attribute)和值域(Domain)

二维表中的列(字段),称为属性。属性的个数称为关系的元(Arity)或度(Degree)。列的值称为属性值;属性A值的取值范围称为值域D,表示为dom(A)。例如,图3.2中学生登记表关系的属性有:学号、姓名、性别、年龄、系号、原单位。所以元数是6,即学生登记表关系是一个6元关系或6度关系。年龄属性的值域是大于等于12岁,小于等于35岁。系信息表关系的属性有系号、系名、办公室、主任、电话。所以元数是5,即系信息表关系是一个5元关系或5度关系。

(3) 关系模式(Relation Schema)

二维表中的行(记录的型),即对关系的描述称为关系模式。一般表示为

关系名(属性1,属性2,…,属性 n)

例如,图3.2中有两个关系模式,表示为

学生登记表(学号,姓名,性别,年龄,系号,原单位)

系信息表(系号,系名,办公室,主任,电话)

(4)元组(Tuple)

二维表中的一行(记录的值),称为一个元组。关系模式和元组的集合通称为关系。

例如,在学生登记表关系中的元组有:

(170101,张力,女,17,01,北京四中)

(170302,林宏业,男,18,02,十一学校)

(171008,王朝,男,18,04,北京九中)

⋮

(5) 分量(Component)

元组中的一个属性值。

例如,在学生登记表关系中元组(170101,张力,女,17,01,北京四中)的每一个属性值:

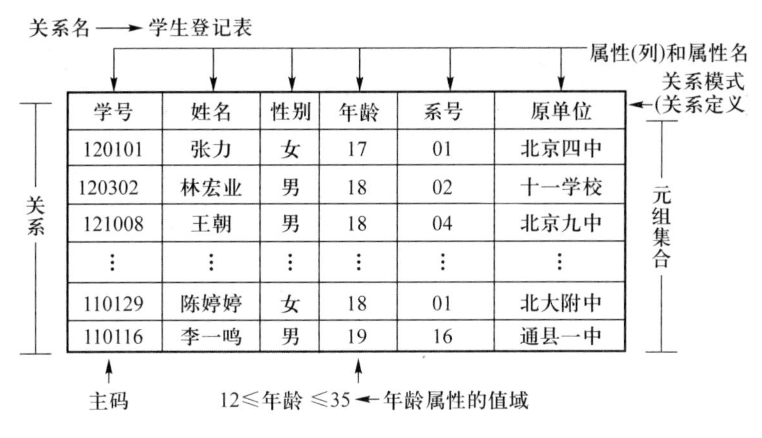

学号	姓名	性别	年龄	系号	原单位
120101	张力	女	17	01	北京四中
120302	林宏业	男	18	02	十一学校
121008	王朝	男	18	04	北京九中
⋮	⋮	⋮	⋮	⋮	⋮
110129	陈婷婷	女	18	01	北大附中
110116	李一鸣	男	19	16	通县一中

系信息表

系号	系名	办公室	主任	电话
01	计算机	教209	张立	301
02	物理	教501	李记欣	276
03	数学	教410	王鸣利	346
04	化学	教306	高明	417
⋮	⋮	⋮	⋮	⋮
16	外语	教701	陈钢	628

图 3.2 关系数据模型的数据结构示例

'170101'、'张力'、'女'、'17'、'01'、'北京四中'都是它的分量。

(6) 码或键(Key)

如果在一个关系中,存在这样的属性(或属性组),使得在该关系的任何一个关系状态中的两个元组,在该属性(或属性组)上值的组合都不相同,即这些属性(或属性组)的值都能用来唯一标识该关系的元组,则称这些属性(或属性组)为该关系的码或键。

(7) 超码或超键(Super Key)

如果在关系的一个码中移去某个属性,它仍然是这个关系的码,则称这样的码或键为该关系的超码或超键 。一般来说,每个关系至少有一个默认的超码或超键,即该关系的所有属性的集合,也是这个关系的最大超码或超键。

(8) 候选码或候选键(Candidate Key)

如果在关系的一个码或键中,不能从中移去任何一个属性,否则它就不是这个关系的码或键,则称这样的码或键为该关系的候选码或候选键。可见一个关系的候选码或候选键是这个关系的最小超码或超键。

(9) 主码或主键(Primary Key)

在一个关系的若干个候选码或候选键中指定一个用来唯一标识该关系的元组,则称这个被指定的候选码或候选键为该关系的主码或主键。

(10) 全码或全键(All-Key)

一个关系模式的所有属性集合是这个关系的主码或主键,则称这样的主码或主键为全码或全键。

例如,在学生登记表关系中,如果不允许重名,则存在两个候选码:学号和姓名;若指定学号作为唯一标识,那么,学号就是学生登记表关系的主码或主键;(学号,性别)、(学号,性别,年龄)、(姓名,性别,年龄,系号,原单位)等,都是学生登记表关系的超码或超键。

(11) 主属性(Primary Attribute)和非主属性(Nonprimary Attribute)

关系中包含在任何一个候选码中的属性称为主属性或码属性,不包含在任何一个候选码中的属性称为非主属性或非码属性。

例如,在学生登记表关系中,如果不允许重名,学号和姓名是主属性,其他属性是非主属性。

(12) 外码或外键(Foreign Key)

当关系中的某个属性(或属性组)虽然不是这个关系的主码或只是主码的一部分,但却是另一个关系的主码时,称该属性(或属性组)为这个关系的外码或外键。例如,如果图3.2中的系信息表关系的主码是系号,那么,在学生登记表关系中的系号就是外码或外键,因为它是另一个关系(系信息表)的主码。

(13) 参照关系(Referencing Relation)与被参照关系(Referenced Relation)

参照关系也称从关系,被参照关系也称主关系,它们是指以外码相关联的两个关系。以外码作为主码的关系称为被参照关系;外码所在的关系称为参照关系。由此可见,被参照关系与参照关系是通过外码相联系的,这种联系通常是 $1:n$ 的联系。例如,图3.2中的系信息表关系是被参照关系,而学生登记表关系是参照关系。它们通过外码“系号”相联系。

3.2.2 关系的形式定义和关系数据库对关系的限定

1. 关系的形式定义

从数学的观点定义关系称为关系的形式定义。有如下两种定义方法。

(1) 用集合论的观点定义关系

关系是一个度为 K 的元组的有限集合,即这个关系有若干个元组,每个元组有 K 个属性值(把关系看成一个集合,集合中的元素是元组)。

(2) 用值域的概念来定义关系

关系是属性值域笛卡儿积的一个子集。

① 笛卡儿积:设一个关系的属性是 $A1, \cdots, An$,其对应的值域为 $D1, \cdots, Dn$(也可以有相同的),定义 $D1, \cdots, Dn$ 的笛卡儿积 $D = D1 \times \cdots \times Dn = \{(d1, \cdots, dn) \mid di \in Di, 1 \leqslant i \leqslant n\}$。D 中的每一个子集 D′称为关系。这里 D 的元素 $(d1, \cdots, dn)$ 就是一个度为 n 的元组(n-tuple),元素中的每一个值 di 称为元组的一个分量。

若 $Di(i=1,2,\cdots,n)$ 为有限集,其基数(Cardinal Number)为 $mi(i=1,2,\cdots,n)$,则 $D1 \times D2 \times \cdots \times Dn$ 的基数 M 为:

$$M = \prod_{i=1}^{n} mi$$

笛卡儿积可表示为一个二维表。表中的每行对应一个元组,表中的每列对应一个域。例如,给出三个域

$$D1 = 学生集合 = \{'李鸣','王立刚','张明婉'\}$$

D2 = 性别集合 = {'男','女'}

D3 = 系别集合 = {'计算机系','数学系'}

则 D1、D2、D3 的笛卡儿积为：

D1×D2×D3 =

{('李鸣','男','计算机系'),('李鸣','男','数学系'),
('李鸣','女','计算机系'),('李鸣','女','数学系'),
('王立刚','男','计算机系'),('王立刚','男','数学系'),
('王立刚','女','计算机系'),('王立刚','女','数学系'),
('张明婉','男','计算机系'),('张明婉','男','数学系')
('张明婉','女','计算机系'),('张明婉','女','数学系')}

其中('李鸣','男','计算机系')、('李鸣','男','数学系')……都是元组。'李鸣'、'男'、'计算机系'、'数学系'……都是分量。

该笛卡儿积的基数为 3×2×2 = 12，也就是说，D1×D2×D3 一共有 3×2×2 = 12 个元组。这 12 个元组可列成一张如图 3.3 所示的二维表。

D1	D2	D3	D1	D2	D3
李鸣	男	计算机系	李鸣	男	数学系
李鸣	女	计算机系	李鸣	女	数学系
王立刚	男	计算机系	王立刚	男	数学系
王立刚	女	计算机系	王立刚	女	数学系
张明婉	男	计算机系	张明婉	男	数学系
张明婉	女	计算机系	张明婉	女	数学系

图 3.3 D1、D2、D3 的笛卡儿积

显然，笛卡儿积是所有域的所有取值的一个组合，其中的元组没有重复。这些元组是单纯的笛卡儿积的结果，没有考虑具体的语义，可能只有部分元组是有意义的。

② 关系

设 R 为笛卡儿积 D = D1×…×Dn 的一个子集，则称 R 为域 D1，…，Dn 上的一个 n 元关系。记为：R(D1，…，Dn)。这里 R 表示关系的名字，Di 为第 i 个域名。

应当注意：

- 元组不是 di 的集合，元组的分量是按序排列的，而集合中的元素是没有排列次序的。

例如，在关系中有

$$(a,b,c) \neq (b,a,c) \neq (c,b,a)$$

但在集合中

$$\{a,b,c\} = \{b,a,c\} = \{c,b,a\}$$

- 无限关系和有限关系：若一个关系的元组个数是无限的，则称这个关系为无限关系；否则称有限关系。关系数据库系统考虑的是有限关系。
- 关系数据库也存在型和值之分，关系数据库的型也称为关系数据库模式，是对关系数据

库的描述，它包括若干域的定义以及在这些域上定义的若干关系模式。关系数据库的值是这些关系模式在某一时刻对应的关系的集合。

对于图 3.3 的笛卡儿积，可以从中取出一个子集构造一个学生关系。由于一个学生只有一个性别，只能属于一个系别，所以上述笛卡儿积中的许多元组都是无实际意义的。从 D1×D2×D3 取出一组有用、有意义的元组，可构成的学生关系如图 3.4 所示。

姓名	性别	系别
李鸣	男	计算机系
王立刚	男	数学系
张明婉	女	计算机系

图 3.4　学生关系

2. 关系数据库对关系的限定

关系模型的数据结构表示为二维表，但不是任意的一个二维表都能表示一个关系。从上面关系的形式定义可见关系数据库对关系是有限定的。

① 每一个属性是不可分解的，即关系的每一个分量必须是一个不可分的数据项。或者说所有属性值都是原子的，即一个确定的值，而不是值的集合，也就是说，不允许表中有表。因此，不允许出现复合和多值属性。这是关系数据库对关系最基本的一个限定，关系模型的许多理论都是基于该假设发展起来的，被称为第一范式假设（注意，关系模型的扩展中取消了这些限制。例如，对象-关系系统就允许复合结构属性，其他像非第一范式或嵌套关系模型也允许复合结构属性）。

图 3.5 中的两个表都不符合上述要求。因为，在学生基本情况表中的一个属性成绩被分为英语、数学、数据库等多项，这相当于大表中还有一张小表（关于成绩的表）。在职工工资表中，属性工资和扣除都是可以再分解的。

学生基本情况表

学号	姓名	性别	年龄	系别	籍贯	成绩		
						英语	…	数学
08001	刘红	女	18	管理	江苏	83	…	78
⋮	⋮	⋮	⋮	⋮	⋮	⋮	⋮	⋮
08500	陈列	男	17	计算机科学	北京	80	…	88

职工工资表

职工号	姓名	工资			扣除		实发
		基本	补助	职务	房租	水电	
86051	李鸣	805	120	50	60	12	903
86052	王立刚	1000	150	90	100	125	1015
⋮	⋮	⋮	⋮	⋮	⋮	⋮	⋮

图 3.5　不满足关系数据库限定的关系

另外，元组中某些属性可能会出现空值 NULL，正如 2.3.1 节所述，关系数据库中的空值是一种特殊的标量常数，出现 NULL 值的主要原因包括："值未定义（不适用的）""值（有意义但目前还）未知"或"值存在但不可用"。在与其他值一起进行算术上的聚集或比较操作时，需要知道 NULL 值的确切含义。例如，当出现两个 NULL 值比较时，将导致含义不明确，如果客户 A 和客户 B 的地址都是 NULL 值，是表示这两个客户的地址相同吗？因此，在数据库设计时，要尽量避免 NULL 值的出现。

② 每一个关系仅有一种关系模式。即每一个关系模式中属性的数据类型以及属性的个数是相对固定的。

③ 每一个关系模式中的属性必须命名，在同一个关系模式中，属性名必须是不同的。不同的属性可来自同一个域。

④ 在关系中元组的顺序（即行序）是无关紧要的，可任意交换。

⑤ 在关系中属性的顺序（即列序）是无关紧要的，可任意交换。

⑥ 同一个关系中不允许出现候选码或候选键值完全相同的元组。

3.2.3 关系数据库中常用的表示法

在对关系数据库阐述时常常使用下列的表示法：

① 大写字母 Q、R、S、T 表示关系名。

② 小写字母 q、r、s、t 表示关系状态或元组集合。

③ 小写字母 w、u、v 表示元组。

④ 一般来说，关系模式的名字，例如 STUDENT，也表示对应关系的当前元组集合，即当前关系状态，但 STUDENT(s#, sname, sex, age, dept) 则仅表示关系模式。

⑤ 用带下划线的属性表示关系的主码。例如，图 2.14 中的三个关系模式可表示为：(STUDENT(<u>s#</u>, sname, sex, age, dept), SC(<u>s#</u>, <u>c#</u>, grade), COURSE(<u>c#</u>, cname, teacher)。即：s# 是 STUDENT 的主码，(s#, c#) 是 SC 的主码，c# 是 COURSE 的主码。

⑥ 可以用关系名 R 来限定一个属于它的属性 A，这可以通过使用圆点记号 R.A 来表示，例如，STUDENT. sname 或 STUDENT.age。这样做的原因是因为在不同关系中的两个属性可以使用相同的名字，但是，在同一个关系中的所有属性名必须是不同的。

⑦ 关系 r(R) 中 n 元元组 t 表示成 t = <v_1, v_2, …, v_n>，其中 v_i 是对应属性 A_i 的值。下面的表示法表示元组的分量值（Component Value）：

- t[A_i] 或 t.A_i 或 t[i] 都表示 t 中属性 A_i 的 v_i 值。
- t[A_u, A_w, …, A_z] 或 t.(A_u, A_w, …, A_z)，其中 A_u, A_w, …, A_z 是 R 中的属性列表，表示 t 中对应于这个列表中指定属性的值<v_u, v_w, …, v_z>的子元组。

例如，在例 2.2 中的 STUDENT 关系，对于其中的一个元组 t=<'20100178','张明','男'21,'计算机'>，有 t[s#]=<'20100178'>，t[sname] = <'张明'>，t[sex, age, dept] = <'男',21,'计算机'>。

⑧ 一个度为 n 的关系模式 R 可表示成 R(A1, A2, …, An)。

⑨ 一个关系数据库模式 S 是它的关系模式的集合和完整性约束 IC 的集合，表示为 S = {R1, R2, …, Rm}。

⑩ 一个关系数据库 S{R1, R2, …, Rm} 的一个关系数据库状态 DB 是关系状态的集合 DB =

{r1, r2,…,r*m*},其中每个 r*i* 是 R*i* 的一个状态,并且关系状态 r*i* 满足 IC 中规定的完整性约束。

例如,在例 2.2 中给出了一个关系数据库模式 S-SC-C,它是关系模式 STUDENT(s#,sname,sex,age,dept), SC(s#,c#,grade), COURSE(c#,cname,teacher)的集合,记作 S-SC-C = {STUDENT, SC, COURSE}。还分别展示了对应于这三个关系模式的某个时刻的三个关系状态,可分别记作 r(STUDENT)、r(SC)和 r(COURSE)。

3.3 关系模型的完整性约束

3.3.1 关系模型完整性约束的分类

到目前为止,我们讨论的只是单个关系的特征。在一个关系数据库中,通常会有多个关系,而且这些关系中的元组往往以多种形式相互关联,整个数据库的状态对应于某个特定时刻该数据库所有关系的状态,对于数据库状态中的具体值通常都会有一些限制或约束,以保证数据的完整性。

数据的完整性是指数据的准确性和相容性,为了维护数据的完整性,DBMS 必须要提供一种机制来检查数据库中的数据,这种加在数据库数据之上的语义约束条件就称为数据完整性约束条件。关系数据模型的完整性约束主要包括实体完整性约束、参照完整性约束和用户定义完整性约束三类。其中实体完整性和参照完整性是关系模型必须满足的完整性约束条件,应该由关系数据库管理系统(DBMS)自动支持;而用户定义完整性约束包括域完整性约束和其他约束,大多是指应用领域需要遵循的对属性值域的约束条件和业务规则,体现了具体应用领域中的语义约束。一般也由关系数据库管理系统或 DBMS 的工具提供编写手段,由 DBMS 的完整性检查机制负责统一检查。

下面将分别阐述这三类主要约束。

3.3.2 实体完整性约束

实体完整性约束(Entity Integrity Constraint)是对关系中主码或主键属性值的约束。由实体完整性规则实现。

实体完整性规则:若属性 A 是关系 R 的主属性,则属性 A 不能取空值。

由此可见:

(1) 实体完整性约束是对关系的约束。

(2) 每个关系必须有主码,主码的值唯一,用于标识关系的元组。

(3) 组成主码的属性都不能取空值,而不仅仅是主码属性集整体不能取空值。

例如,例 2.2 中的学生关系 STUDENT(s#, sname, sex, age, dept)中,主码为学号 s#,则 s#不能取空值。在选课关系 SC(s#,c#,grade)中,主码为(s#,c#),则 s#和 c#两个属性都不能取空值。

选课关系 SC(s#,c#,grade),在学生没有考试之前,grade 是不确定的,其值可以是空值,用"NULL"表示,但是该值是一个有意义的值。

3.3.3 参照完整性约束

现实世界中的实体之间往往存在某种联系,在关系模型中实体及实体间的联系都是用关系来描述的，这样就自然存在着关系与关系之间的参照（引用）关系。

例 3.1　考虑如下三个关系，其中主码用下划线标识：

学生（学号，姓名，性别，年龄，所在系）

课程（课程号，课程名，教师）

选课（学号，课程号，成绩）

这三个关系之间存在着属性间的参照，即选课关系参照了学生关系的主码“学号”和课程关系的主码“课程号”，显然，选课关系的“学号”属性与学生关系的主码“学号”相对应，“课程号”属性与课程关系的主码“课程号”相对应。因此“学号”和“课程号”属性都是选课关系的外码。这里学生关系和课程关系均为被参照关系，选课关系为参照关系，如图 3.6 所示。同样，选课关系中的“学号”值必须是确实存在的学生学号，学生关系中有该学生的记录，选课关系中“课程号”值也必须是确实存在的课程号，即课程关系中有该课程的记录。

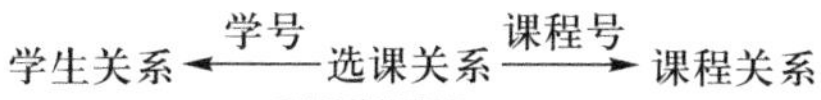

学生关系 ←学号— 选课关系 —课程号→ 课程关系

图 3.6　关系的参照图

外码一般出现在联系所对应的关系中，用于表示两个或多个实体之间的关联关系。外码实际上是关系中的一个（或多个）属性，它引用某个其他关系（特殊情况下，也可以是外码所在的关系）的主码，当然也可以是候选码，但多数情况下是主码。主码要求必须是非空且不重复的，但外码无此要求。

不仅两个或两个以上的关系间可以存在参照关系，同一个关系的属性间也可能存在参照关系。

例 3.2　如果在例 3.1 中，学生关系增加一个属性“班长”，原学生关系改为

学生 1（学号，姓名，性别，年龄，所在系，班长）

其中，“学号”属性是主码，“班长”属性表示该学生所在班级的班长的学号，它参照了本关系中“学号”属性，即“班长”必须是确实存在的学生的学号。

在例 3.2 中，“班长”属性与本关系的主码“学号”属性相对应，因此“班长”是外码。这里学生 1 关系是参照关系，也是被参照关系。

需要指出的是，外码并不一定要与相应的主码同名。不过，在实际应用中，为了便于识别，当外码与相应的主码属于不同关系时，往往给它们起相同的名字。

参照完整性约束由参照完整性规则实现。

参照完整性规则：若属性（或属性组）F 是关系 R 的外码，它与关系 S 的主码 K_S 相对应（关系 R 和 S 不一定是不同的关系），则对于 R 中每个元组在 F 上的值必须：

- 或者取空值（F 的每个属性值均为空值）；
- 或者等于 S 中某个元组的主码值。

例如，考虑如下两个关系，其中主码用下划线标识：

学生（学号，姓名，性别，年龄，所在系）

系（系号，系名，地点）

学生关系中属性所在系为外码，每个元组的“所在系”属性只能取下面两类值：

① 空值,表示尚未给该学生分配系;

② 非空值,这时该值必须是系关系中某个元组的"系号"值,表示该学生不可能分配到一个不存在的系中。即系关系是被参照关系,其中一定存在一个元组,它的主码值等于参照关系(学生关系)中的外码"系号"的值。这里学生关系中的属性"所在系"与系关系中的属性"系号"是意同名不同。

参照完整性规则中,R 与 S 可以是同一个关系,例如对于例 3.2,按照参照完整性规则,"班长"属性值可以取两类值:

① 空值,表示该学生所在班级尚未选班长;

② 非空值,这时该值必须是本关系中某个元组的"学号"值。

又如例 3.2 中,按照参照完整性规则,选课关系中的"学号"和"课程号"属性也可以取两类值;空值或被参照关系中已经存在的值。但由于"学号"和"课程号"是选课关系中的主属性,按照实体完整性规则,它们均不能取空值,所以选课关系中的"学号"和"课程号"属性实际上只能取相应被参照关系中已经存在的主码值。

3.3.4 用户定义完整性约束

用户定义完整性约束(User-Defined Integrity Constraint)由用户根据应用需要定义,它反映某一具体应用所涉及的数据必须满足的语义要求,主要是对属性的取值进行限定,所以主要是域完整性约束,也包括一些其他的特殊约束。

域完整性约束(Domain Integrity Constraint)是对属性的值域的约束,是指对关系中属性取值的正确性限制,包括数据类型、精度、取值范围、是否允许空值、是否有默认值等。取值范围又可分为静态定义和动态定义两种:静态定义取值范围是指属性的值域范围是固定的,可从定义值的集合中提取;动态定义取值范围是指属性的值域范围依赖于另一个或多个其他属性的值,例如,开始日期不能晚于结束日期等。域完整性约束中的 NOT NULL 约束是指不允许在一个关系的元组中出现空值(NULL)。如果在一个关系的元组中允许出现空值(NULL),表示元组内的一些属性,其值可能是:未知的、未定义的、值存在但不适用于该元组。

由此可见,域完整性约束较为广泛,与属性的含义和行为相关,它说明某一具体应用所涉及的数据必须满足应用语义的要求,有的很难在数据模型中表示和执行,需要在用户的应用程序中定义这一类约束。

例如,在例 3.2 中如果每个 STUDENT 元组的 sname 属性必须有一个有效的非空的值,那么该 sname 属性就应具有 NOT NULL 约束。而在选课关系 SC 中,grade 属性允许出现空值,这是因为有可能某个学生没有参加某门课程的考试,所以成绩为 NULL。

另外,域完整性约束还包括定义属性间的依赖关系,这包括函数依赖和多值依赖。它们主要用于测试关系数据库设计的好坏,并在一个称为规范化(Normalization)的过程中使用,这将在第 6 章中讨论。

用户定义的完整性除域完整性外,还包括一些其他特殊需要的约束,一般域完整性是在单个关系上指定的,而某些特殊约束虽然不是参照完整性约束,但也需要在两个关系上指定。例如,仓库管理系统中关于物品的库存信息关系中的物品的进库日期必须晚于该物品的生产日期,而该物品的生产日期往往是关于物品的生产信息关系中的属性,但它又不是物品生产信息关系的主码,所以不是参照完整性,而是用户定义完整性。

需要注意的是:多个属性具有相同的域是可能的。例如,顾客信息中的顾客名、职员信息中的职员名、学生信息中的学生名,它们具有相同的域。一般所有关于人名的属性,可能都具有相同的域。甚至在同一个关系中的不同属性也可以有相同的域。

为了护维关系数据库中上述三类数据的完整性,在对关系数据库执行插入、删除和更新操作时,必须遵循上述三类完整性规则。

3.3.5　关系模型完整性约束的检查

为了维护关系数据库中数据的完整性,在对关系数据库执行插入、删除和更新操作时,就要检查是否满足上述三类完整性约束。

1. 执行插入操作

当执行插入操作时:首先检查实体完整性约束,检查插入行在主码属性上的值是否已经存在,若不存在,可以执行插入操作;否则不可以执行插入操作。或者,检查插入行在主码的各个属性上的值是否为空(NULL),若都不为空,可以执行插入操作;否则不可以执行插入操作。再检查参照完整性约束,如果是向被参照关系插入,不需要考虑参照完整性约束;如果是向参照关系插入,检查插入行在外码属性上的值是否已经在相应被参照关系的主码属性值中存在,若存在,可以执行插入操作;否则不可以执行插入操作,或将插入行在外码属性上的值改为空值后再执行插入操作(假定该外码允许取空值)。最后检查用户定义完整性约束,检查要被插入的元组中各属性值是否满足域完整性约束和其他特殊定义的完整性规则,包括数据类型、精度、取值范围、是否允许空值、是否有默认值等,以及检查插入行在相应属性上的值是否遵守具体应用的业务规则,若满足,可以执行插入操作;否则不可以执行插入操作,并给出错误信息。

2. 执行删除操作

当执行删除操作时:一般只需要对被参照关系检查参照完整性约束。如果是删除被参照关系中的行,检查被删除行在主码属性上的值是否正在被相应的参照关系的外码引用,若不在被引用,可以执行删除操作;若正在被引用,有三种可能的做法:不执行该删除操作(拒绝删除),或将参照关系中相应行在外码属性上的值改为空值(若它允许空值)后再执行删除操作(空值删除),或将参照关系中相应行一起删除(级联删除)。

3. 执行更新操作

更新一个既不是主码也不是外码的属性常常不会引起问题,DBMS 仅仅需要核对新值是否有正确的数据类型和域。因为主码被用来标识元组,因此修改一个主码的值时类似于先执行删除操作,然后插入另一个分组,即是上述两种情况的综合。如果要修改一个外码属性,DBMS 必须确认该新值参照的是另一个在被参照关系中已存在的元组(或者为 NULL)。

例 3.3　设有供应商关系 S 和零件关系 P,如图 3.7 所示。它们的主码分别是“供应商号”和“零件号”,而且,零件关系 P 的属性“颜色”只能取值为(红,白,蓝)。

(1) 基于图 3.7,向关系 P 插入下列新行。它们中不能被插入的是(　　)。

Ⅰ.('201','白','S10')　　Ⅱ.('301','红','T11')　　Ⅲ.('101','绿','B01')

A) 仅Ⅰ　　B) 仅Ⅱ　　C) 仅Ⅰ和Ⅲ　　D) 都不能

(2) 基于图 3.7,删除关系 S 中如下的行,它们中不能被删除的是(　　)。

Ⅰ.('Z01','立新','重庆') Ⅱ.('S10','宇宙','上海')

A)仅Ⅰ B)仅Ⅱ C)都能 D)都不能

(3)基于图3.7,下列更新关系P或关系S的操作能正确执行的是( )。

Ⅰ.将S表的供应商号='Z01'更新为'Z30'

Ⅱ.将P表的供应商号='B01'更新为'T20'

A)仅Ⅰ B)仅Ⅱ C)都能 D)都不能

(4)基于图3.7,下列对关系P或关系S的操作能正确执行的是( )。

Ⅰ.删除关系S中供应商号='T20'的行

Ⅱ.将关系P的供应商号='B01'更新为'B02'

Ⅲ.删除关系P中零件号='010'的行

Ⅳ.向关系S插入新行('S15','宇新','上海')

A)仅Ⅰ、Ⅱ和Ⅲ B)仅Ⅲ和Ⅳ C)仅Ⅱ、Ⅲ和Ⅳ D)都能

本例的解答留给读者。

供应商关系S

供应商号	供应商名	所在城市
B01	红星	北京
S10	宇宙	上海
T20	黎明	天津
Z01	立新	重庆

零件关系P

零件号	颜色	供应商号
010	红	B01
201	蓝	T20
312	白	S10

图3.7 供应商关系S和零件关系P

3.4 关系操作语言——关系代数

关系代数是关系操作语言的一种传统表示方式,它是以集合代数为基础发展起来的,任何一种操作都是将一定的操作符作用于一定的操作对象上,得到预期的操作结果。所以操作对象、操作符、操作结果是操作的三大要素。在关系代数操作中,它的操作对象和操作结果均为关系。关系代数也是一种抽象的查询语言,它通过对关系的操作来表达查询。

3.4.1 关系代数操作的分类

通常人们认为关系代数是关系数据模型整体的一部分,其操作可以分为两组。一组包括基于数学集合论的集合操作,包括并、交、差、笛卡儿积。另一组则由专门为关系数据库开发的操作组成,包括选择、投影、连接(JOIN)及其他操作。

一些常见的数据库请求无法利用最初的关系代数操作来完成,所以人们又创建了一些新的操作来表达这些请求,如聚集操作和其他类型的连接和并操作等。由于这些操作对于许多数据库应用都很重要,所以它们已被添加到最初的关系代数中了。

关系代数的操作可分为三类:

① 基于传统集合论的操作：这类操作将关系看成是元组的集合，其操作是从关系的"水平"方向，即行的角度来进行的。有并、交、差、笛卡儿积。

② 专门的关系操作：这类操作又可分为一元操作和二元操作。一元操作有选择和投影；二元操作有连接和除。连接操作又有 θ 连接、等值连接和自然连接之分。

③ 扩充的关系操作：这类操作主要有广义投影、赋值、外连接、半连接、聚集、外部并等。

其中：并、差、笛卡儿积、投影和选择这五种操作称为基本的操作。其他操作均可以用这五种基本操作来表达。引进其他操作并不增加语言的能力，但可以简化表达。关系代数操作经过有限次复合的式子称为关系代数操作表达式（简称为关系代数表达式）。可以用关系代数表达式表示所需要执行的各种数据库查询和修改处理的需求。

关系代数常用到的操作符如表 3.1 所示。其中比较操作符和逻辑操作符是用来辅助专门的关系操作符进行操作的。

表 3.1 关系代数常用到的操作符

操作符	含义	
集合操作符	$\cup$	并
	$-$	差
	$\cap$	交
	$\times$	广义笛卡儿积
专门的关系操作符	σ	选择
	π	投影
	$\bowtie$	连接
	$\div$	除
比较操作符	$>$	大于
	$\geqslant$	大于等于
	$<$	小于
	$\leqslant$	小于等于
	$=$	等于
	$\neq$	不等于
逻辑操作符	$\neg$	非
	$\wedge$	与
	$\vee$	或

为了叙述上的方便，引入一些记号：

① 设关系模式为 $R(A_1, A_2, \cdots, A_n)$，它的一个关系设为 R。$t \in R$ 表示 t 是 R 的一个元组。$t[A_i]$ 则表示元组 t 中相应于属性 A_i 的一个分量。

② 若 $A = \{A_{i1}, A_{i2}, \cdots, A_{ik}\}$，其中 $A_{i1}, A_{i2}, \cdots, A_{ik}$ 是 $A_1, A_2, \cdots, A_n$ 中的一部分，则 A 称为属

性列或是域列。$t[A]=(t[A_{i1}],t[A_{i2}],\cdots,t[A_{ik}])$表示元组 t 在属性列 A 上诸分量的集合。A-则表示$\{A_1,A_2,\cdots,A_n\}$中去掉$\{A_{i1},A_{i2},\cdots,A_{ik}\}$后剩余的属性组。

③ 设 R 为 n 度关系，S 为 m 度关系。$t_r \in R, t_s \in S$。$t_r t_s$称为元组的连接(Concatenation)。它是一个有 $n+m$ 列的元组，前 n 个分量为 R 中的一个元组，后 m 个分量为 S 中的一个元组。

④ 给定一个关系 R(X,Z)，X 和 Z 为属性组。定义：当 $t[X]=x$ 时，x 在 R 中的像集(Images set)为

$$Z_x=\{t[z] \mid t \in R, t[X]=x\}$$

它表示 R 中属性组 X 上值为 x 的诸元组在 Z 上分量的集合。

3.4.2 基于传统集合论的关系操作

这类关系代数操作是集合上的标准数学操作，包括并、交、差、广义笛卡儿积四种操作，它们都是二元操作。并且前三种操作必须满足相容性条件(Union Compatibility)。

相容性条件：如果两个关系 $R(A_1, A_2,\cdots, A_n)$ 和 $S(B_1, B_2,\cdots,B_n)$ 具有相同的度 n，而且对每个 $i(1\leqslant i\leqslant n)$，均有：$dom(A_i)= dom(B_i)$，则称 R 和 S 是相容的。这就是说，两个关系如果满足相容性条件，则这两个关系具有相同的属性个数，并且每对相对应的属性都具有相同的域。

1. 并(Union)

设 R 和 S 均为 n 元(度)关系，且满足相容性条件，则关系 R 与关系 S 的并由属于 R 或属于 S 的元组组成。其结果关系仍为 n 元关系，记作

$$R\cup S=\{t \mid t\in R \vee t\in S\}, \quad t\text{是元组变量(下同)}$$

2. 差(Difference)

设 R 和 S 均为 n 元关系，且满足相容性条件，则关系 R 与关系 S 的差由属于 R 而不属于 S 的所有元组组成。其结果关系仍为 n 元关系，记作

$$R-S=\{t \mid t\in R \wedge t\notin S\}$$

3. 交(Intersection)

设 R 和 S 均为 n 元关系，且满足相容性条件，则关系 R 与关系 S 的交由既属于 R 又属于 S 的元组组成。其结果关系仍为 n 元关系，记作

$$R\cap S=\{t \mid t\in R \wedge t\in S\}$$

显然 $R\cap S = R-(R-S)$。

4. 笛卡儿积(Cartesian Product)

设 R 和 S 分别为 r 元和 s 元关系，定义 R 和 S 的笛卡儿积是一个 $r+s$ 元元组的集合，每一个元组的前 r 个分量来自 R 的一个元组，后 s 个分量来自 S 的一个元组。若 R 有 k_1 个元组，S 有 k_2 个元组，则关系 R 和关系 S 的笛卡儿积有 $k_1\times k_2$个元组。记作

$$R\times S=\{t \mid t=<tr,ts> \wedge tr\in R \wedge ts\in S\}$$

例 3.4 图 3.8 中(a)和(b)分别为具有三个属性列的关系 R 和 S。图 3.8 中(c)为关系 R 与 S 的并，(d)为关系 R 与 S 的交，(e)为关系 R 和 S 的差，(f)为关系 R 和 S 的广义笛卡儿积。

A	B	C
a1	b1	c1
a1	b2	c2
a2	b2	c1

(a) R

A	B	C
a1	b2	c2
a1	b3	c2
a2	b2	c1

(b) S

A	B	C
a1	b1	c1
a1	b2	c2
a2	b2	c1
a1	b3	c2

(c) R∪S

A	B	C
a1	b2	c2
a2	b2	c1

(d) R∩S

A	B	C
a1	b1	c1

(e) R-S

R.A	R.B	R.C	S.A	S.B	S.C
a1	b1	c1	a1	b2	c2
a1	b1	c1	a1	b3	c2
a1	b1	c1	a2	b2	c1
a1	b2	c2	a1	b2	c2
a1	b2	c2	a1	b3	c2
a1	b2	c2	a2	b2	c1
a2	b2	c1	a1	b2	c2
a2	b2	c1	a1	b3	c2
a2	b2	c1	a2	b2	c1

(f) R×S

图 3.8 传统的集合操作举例

3.4.3 一元的专门关系操作

一元关系操作属于专门的关系操作，包括对单个关系进行垂直分解的投影操作和进行水平分解的选择操作。

1. 选择(Select)

选择又称为限制(Restrict)，它是在关系 R 中选择满足给定条件的元组，记作

$$\sigma_F(R)=\{t \mid t\in R \land F(t)='真'\}$$

其含义是：$\sigma_F(R)$表示由从关系 R 中选出满足条件表达式 F 的那些元组所构成的关系。F 表示选择条件，它是一个逻辑表达式，取逻辑值“真”或“假”。

逻辑表达式 F 的基本形式为

$$X\ \theta\ Y$$

θ 表示比较操作符，X、Y 是属性名或常量或简单函数。属性名也可以用它的序号来代替。

选择操作是从行的角度进行的操作，是从关系 R 中选取使逻辑表达式 F 为真的元组。可以把选择操作看作一个过滤器，它仅仅保留那些满足限定条件的元组。

下面的许多例子是基于例 2.2 中的学生关系 STUDENT、课程关系 COURSE 和选课关系 SC 这三个关系的操作。设它们的当前状态如图 3.9 所示。

学生关系 STUDENT

学号 s#	姓名 sname	性别 sex	年龄 age	所在系 dept
20100251	王一鸣	男	20	数学
20100212	李慧玲	女	21	信息
20110438	郭晓新	女	19	计算机
20120340	周红	女	18	信息
20120529	欧阳光明	男	17	计算机
20120730	李青青	女	16	物理

(a)

课程关系 COURSE

课程号 c#	课程名 cname	教师 teacher
C01	信息系统	杨弘
C02	数据库	杨弘
C03	高等数学	张克杰
C04	英语	王英
C05	网络	陶国栋

(b)

选课关系 SC

学号 s#	课程号 c#	成绩 grade
20100212	C01	76
20100251	C03	83
20110438	C02	68
20120340	C01	91
20120340	C02	85
20120340	C03	75
20120340	C04	80
20120340	C05	92
20120529	C05	90

(c)

图 3.9　学生-选课-课程数据库的当前状态

例 3.5 查询信息系全体学生。其关系代数表达式为

$$\sigma_{dept='信息'}(STUDENT) \quad 或 \quad \sigma_{5='信息'}(STUDENT)$$

其中下标 5 为 dept 的属性序号。

结果如图 3.10(a)所示。

例 3.6 查询选修课程号为 C02 的学生信息。其关系代数表达式为

$$\sigma_{C\#='C02'}(SC) \quad 或 \quad \sigma_{2='C02'}(SC)$$

结果如图 3.10(b)所示。

学号 s#	姓名 sname	性别 sex	年龄 age	所在系 dept
20100212	李慧玲	女	21	信息
20120340	周红	女	18	信息

(a)

学号 s#	课程号 c#	成绩 grade
20110438	C02	68
20120340	C02	85

(b)

图 3.10 关系代数的选择操作举例

2. 投影(Project)

对关系 R 的投影操作,是从 R 中选择若干属性列组成新的关系,即从列的角度进行的操作。记作

$$\pi_A(R)=\{t[A] \mid t \in R\}$$

其含义是:从关系 R 取属性名列表 A 中指定的列,并消除重复元组。

例 3.7 查询学生的姓名和所在的系,即求关系 STUDENT 在学生姓名和所在系两个属性上的投影:

$$\pi_{sname,\ dept}(STUDENT) \quad 或 \quad \pi_{2,5}(STUDENT)$$

结果如图 3.11(a)所示。

投影之后不仅消去了原关系中的某些列,而且还可能消去某些元组,因为消去了某些属性列后,就可能出现重复行,应消去这些完全相同的行。

例 3.8 查询课程关系中都有哪些教师,即查询课程关系 COURSE 在教师属性上的投影。

$$\pi_{teacher}(COURSE) \quad 或 \quad \pi_3(COURSE)$$

结果如图 3.11(b)所示。COURSE 关系原来有 5 个元组,而投影结果取消了教师杨弘的重复元组,因此只有 4 个元组。

姓名 sname	所在系 dept
王一鸣	数学
李慧玲	信息
郭晓新	计算机
周红	信息
欧阳光明	计算机
李青青	物理

(a)

教师 teacher
杨弘
张克杰
王英
陶国栋

(b)

图 3.11 关系代数的投影操作举例

3.4.4 二元的专门关系操作

二元专门关系操作是对两个关系进行操作。包括连接操作和除操作。

1. 连接(Join)

连接也称为θ连接。它是从两个关系的笛卡儿积中选取它们的属性间满足一定条件的元组。记作

$$R \underset{A\theta B}{\bowtie} S = \{t_r t_s \mid t_r \in R \land t_s \in S \land t_r[A]\theta t_s[B]\}$$

其中A和B分别为R和S上的属性组,它们的属性个数相等且可比。θ是比较操作符。连接操作从R和S的笛卡儿积R×S中选取在A属性组(R关系)上的值与在B属性组(S关系)上的值满足θ比较关系的元组。

连接操作中有两种最为重要也最为常用的连接,一种是等值连接(Equi Join),另一种是自然连接(Natural Join)。

(1) 等值连接

θ为"="的连接操作称为等值连接。它是从关系R与S的笛卡儿积中选取A、B属性值相等的那些元组。等值连接记作

$$R \underset{A=B}{\bowtie} S = \{t_r t_s \mid t_r \in R \land t_s \in S \land t_r[A] = t_s[B]\}$$

(2) 自然连接

自然连接是一种特殊的等值连接,它要求两个关系中进行比较的分量必须是相同的属性组,并且要在结果中把重复的属性去掉。即:若R和S具有相同的属性组A1,A2,…,Ak,则自然连接可记作

$$R \bowtie S \equiv \pi_{m1,m2,\cdots,mn}(\sigma_{R.A1=S.A1 \land \cdots \land R.Ak=S.Ak}(R \times S))$$

其中m1,m2,…,mn是去除了S.A1,S.A2,…,S.Ak分量以后的R×S的所有分量组成的序列,且它们的顺序与在R×S中相同。

一般的连接操作是从行的角度进行操作。但自然连接还需要取消重复列,所以是同时从行和列的角度进行操作。

例3.9 设关系R、S分别为图3.12中的(a)和(b),$R \underset{C<E}{\bowtie} S$的结果为图3.12(c),等值连接

R $\underset{R.B=S.B}{\bowtie}$ S 的结果为图 3.12(d),自然连接 R $\bowtie$ S 的结果为图 3.12(e)。

A	B	C
a1	b1	5
a2	b2	6
a3	b3	8
a4	b3	12

(a)关系 R

B	E
b1	3
b2	7
b3	10
b4	2
b5	2

(b)关系 S

A	R.B	C	S.B	E
a1	b1	5	b2	7
a1	b1	5	b3	10
a2	b2	6	b2	7
a2	b2	6	b3	10
a3	b3	8	b3	10

(c) R $\underset{C<E}{\bowtie}$ S 的结果

A	R.B	C	S.B	E
a1	b1	5	b1	3
a2	b2	6	b2	7
a3	b3	8	b3	10
a4	b3	12	b3	10

(d) R $\underset{R.B=S.B}{\bowtie}$ S 的结果

A	R.B	C	E
a1	b1	5	3
a2	b2	6	7
a3	b3	8	10
a4	b3	12	10

(e) R $\bowtie$ S 的结果

图 3.12 关系代数的连接操作举例

两个关系 R 和 S 的自然连接计算过程如下:

① 计算 R×S;

② 设 A1,…,Ak 是 R 和 S 的公共属性,挑选 R×S 中满足 R.A1=S.A1,…,R.Ak=S.Ak 的那些元组;

③ 去掉 S.A1,…,S.Ak 这些列。

自然连接是构造新关系的有效方法,投影和选择是分解关系的有效方法。利用投影、选择和自然连接操作可以任意地分解和构造新关系。一般,自然连接使用在 R 和 S 有公共属性的情况中。如果两个关系没有公共属性,那么它们的自然连接就变为笛卡儿积。

2. 除(Division)

给定关系 R(X,Y)和 S(Y,Z),其中 X、Y、Z 为属性组。R 中的 Y 与 S 中的 Y 可以有不同的属性名,但必须出自相同的域集。R 与 S 的除操作得到一个新的关系 P(X),P 与 R 中满足下列条件的元组在 X 属性列上的投影:元组在 X 上分量值 x 的像集 Y_r 包含 S 在 Y 上投影的集合。记作

$$R \div S = \{t_r[X] t_r \in R \wedge \pi_Y(S) \subseteq Y_X\}$$

其中 Y_X 为 x 在 R 中的像集,$x = t_r[X]$。

除操作是同时从行和列角度进行操作。

R÷S 可分解为若干个基本的关系代数操作,具体计算过程如下:

① 求出 R 中 X 的各个分量的像集 Y_X

② 求出 S 在 Y 上投影的集合 $\pi y(S)$

③ 比较 Yx 与 $\pi_Y(S)$,选取满足 $\pi_Y(S) \subseteq Yx$ 的分量,记为 X'

④ R÷S = {X'}

例 3.10　设关系 R、S 分别为图 3.13 中的(a)和(b)所示,R÷S 的结果为图 3.13(c)所示。

在关系 R 中,A 可以取四个值{a1,a2,a3,a4}。其中:

a1 的像集为{(b1,c2),(b2,c3),(b2,c1)}

a2 的像集为{(b3,c7),(b2,c3)}

a3 的像集为{(b4,c6)}

a4 的像集为{(b6,c6)}

S 在(B,C)上的投影为{(b1,c2),(b2,c3),(b2,c1)}

显然只有 a1 的像集包含 S 在(B,C)属性组上的投影,所以 R÷S={(a1)}

A	B	C
a1	b1	c2
a2	b3	c7
a3	b4	c6
a1	b2	c3
a4	b6	c6
a2	b2	c3
a1	b2	c1

(a) 关系 R

B	C	D
b1	c2	d1
b2	c1	d1
b2	c3	d2

(b) 关系 S

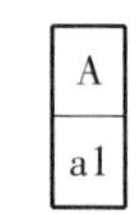

A
a1

(c) R÷S

图 3.13　关系代数的除操作举例

3.4.5　扩展的关系操作

扩展的关系操作主要有广义投影、赋值、外连接、半连接、聚集和外部并等。

1. 广义投影

广义投影是对投影的扩展。对关系 R 的投影操作,是在 R 的若干属性列上的投影;而对关系 R 的广义投影操作,是在若干算术表达式上的投影,这些算术表达式只涉及常量和 R 中的属性。在关系模式 R 上的广义投影操作记作:$\pi_{F1,F2,\cdots,Fn}(R)$,其中 F1,F2,⋯,Fn 是只涉及常量和 R 中属性的算术表达式。

例 3.11 查询学生关系中学号为 20110438 的学生其年龄增加 2 岁后的年龄。

用广义投影操作可表示为:$\pi_{age=age+2}(\sigma_{s\#='20110438'}(STUDENT))$

2. 赋值

若关系 R 和 S 是相容的,则通过赋值操作可将关系 S 赋给关系 R,记作 R←S。通常,这里的关系 S 是经过关系代数操作得到的新关系。

赋值操作可以把复杂的关系表达式简化为若干个简单的表达式。这使得插入、删除和更新操作变得很方便。

例 3.12 在课程关系 COURSE 中,增加一门课程:('C06','电子商务','陈伟钢'),可以用赋值操作表示为:COURSE←COURSE∪{('C06','电子商务','陈伟钢')}

例 3.13 在关系 STUDENT 和关系 SC 中删除学号为"20100251"的同学的信息。用赋值操作可以表示为:$STUDENT \leftarrow STUDENT-(\sigma_{S\#='20100251'}(STUDENT))$

$$SC \leftarrow SC-(\sigma_{S\#='20100251'}(SC))$$

3. 外连接

设关系 R 和 S 具有公共属性集 Y,当执行 R⋈S 时,会丢弃那些在 Y 属性集上没有匹配值的元组。如果不想丢弃那些元组,并且在这些元组新增加的属性上赋予空值(NULL),这种操作称为外连接(Outer Join),记作 R ⟗ S。若只保留 R 中本应丢弃的元组,则称为 R 和 S 的左外连接,记作 R ⟕ S;若只保留 S 中本应丢弃的元组,则称为 R 和 S 的右外连接,记作 R ⟖ S。

图 3.14(c)给出了关系 R 和 S 的自然连接,图 3.14(e)给出了关系 R 和 S 的外连接,图 3.14(f)给出了关系 R 和 S 的左外连接,图 3.14(g)给出了关系 R 和 S 的右外连接操作的结果。

4. 半连接

两个关系 R 和 S 的半连接是它们的自然连接:R⋈S,在关系 R 或 S 的属性集上的投影。R 和 S 的半连接记作:$R \ltimes S=\pi_R(R \bowtie S)$;S 和 R 的半连接记作 $S \ltimes R=\pi_S(R \bowtie S)$。图 3.14(h)和图 3.14(i)分别给出了关系 R 和 S 的半连接与 S 和 R 的半连接。注意:R 和 S 的半连接不等于 S 和 R 的半连接,即

$$R \ltimes S \neq S \ltimes R$$

5. 聚集

另一种不能用基本关系代数操作表示的请求类型是在数据库的值集上指定数学聚集函数(Aggregate Function)。常用的聚集函数有:求平均值 avg、最大值 max、最小值 min、总和值 sum 以及计数 count 等。使用时在聚集函数前标以手写体的"$\mathcal{G}$"。

例 3.14 基于例 2.2 中的学生-选课-课程数据库,执行:

(1) 求女同学的平均年龄,计算年龄小于 20 岁的学生人数。分别用聚集操作表示为

$$\mathcal{G}_{avg}(age)\ (\sigma_{sex='女'}(STUDENT))$$

$$\mathcal{G}_{count}(s\#)\ (\sigma_{age<20}(STUDENT))$$

(2) 求选修数据库课程的平均成绩。用聚集操作表示为

$$\mathcal{G}_{avg}(grade)\ (\pi_{C\#}(\sigma_{Cname='数据库'}(COURSE))\bowtie SC)$$

6. 外部并

外部并(Outer Union)操作是为了用于从两个不满足相容性条件的关系得到它们元组的并集而被开发的。这种操作将得到部分相容(Partially Compatible)的两个关系 R(X,Y)和 S(X,Z)中元组的并,记作:R ∪' S。所谓部分相容,是指仅有部分属性(如 X)是相容的。满足相容性条件的属性在结果中只取一次,而任一关系中不满足相容性条件的属性也保留在结果关系 T(X,Y,Z)中。其元组由属于 R 或属于 S 的元组组成,且元组在其新增加的属性上取空值(null)。图 3.14(d)给出了 R 和 S 的外部并操作结果。

对于 R 中的元组 t1,和 S 中的元组 t2,若有 t1[X]=t2[X],则称这两个元组是匹配的,并认为它们表示的是同一个实体或联系实例。这两个原子在 T 中将被组合(合并)为单个元组。对于两个关系中的另外一个元组,即在另一个关系中没有匹配元组的元组,则用 NULL 填充。

W	X	Y
a	b	c
b	b	f
c	a	d

(a) 关系 R

X	Y	Z
b	c	d
a	d	b
e	f	g

(b) 关系 S

W	X	Y	Z
a	b	c	d
c	a	d	b

(c) R 和 S 的自然连接

W	X	Y	Z
a	b	c	null
b	b	f	null
c	a	d	null
null	b	c	d
null	a	d	b
null	e	f	g

(d) R 和 S 外部并

W	X	Y	Z
a	b	c	d
c	a	d	b
b	b	f	null
null	e	f	g

(e) R 和 S 外连接

W	X	Y	Z
a	b	c	d
c	a	d	b
b	b	f	null

(f) R 和 S 的左外连接

W	X	Y	Z
a	b	c	d
c	a	d	b
null	e	f	g

(g) R 和 S 的右外连接

W	X	Y
a	b	c
c	a	d

(h) R 和 S 的半连接

X	Y	Z
b	c	d
a	d	b

(i) S 和 R 的半连接

图 3.14 部分扩展的关系操作举例

3.5 小结

关系数据库系统应用数学方法处理数据库中的数据,三十多年来,关系数据库系统的研究和

开发已取得了辉煌的成就，它从实验室走向了社会，成为应用最广泛的数据库系统，也是数据库发展的历史上最重要的成就。

本章是数据库原理课程的重点之一。首先介绍了关系模型的发展和关系模型的概念，关系模型是基于集合论中的关系概念发展起来的数据模型。然后阐述了关系模型的三个要素：数据结构、关系操作和完整性约束。

关系模型结构简单（只有“表”这种结构）、表现力强、使用方便，又有坚实的数学理论为基础，所以易于发展和扩充。数据完整性要求关系的元组在语义上必须满足一定的约束，保证数据库中的数据能够保持准确性、相容性和一致性。关系模型上的插入、删除和更新操作都有可能破坏某些类型的约束，无论何时使用一个这样的操作，都必须检查执行操作后的数据库状态，以确保没有破坏任何约束。关系操作通过关系语言实现，本章以关系代数作为关系语言的代表进行阐述，关系代数实现了五种基本的关系操作：选择、投影、并、差和广义笛卡儿积；四种组合的关系操作：交、除、连接和自然连接；六种扩充的关系操作：广义投影、赋值、外连接、半连接、聚集和外部并。

习题

一、单选题

1. 下列关于关系代数的叙述中，哪一条是错误的？

A）关系代数是以集合代数为基础发展起来的

B）关系代数中的操作对象和操作结果均为关系

C）关系代数的操作方式称为一次一个记录的方式

D）关系代数通过对关系的操作来表达查询

2. 下列关于关系的形式定义和关系数据库对关系的限定的叙述中，哪一条是错误的？

A）每一个关系仅仅有一种关系模式

B）关系模型的数据结构表示为二维表，所以任意的一个二维表都能表示一个关系

C）用值域的概念来定义关系：关系是属性值域笛卡儿积的一个子集

D）用集合论的观点定义关系：关系是一个度为 K 的元组的有限集合

3. 设供应商关系 S 和零件关系 P，如图 3.15 所示。它们的主码分别是“供应商号”和“零件号”，而且，零件关系 P 中的属性“供应商号”是外码。

供应商关系 S

供应商号	供应商名	所在城市
B01	红星	北京
S10	宇宙	上海
T20	黎明	天津
Z01	立新	重庆

零件关系 P

零件号	颜色	供应商号
010	红	B01
201	蓝	T20
312	白	S10

图 3.15 供应商关系 S 和零件关系 P

下列对关系 P 或关系 S 的操作中，哪一个能正确执行？

A）删除关系 S 中供应商号='T20'的行

B）将 P 表的供应商号='B01'修改为'B02'

C）删除关系 P 中零件号='010'的行

D）向关系 S 插入新行（'S10','宇新','广州'）

4. 设 R 和 S 均为 n 元关系，且满足相容性条件，

$\{t \mid t \in R \wedge t \notin S\}$，其中 t 是元组变量

是关系 R 与关系 S 执行下列哪一个操作的结果？

A）R∪S　　B）R∩S　　C）R×S　　D）R－S

5. 设关系 R、S 和 T 如图 3.16 所示。

关系 R

A	B	C
a1	b1	5
a2	b2	6
a3	b3	8
a4	b3	12

关系 S

B	E
b1	3
b2	7
b3	10
b4	2
b5	2

关系 T

A	R.B	C	S.B	E
a1	b1	5	b2	7
a1	b1	5	b3	10
a2	b2	6	b2	7
a2	b2	6	b3	10
a3	b3	8	b3	10

图 3.16　三个关系 R、S 和 T

则关系 T 是关系 R 和 S 经下列哪一个操作得到的结果？

A）$R \bowtie S$　　B）$R \underset{C<E}{\bowtie} S$　　C）R×S　　D）$R \underset{R.B=S.B}{\bowtie} S$

6. 设关系 R 和 S 具有公共属性集 Y，当执行 $R \bowtie S$ 时，会丢弃那些在 Y 属性集上没有匹配值的元组。若不想丢弃那些元组，应使用下列扩展关系操作中的

A）外连接　　B）外部并　　C）聚集　　D）半连接

二、多选题

7. 下列关于域完整性约束的叙述中，哪些是正确的？

A）域完整性约束是对属性值域的约束，是指对关系中属性取值的正确性限制

B）不同关系中的多个属性具有相同的域是不允许的

C）在同一个关系中的不同属性不可以有相同的域

D）属性的数据类型、精度、取值范围、是否允许空值、是否有默认值等都是域完整性约束

E）域完整性约束与属性的含义和行为有关

8. 下列关于二元专门关系操作的叙述中，哪些是正确的？

A）从两个关系的笛卡儿积中选取它们的属性间满足一定条件的元组称为 θ 连接

B）要求两个关系中进行比较的分量必须是相同的属性或属性组，并在结果中把重复的属性或属性组去掉称为自然连接

C）当 θ 为"="时的 θ 连接操作称为等值连接

D）自然连接、等值连接和 θ 连接是完全等价的

E）如果两个关系没有公共属性，那么它们的自然连接就不可能被执行

9. 下列关于关系模型完整性约束的叙述中，哪些是正确的？

A）关系数据模型的完整性约束主要包括实体、参照和用户定义完整性约束三类

B）用户定义完整性约束主要是域完整性约束，也包括一些其他的特殊约束

C）参照关系中的外码必须要与被参照关系中的主码同名

D）主码不能取空值，是指组成主码的属性集中至少有一个属性不能取空值

E）参照关系和被参照关系只能存在于两个关系之间

10. 下列使用聚集操作表达式的查询中，哪些是正确的？

A）查询女同学的平均年龄。用聚集操作表示为：$\mathcal{G}_{avg}(age)(\sigma_{sex='女'}(STUDENT))$

B）查询女同学的平均年龄，用聚焦操作表示为：$\mathcal{G}_{avg}(age)(\pi_{age}(\sigma_{sex='女'}(STUDENT)))$

C）查询年龄小于 20 岁的学生人数。用聚集操作表示为：$\mathcal{G}_{count}(s\#)(\sigma_{age<20}(STUDENT))$

D）查询年龄小于 20 岁的学生人数，用聚集操作表示为：$\mathcal{G}_{count}(s\#)(\pi_{s\#}(\sigma_{age<20}(STUDENT)))$

E）查询选修数据库课程的平均成绩。用聚集操作表示为

$$\mathcal{G}_{avg}(grade)(\pi_{C\#}(\sigma_{Cname='数据库'}(COURSE))\bowtie SC)$$

参考答案

一、单选题

1. C　2. B　3. C　4. D　5. B　6. A

二、多选题

7. ADE　8. ABC　9. AB　10. ACDE

第4章　关系数据库标准语言 SQL

关系数据库系统的主要功能是通过 SQL 来实现的,所以 SQL 非常重要。而且 SQL 的内容又非常丰富,因此,将用第 4 章、第 5 章两章的篇幅来介绍 SQL 的相关内容。

本章首先概述 SQL 的标准化历程以及 SQL 的语言特点、数据类型和数据库模式结构等。重点阐述 SQL 的各类语句结构和功能,包括数据定义语言 DDL 中的模式、基本表、索引、域的定义和删除语句以及对基本表定义的修改语句;SQL 数据操纵语言 DML 中的数据查询语句的基本结构及其强大的检索能力;SQL 数据操纵语言 DML 中的数据修改语句,包括数据插入、删除和更新语句;SQL 数据控制语言 DCL 中的权限授予和收回语句。最后对本章进行小结并给出习题。

学习本章和第 5 章的目的是使读者深入理解和掌握关系数据库标准语言 SQL,以及数据库编程技术,从而进一步理解和掌握关系数据库系统的概念和技术,也为应用开发打好基础。

本章的考核目标是:

- 了解关系数据库标准语言 SQL 的标准化历程;
- 理解和掌握关系数据库标准语言 SQL 的主要特点、数据类型、SQL 数据库三级模式结构和 SQL 语言的组成和语句类型;
- 理解数据库对象的定义,理解并掌握关系数据库标准语言 SQL 数据定义、数据查询、数据操作和数据控制功能;
- 深入理解并正确使用 SQL 语言完成对数据库对象的创建、删除和对基本表的修改,对数据库数据的查询、插入、删除和更新操作,以及对数据库对象访问权限的授予和收回,特别是基本表创建语句 CREATE TABLE 和数据查询语句 SELECT(这两个语句的功能最为丰富,格式也最为复杂);
- 理解并掌握 SQL 视图的概念、定义、分类和视图的作用,熟练并正确地使用 SQL 语句完成视图的创建、查询和修改;
- 有意识地与关系代数语言进行比较,进一步了解它们的功能和各自的特点。

4.1　SQL 概述

4.1.1　结构化查询语言 SQL

SQL(Structured Query Language)称为结构化查询语言。它是 1974 年由 Boyce 和 Chamberlin 提出的,1975 年至 1979 年 IBM 公司的 San Jose Research Laboratory 研制了关系数据库管理系统的原型系统 System R,并实现了这种语言。

由于 SQL 使用方便、功能丰富、语言简洁易学,很快得到推广和应用。例如关系数据库产品

SQL/DS、DB2、ORACLE、SYBASE 等都实现了 SQL 语言。同时,其他数据库产品的厂家也纷纷推出支持 SQL 的软件或者与 SQL 的接口软件。这样 SQL 语言很快被整个计算机界认可。1986 年 10 月美国国家标准局(American National Standards Institute,ANSI)颁布了 SQL 语言的美国标准,称为 SQL 86。1987 年 6 月国际标准化组织(International Organization for Standardization,ISO)采纳 SQL 作为国际标准。后经修订,于 1989 年 4 月颁布了增强完整性特征的 SQL 89 版本,1992 年又颁布了 SQL 92 标准,也称 SQL2。从 SQL 89 到 SQL 92 其内容在许多方面得到扩充,如支持远程数据库访问,扩充了数据类型、操作类型、模式操作语言、动态 SQL 等。完成于 1999 年的 SQL3(SQL 99)具有更高级的特征,它在 SQL2 的基础上扩展了许多新的特性,如递归、触发器以及对象等,最主要的扩充是它支持对象-关系数据模型(因此也有文献称它为对象-关系 SQL)。2003 年发布了 SQL 2003,也称 SQL4。目前正在进行修订的是 SQL5。

我国也制定了 SQL 的国家标准 GB12911,它等效于 SQL 89 版本。目前正在制定等效于 SQL 2003 的国家标准。

自 SQL 成为国际标准语言以后,涌现出各种支持 SQL 的软件或与 SQL 有接口的软件。这就有可能使大多数数据库均以 SQL 作为共同的数据库语言和标准接口,使不同数据库系统之间的互操作有了共同的基础。而且对数据库以外的领域也产生了很大影响,有不少软件产品将 SQL 语言的数据查询功能与图形工具、软件工程工具、软件开发工具、人工智能程序结合起来。在相当长的时间里,SQL 还将是数据库领域乃至信息领域中数据处理的主流语言。

4.1.2 SQL 的语言特点

SQL 语言之所以能够为用户和业界所接受,成为国际标准,是因为它是一个综合的、通用的、功能极强同时又简洁易学的语言。SQL 语言集数据查询(Data Query)、数据操纵(Data Manipulation)、数据定义(Data Definition)和数据控制(Data Control)功能于一体,充分体现了关系数据语言的特点。其主要特点如下。

1. 综合统一

非关系模型(层次模型、网状模型)的数据语言一般都分为模式数据定义语言(Schema Data Definition Language)、外模式数据定义语言(Subschema Data Definition Language)、与数据存储有关的描述语言(Data Storage Description Language)以及数据操纵语言(Data Manipulation Language),分别用于定义模式、外模式、内模式和进行数据的存取与处理。而 SQL 语言则集数据定义语言(DDL)、数据操纵语言(DML)、数据控制语言(DCL)的功能于一体,语言风格统一,可以独立完成数据库生命周期中的全部活动,包括定义关系模式、录入数据以建立数据库、查询、更新、维护、数据库重构、数据库安全性控制等一系列操作,这就为数据库应用系统开发提供了良好的环境。

2. 高度非过程化

非关系数据模型的数据操纵语言是面向过程的语言,使用这样的语言进行数据操作,必须指定存取路径。而用 SQL 语言进行数据操作,用户只需提出“做什么”,而不必指明“怎么做”,因此用户无须了解存取路径,存取路径的选择以及 SQL 语句的操作过程由系统自动完成。这不但大大减轻了用户负担,而且有利于提高数据独立性。

3. 面向集合的操作方式

非关系数据模型采用的是面向记录的操作方式,操作的对象都是一条记录(一次一个记录）。而 SQL 语言采用集合操作方式，不仅查找结果可以是元组的集合，而且一次插入、删除、更新操作的对象也可以是元组的集合（一次一个集合）。

4. 灵活的使用方式

SQL 语言既是自含式语言，又是嵌入式语言。作为自含式语言，它能够独立地用于联机交互，用户可以在键盘上直接输入 SQL 命令对数据库进行操作。作为嵌入式语言，SQL 语句能够嵌入高级语言（例如 C、COBOL、FORTRAN、PL/1）程序中，供程序员设计程序时使用。而在两种不同的使用方式下，SQL 语言的语法结构基本上是一致的。这种以统一的语法结构提供两种不同的使用方式的特点，为用户使用提供了极大的灵活与方便。

5. 语言简洁，易学易用，功能强

SQL 语言功能极强，但由于设计巧妙，语言十分简洁，完成数据定义、数据操纵、数据控制的核心功能只用了 9 个动词：CREATE、DROP、ALTER、SELECT、INSERT、UPDATE、DELETE、GRANT、REVOKE，如表 4.1 所示。而且 SQL 语言语法简单，接近英语口语，因此容易学习，容易使用。

表 4.1 SQL 语言的动词

SQL 功能	动词
数据查询	SELECT
数据定义	CREATE，DROP，ALTER
数据操纵	INSERT，UPDATE，DELETE
数据控制	GRANT，REVOKE

4.1.3 SQL 的数据类型

SQL 的数据类型可分为如下四类：

- 预定义数据类型；
- 构造数据类型；
- 用户定义数据类型；
- 大对象类型。

表 4.2 给出了 SQL 数据类型的分类及其说明。

表 4.2 SQL 的数据类型及其说明

分类	类型	类型名	说明
预定义数据类型	数值型	INT	整数类型（或 INTEGER）
		SMALLINT	短整数类型
		REAL	浮点数类型
		DOUBLE PRECISION	双精度浮点数类型
		FLOAT(n)	浮点数类型，精度至少为 n 位数字

续表

分类	类型	类型名	说明
预定义数据类型	数值型	NUMERIC(p,d)	定点数类型,共有 p 位数字,小数点后面有 d 位数字
	字符串型	CHAR(n)	长度为 n 的定长字符串类型
		VAR CHAR(n)	最大长度为 n 的变长字符串类型
	位串型	BIT(n)	长度为 n 的二进制位串类型
		BIT VARYING(n)	最大长度为 n 的变长二进制位串类型
	时间型	DATE	日期类型:年-月-日,形如:YYYY-MM-DD
		TIME	时间类型:时:分:秒,形如:HH:MM:SS
		TIMESTAMP	时间戳类型(DATE 加 TIME)
	布尔型	BOOLEAN	值可以为:TRUE(真)、FALSE(假)、UNKNOWN(未知)
构造数据类型	由特定的保留字和预定义数据类型构造而成,如用 REF 定义的引用类型、用 ROW 定义的行类型、用 ARRAY 定义的聚合数据类型等		
用户定义数据类型	是一个对象类型,是由用户按照一定的规则用预定义数据类型组合定义的用户自己专用的数据类型		
大对象类型	可存储多达 10 亿字节的串。LOB 又可分为:BLOB,二进制大对象,用于存储音频、图像数据;CLOB,字串大对象,用于存储长字串数据		

注意:许多 SQL 产品还扩充了其他一些数据类型,如 TEXT(文本)、MONEY(货币)、GRAPHIC(图形)、IMAGE(图像)、GENERAL(通用)、MEMO(备注)等。

4.1.4 SQL 对关系数据库模式的支持

SQL 语言支持数据库三级模式结构,如图 4.1 所示。

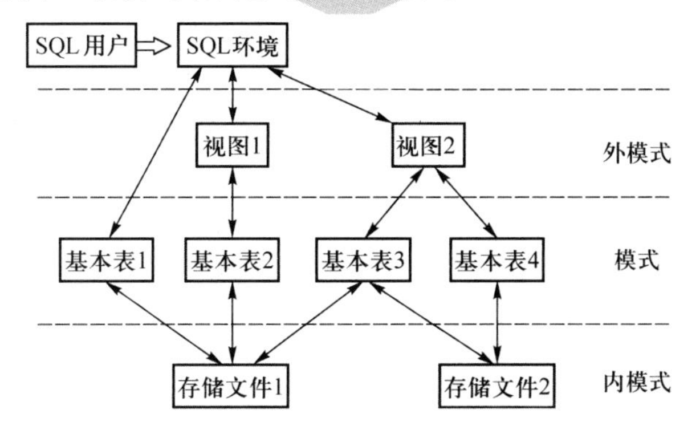

图 4.1 SQL 对关系数据库模式的支持

在 SQL 中,外模式对应于视图(View)和部分基本表;模式对应于基本表(Base Table);内模

式对应于存储文件。元组对应于表中的行(Row),属性对应于表中的列(Column)。具体说明如下:

① 一个 SQL 数据库模式是该数据库中基本表的集合。

② 一个关系对应于一个 SQL 表,行对应于元组,列对应于属性。

③ 一个表可以有若干个索引,索引也存放在存储文件中。

④ 存储文件的逻辑结构组成了 SQL 数据库的内模式。存储文件的物理结构对用户是透明的,由操作系统管理。

⑤ 一个 SQL 表可以是一个基本表,也可以是一个视图。基本表是实际存储在数据库中的表;视图是从一个或几个基本表或其他视图导出的表。数据库中只存放视图的定义而不存放视图对应的数据,这些数据仍存放在导出视图的基本表中,因此视图是一个虚表。视图是外模式,在概念上与基本表等同,都是关系。关于视图详见 4.5 节。

⑥ 一个基本表可以跨一个或多个存储文件存放,一个存储文件可存放一个或多个基本表。每个存储文件与外部存储器上一个物理文件对应。

⑦ SQL 用户可以是应用程序,也可以是用户。

⑧ SQL 环境是 SQL 数据存在和 SQL 语句执行的语境。默认的目录和模式是为每一个数据库连接建立的一个 SQL 环境的一部分,SQL 环境还包括用户标识和授权等。

⑨ 目录用目录名标识,每个目录中可包含若干个 SQL 模式,其中总是包含一个称为 INFORMATION_SCHEMA 的特殊模式,它向授权的用户提供该目录中所有模式以及这些模式中的全部元素描述符的信息。

⑩ SQL 模式用模式名标识,模式元素(Element)包括基本表、约束、视图、域和用于描述该模式的其他构造,如权限标识符,以识别拥有此模式的用户或账户。关于 SQL 模式详见 4.2.1 小节。

4.1.5　SQL 语言的组成和语句类型

SQL 语言集数据定义语言 DDL、数据操纵语言 DML、数据控制语言 DCL 的功能于一体,完成数据库生命周期中的全部活动,其具体功能如下。

① 数据定义语言(DDL):用来创建数据库的各种对象,包括数据库模式、表、视图、索引、域、触发器、自定义类型等。

② 数据操纵语言(DML):用来查询和修改 SQL 数据库中的数据。查询操作是对已经存在的数据库中的数据按查询请求指定的要求进行检索和排序。修改操作包括对数据库中数据执行插入、删除和更新操作。

③ 数据控制语言(DCL):用来授予或收回访问数据库的某种特权,控制数据操纵事务的发生时间及效果,对数据库进行监视,等等。由 DBMS 提供统一的数据控制功能,包括事务管理、数据库恢复、并发控制,以及数据库安全性和完整性控制。

根据 SQL 的组成及其功能,SQL 语句可分为如下类型。

① SQL 定义语句:创建、更改、删除数据库模式及其对象(或元素)。4.2 节给出了 SQL 的主要数据定义语句。

② SQL 数据操纵语句:完成数据库的查询和插入、删除、更新操作。它的基本语句有

SELECT、INSERT、DELETE 和 UPDATE。

③ SQL 事务和控制语句:完成数据库授权、事务管理,以及控制 SQL 语句集的运行。它的基本语句有:GRANT、REVOKE、START TRANSACTION、COMMIT、ROLLBACK、SAVEPOINT、LOCK、UNLOCK、CALL 等。

④ SQL 连接、会话和诊断语句:建立数据库连接,为 SQL 会话设置参数,获取诊断,等等。它的基本语句有 SET CONNECTION、SET ZONE、SET SESSION AUTHORIZATION、GET DIAGNOSTICS 等。

SQL 语句的基本结构由动词、SQL 对象、限定词等组成。其规定的对象有聚簇(Cluster)、授权 ID、特权(Privilege)、目录(Catalog)、模式(Schema)、表(Table)、列(Column)、SQL 域(Domain)和用户定义类型(User Defined Type,UDT)、约束和断言(Constraint and Assertion)、字符集(Character Set)、聚合(Collation)、翻译(Translation)、触发器(Trigger)、模块(Module)、调用例程(SQL-Invoked Routine)等。

4.2 SQL 的数据定义

SQL 的数据定义功能主要包括对 SQL 模式、基本表、视图、索引、域的定义和删除,以及对基本表的修改等,如表 4.3 所示。

表 4.3 SQL 的主要数据定义语句

操作对象	操作方式		
	创建	删除	修改
模式	CREATE SCHEMA	DROP SCHEMA	
基本表	CREATE TABLE	DROP TABLE	ALTER TABLE
视图	CREATE VIEW	DROP VIEW	
索引	CREATE INDEX	DROP INDEX	
域	CREATE DOMAIN	DROP DOMAIN	

注:这里列出的是 SQL 的主要数据定义语句,SQL 的数据定义语句还有许多,例如定义过程、定义触发器、定义约束、定义默认值等语句。

4.2.1 模式的定义和删除

一个 SQL 模式是其所属模式对象的集合,SQL 模式对象(元素)包括表、视图、域、约束、特权、字符集、排序、翻译、用户定义类型、例程及序列等。SQL 模式的定义和删除分别由模式定义和模式删除语句实现。模式定义语句创建一个与某一授权标识符(模式拥有者的用户名或账号)相关联的模式。模式、模式中的模式对象以及由模式对象描述的 SQL 数据被视为与该模式关联的授权标识符所拥有。删除模式语句中,删除一个模式同时删除该模式中包含的所有模式对象和所有引用了该模式的 SQL 调用例程,并删除这些模式对象对应的所有 SQL 数据。

1. 定义 SQL 模式

SQL 模式由模式名和模式拥有者的用户名或账号确定。定义了一个 SQL 模式,就是定义了一个命名空间。在该空间中可以进一步定义该模式包含的数据库对象,例如基本表、索引、视图等。

SQL 语言使用 CREATE SCHEMA 语句定义 SQL 模式,该语句的一般格式为:

CREATE SCHEMA <模式名> AUTHORIZATION <用户名>

[<CREATE DOMAIN 子句>|<CREATE TABLE 子句>|<CREATE VIEW 子句>|…]

可缺省的方括号[ ]中是在该模式下要创建的域、表和视图等子句。模式中的表、视图等模式对象也可以根据需要随时创建。

要创建模式,调用该命令的用户必须拥有 DBA 权限,或者获得了 DBA 授予的 CREATE SCHEMA 权限。

例 4.1 创建一个名为 S_SC_C 的学生-选课-课程数据库模式,属主是 Jin。

CREATE SCHEMA S_SC_C AUTHORIZATION Jin;

2. 删除 SQL 模式

SQL 语言使用 DROP SCHEMA 语句删除 SQL 模式,该语句的一般格式为:

DROP SCHEMA <模式名> {CASCADE | RESTRICT}

当用 DROP SCHEMA 语句删除数据库模式时,可以选用两种方式:

- 选用 CASCADE(级联方式),则当删除数据库模式时,该数据库模式连同其下属的模式对象(基本表、视图、索引等)全都被删除。
- 选用 RESTRICT(约束方式),则当删除数据库模式时,该数据库模式下属的模式对象(基本表、视图、索引等)预先已全都被删除,才能执行对该数据库模式的删除,否则拒绝删除。

例 4.2 删除一个名为 S_SC_C 的学生-选课-课程数据库模式。

DROP SCHEMA S_SC_C CASCADE;

4.2.2 基本表的定义、删除和修改

SQL 的表可以是基本表或视图。本小节阐述的是 SQL 的基本表,在 4.5.1 节中将阐述 SQL 的视图。

1. 创建基本表

SQL 语言使用 CREATE TABLE 语句创建基本表,该语句的一般格式为:

CREATE TABLE [模式名.]<表名>(<列名><数据类型>[列级完整性约束]
[,<列名><数据类型>[列级完整性约束]…]
[,<表级完整性约束>])
[其他参数];

其中:任选项“其他参数”是与物理存储有关的参数,随具体系统的不同而不同。<表名>是所要创建的基本表的名字,它可以由一个或多个属性(列)组成。

定义基本表的各个属性时需要指明其<数据类型>。不同的数据库系统支持的数据类型不完全相同,实际使用时应根据具体数据库系统支持的数据类型指明。

创建基本表的同时通常还可以定义与该基本表有关的完整性约束,这些完整性约束被存入系统的数据字典中,当用户对基本表进行操作时,由 DBMS 自动检查该操作是否违背所定义的完整性约束。声明完整性约束有两个层次(或称两个级别):如果完整性约束涉及该表的多个属

性,则必须在表级上定义,称为表级完整性约束;否则既可以在列级定义,也可以在表级定义,若在列级定义,称为列级完整性约束。关于完整性约束的具体内容将在稍后阐述。

例 4.3 创建 S_SC_C 数据库模式中的三个表:学生表 STUDENT、课程表 COURSE 和选课表 SC。

学生表 STUDENT,它由学号 s#、姓名 sname、性别 sex、年龄 age、部门 dept 5 个属性组成,其中学号为主码,姓名不能为空值。

```
CREATE TABLE S_SC_C.STUDENT
        (s#     CHAR(8),
         sname   CHAR(20) NOT NULL UNIQUE,
         sex     CHAR(2) NOT NULL DEFAULT '男',
         age     INT,
         dept    CHAR(20),
         PRIMARY KEY (s#));
```

这里指定了表完整性约束的主码子句:PRIMARY KEY(<列名>),被定义为主码的列强制满足非空值和唯一性条件。SQL 支持空值的概念,任何列可以有空值,除非在 CREATE TABLE 语句列的定义中指定了 NOT NULL。例如在表 STUDENT 中 sname 就不能出现空值,且唯一; sex 也不能出现空值,且默认值为'男';而 age、dept 则允许有空值,且默认值为 NULL。

类似地可创建课程表 COURSE 和选课表 SC:

```
CREATE TABLE S_SC_C.COURSE
        (c#    CHAR(3) PRIMARY KEY,
         cname   CHAR(20) NOT NULL,
         teacher   CHAR(20));
CREATE TABLE S_SC_C.SC
        (s#   CHAR(8),
         c#   CHAR(3),
         grade INT,
         PRIMARY KEY (s#,c#));
         FOREIGN KEY (s#) REFERENCES STUDENT(s#),
         FOREIGN KEY (c#) REFERENCES COURSE(c#));
```

这里指定了表完整性约束的外码子句:

FOREIGN KEY(<列名 1>)REFERENCES <表名>(<列名 2>)

说明<列名 1>是外码,它要参照由<表名>指出的那个表的主码<列名 2>。

2. 扩充和修改基本表

随着应用环境和应用需求的变化,有时需要修改已创建了的基本表,包括增加或删除列、增加或删除完整性约束、修改原有的列定义等。SQL 语言用 ALTER TABLE 语句扩充和修改基本表,其一般格式为:

```
ALTER TABLE <表名>
      [ADD <列名> <数据类型>[<完整性约束>]][ADD <完整性约束>]
```

[DROP <列名>{CASCADE | RESTRICT}][DROP <完整性约束名>]

[MODIFY <列名> <数据类型>];

其中:<表名>为指定需要修改的基本表名。ADD 子句用于增加新列和新的完整性约束;DROP 子句用于删除指定的完整性约束,如果指定<列名> CASCADE,表示在删除该列时,同时删除所有引用该列的视图和约束,如果指定<列名> RESTRICT,表示只有在没有视图或约束引用该列时才能够执行删除,如果指定 PRIMARY KEY,表示删除主码;MODIFY 子句用于修改原有的列定义。

例 4.4 向 STUDENT 表增加 telephone(电话)列,其数据类型为 12 位字符串型。

ALTER TABLE STUDENT ADD telephone CHAR(12);

例 4.5 将 STUDENT 表的年龄属性的数据类型改为半字长整数。

ALTER TABLE STUDENT MODIFY age SMALLINT;

例 4.6 删除 STUDENT 表的 dept 列,但只有在没有视图或约束引用该列时才能执行删除,否则拒绝删除。

ALTER TABLE STUDENT DROP dept RESTRICT;

3. 删除基本表

当某个基本表不再需要时,可以使用语句 DROP TABLE 进行删除。其一般格式为:

DROP TABLE <表名> [CASCADE | RESTRICT]

当用 DROP TABLE 语句删除基本表时,可以选用两种方式:

• 选用 CASCADE(级联方式),则在删除基本表时,该基本表中的数据、表定义本身以及在该基本表上所创建的视图和索引也将随之消失;

• 选用 RESTRICT(约束方式),只有事先已经清除了该基本表中的所有数据以及在该基本表上所创建的视图和索引后,才能删除这个空表,否则拒绝删除该表;

默认值为 CASCADE。

例 4.7 用下面的语句删除 STUDENT 表

DROP TABLE STUDENT RESTRICT;

如果在该 STUDENT 表上已经创建了视图,且视图未被删除,则不删除 STUDENT 表,否则删除 STUDENT 表。

例 4.8 用下面的语句删除 STUDENT 表。

DROP TABLE STUDENT CASCADE;或 DROP TABLE STUDENT;

如果在该 STUDENT 表上已经创建了视图,且视图未被删除,则在删除 STUDENT 表的同时也删除该视图。

注意:基本表定义一旦被删除,表中的数据和在此表上建立的索引和视图都将自动被删除(有的 DBMS 虽未删除视图定义,但已不可用),因此执行删除基本表操作一定要格外小心。

4.2.3 索引的建立和删除

SQL 语言支持用户根据应用的需要,在基本表上建立一个或多个索引(Index),以提供多种存取路径,加快查找速度。一般来说,创建与删除索引由数据库管理员(DBA)或表的属主(即建立表的人)负责完成。系统在存取数据时会自动选择合适的索引作为存取路径,用户不必也不能选择索引。

1. 创建索引

在 SQL 语言中,创建索引使用 CREATE INDEX 语句,其一般格式为:

CREATE [UNIQUE][CLUSTER]INDEX <索引名>

ON <表名>(<列名>[<顺序>[,<列名>[<顺序>]]…]);

其中:<表名>指定要创建索引的基本表的名字。索引可以建在该表的一列或多列上,多列时各列名之间用逗号分隔。每个<列名>后面还可以用<顺序>指定索引值的排列顺序,包括 ASC(升序)和 DESC(降序)两种,默认值为 ASC。

UNIQUE 表示此索引的每一个索引值只对应唯一的数据。

CLUSTER 表示要建立的索引是聚簇索引。所谓聚簇索引是指索引项的顺序与表中记录的物理顺序一致的索引组织。

用户可以在最频繁查询的列上建立聚簇索引以提高查询效率。显然在一个基本表上最多只能建立一个聚簇索引(有的 DBMS 会自动在主码上创建聚簇索引)。建立聚簇索引后,更新索引列数据时,往往导致表中数据的物理顺序的变更,代价较大,因此,对于经常更新的列不宜建立聚簇索引。

例 4.9 为 STUDENT 表按学号升序建立唯一索引。

CREATE UNIQUE INDEX sno_index ON STUDENT(s#);

例 4.10 为 SC 表按学号升序和课程号降序建立唯一索引。

CREATE UNIQUE INDEX scno_index ON SC(s# ASC,c# DESC);

例 4.11 为 COURSE 表按课程名的升序建立一个聚簇索引。

CREATE CLUSTER INDEX cname_index ON COURSE(cname);

该索引建立后 COURSE 表中的记录将按照 cname 值的升序存放。

2. 删除索引

索引一经建立,就由系统使用和维护它,无须用户干预。创建索引是为了减少查询操作的时间,但如果数据增删改频繁,系统会花费许多时间来维护索引。这时,可以删除一些不必要的索引。

在 SQL 语言中,删除索引使用 DROP INDEX 语句,其一般格式为:

DROP INDEX [ON <表名>] <索引名>;

例 4.12 删除 COURSE 表的 cname_index 索引。

DROP INDEX cname_index;

删除索引时,系统会同时从数据字典中删去有关该索引的描述。

4.2.4 域的建立和删除

SQL 的域是一种特殊的数据类型,用于建立用户自定义的数据类型,它由带有域约束的数据类型和默认值一起构成。

在 SQL 语言中,域的定义使用 CREATE DOMAIN 语句,其一般格式为:

CREATE DOMAIN <域名> [AS] <数据类型> [DEFAULT <默认值>][CHECK<约束条件>]

例 4.13 定义两个域 item_id 和 d_num。item_id 为一个长度为 6 的字符串,默认值为 0,并带有一个域约束:CHECK (VALUE IS NOT NULL);d_num 为一个 1~20 之间的整数,并带有一个域约束:CHECK (d_num>0 AND d_num < 21)。

```
CREATE DOMAIN item_id   CHAR(6)   DEFAULT 0   CHECK(VALUE IS NOT NULL)
CREATE DOMAIN d_num   AS   INTEGER   CHECK(d_num>0 AND d_num<21)
```

删除域使用 DROP DOMAIN 语句,其一般格式为:

DROP DOMAIN <域名>;

例如,删除域 d_num,可以使用语句:

DROP DOMAIN d_num;

4.3　SQL 的数据查询

数据查询是数据操纵的核心。SQL 语言提供 SELECT 语句进行数据查询,该语句的一般格式为

```
SELECT  [ALL|DISTINCT] <目标列表达式> [,<目标列表达式>]…
    FROM  <基本表名(或视图名)>[,<基本表名(或视图名)>] …
    [WHERE <条件表达式> ]
    [GROUP BY <列名 1>[HAVING <条件表达式> ]]
    [ORDER BY <列名 2> [ASC | DESC]]
```

整个语句的含义是:根据 WHERE 子句的条件表达式,从指定的基本表(或视图)中找出满足条件的元组,按 SELECT 子句中的目标列表达式,选出元组中的属性值形成结果表。如果有 ORDER BY 子句,则结果按指定的列名 2 升序或降序排序。GROUP BY 子句将结果表中的元组按列名 1 进行分组,通常将在每组中作用于聚集函数。分组的附加条件用 HAVING 短语给出,只有满足指定的条件表达式的组才予以输出。

SQL 语言对数据库的操作十分灵活方便,原因在于 SELECT 语句中的成分丰富多样,有许多可选形式,尤其是目标列和条件表达式。下面使用图 3.9 中的“学生-选课-课程”数据库为例说明 SELECT 的各种用法。

4.3.1　简单查询

简单查询仅涉及数据库中的一个表,所以也称为单表查询。

1. 查询表中的若干列(相当于关系代数操作中的投影操作)

例 4.14　求全体学生的详细信息。

```
SELECT s#,sname,sex,age, dept
FROM STUDENT;
```

若要查询 FROM 后面指定的表的全部属性,可以用“ * ”来表示,所以上面的查询等价于:

```
SELECT   *   FROM   STUDENT;
```

也可以查询 FROM 后面指定表的部分属性,还可以在查询结果列中包括经过计算的值。

例 4.15　求学生姓名及其出生年份。

```
SELECT sname,2017-age FROM STUDENT;
```

SELECT 语句后面可以是字段名,可以是字段和常数组成的算术表达式,也可以是字符串常数。

两个本来并不完全相同的元组,经投影到指定的某些列后,可能变成完全相同的,这时可以用 DISTINCT 短语来消除查询结果中取值重复的行。

例 4.16 查询选修了课程的学生的学号(由于一个学生可能有多个选课元组,于是查询结果中可能包含其值为同一个学生学号的多个行,使用 DISTINCT 短语去掉重复行)。

```
SELECT DISTINCT s#   FROM SC;
```

2. 选择表中的若干元组

选择表中满足查询条件的元组,称作条件查询,相当于关系代数操作中的选择操作,通过 WHERE 子句来实现,WHERE 子句常用的查询条件如表 4.4 所示。

表 4.4 WHERE 子句常用的查询条件

查询条件	谓词
比较	=,>,<,≥,≤,!=,<>,!>,!< not +上述比较符
确定范围	BETWEEN AND ,NOT BETWEEN AND
确定集合	IN, NOT IN
字符匹配	LIKE ,NOT LIKE
空值	IS NULL, IS NOT NULL
多重条件	AND ,OR, NOT

(1) 使用比较运算符的查询

例 4.17 查找年龄在 20 岁以下的学生姓名和年龄。

```
SELECT sname, age
FROM STUDENT
WHERE age < 20;
```

(2) 使用 BETWEEN 的查询。

例 4.18 查找年龄在 20 岁与 22 岁之间的学生姓名和年龄。

```
SELECT sname, age
FROM STUDENT
WHERE age BETWEEN 20 AND 22;
```

BETWEEN 指定允许取值的范围,AND 前面是低值,AND 后面是高值。

(3) 利用 LIKE 的查询

例 4.19 查询所有刘姓学生的信息。

```
SELECT * FROM STUDENT
        WHERE sname LIKE '刘%';
```

LIKE 谓词的一般形式是:

列名 [NOT] LIKE 字符串常数

这里,列名的数据类型必须是字符型。在字符串常数中字符的含义如下:

- 字符_(下横线)表示可以和任意的单个字符匹配。如 x_y 表示以 x 开头、以 y 结尾长度为 3 的任意字符串,如 xgy、xhy。
- 字符 %(百分号)表示可以和任意长的(长度可以为零)字符串匹配。如 x%y 表示以 x 开头、以 y 结尾的任意长度的字符串,如 xsy、xdcy 等都满足该匹配。
- 所有其他的字符只代表该字符自己。

例 4.20　查询名字中第二个字为"阳"字的学生的姓名和学号。

```
SELECT sname, s# FROM STUDENT
    WHERE sname LIKE '_阳%';
```

(4) 使用 IN 的查询。

IN 和 NOT IN 用于查找属性值属于(或不属于)指定集合的元组。

例 4.21　查找数学系(MA)、计算机科学系(CS)、电子工程系(EE)的学生的姓名和性别。

```
SELECT sname, sex
FROM STUDENT
WHERE dept IN ('MA','CS','EE');
```

(5) 涉及空值 NULL 的查询

例 4.22　求缺少学习成绩的学生的学号和课程号。

```
SELECT s#,c# FROM SC WHERE grade IS NULL;
```

涉及空值的谓词的一般形式是:

列名 IS [NOT]NULL

注意:不能写成:列名=NULL 或 列名=NOT NULL。

(6) 多重条件查询

逻辑运算符 AND 和 OR 可用来联结多个查询条件。

例 4.23　查找计算机系年龄在 20 岁以下的学生姓名和年龄。

```
SELECT sname, age
FROM STUDENT
WHERE dept ='CS' AND age < 20;
```

3. 对查询结果排序

SELECT 语句的 ORDER BY 子句用于对查询结果中的元组按照一个或多个列的升序(ASC)或降序(DESC)进行排序,缺省为升序。

例 4.24　查询全体学生情况,查询结果按所在系升序排列,同一系中的学生按年龄降序排列。

```
SELECT * FROM STUDENT
    ORDER BY dept,age DESC;
```

4. 使用聚集函数

SQL 提供的聚集函数主要有:

COUNT ([DISTINCT|ALL] *)	统计元组个数
COUNT ([DISTINCT|ALL]<列名>)	统计一列中值的个数

SUM ([DISTINCT|ALL]<列名>) 计算一列值的总和(此列必须是数值型)

AVG ([DISTINCT|ALL]<列名>) 计算一列值的平均值(此列必须是数值型)

MAX ([DISTINCT|ALL]<列名>) 求一列值中的最大值

MIN ([DISTINCT|ALL]<列名>) 求一列值中的最小值

如果指定 DISTINCT 短语,表示计算时取消指定列中的重复值。

例 4.25 查询学生总人数。

```
SELECT COUNT( * ) FROM STUDENT;
```

5. 对查询结果分组

GROUP BY 子句将查询结果按某一列或多列值分组,值相等的为一组。分组后再使用聚集函数,则聚集函数将作用于每一个组,即每一组都有一个聚集函数值。

例 4.26 查询每门课程的课程号和平均成绩。

```
SELECT c#,AVG(grade)
FROM SC
GROUP BY#;
```

HAVING 短语用来对组进行选择,只有满足条件的组才会出现在结果中。

例 4.27 查询选修了 2 门以上课程的学生的学号。

```
SELECT s#  FROM SC
        GROUP BY s# HAVING COUNT( * )>2;
```

先用 GROUP BY 子句按 s#进行分组,再用聚集函数 COUNT 对每一组计数。HAVING 短语指定选择组的条件,只有满足条件(元组个数>2,表示此学生选修的课超过 2 门)的组才会被选出来。

WHERE 子句与 HAVING 短语的区别在于作用对象不同。WHERE 子句作用于基本表或视图。HAVING 短语作用于组。

4.3.2 连接查询

若查询通过连接从多个表中取得数据,则称之为连接查询。连接查询是关系数据库最主要的查询,包括等值连接、非等值连接、复合条件连接、自身连接和多表连接等。

连接查询中连接条件的一般格式为

[<表名 1>.] <列名 1> <比较运算符> [<表名 2>.]<列名 2>

其中:比较运算符有=、>、<、>=、<=、!=。

连接谓词还可以采用如下形式

[<表名 1>.] <列名 1> BETWEEN [<表名 2>.]<列名 2> AND [<表名 2>.]<列名 3>

1. 等值连接和非等值连接

当连接运算符为"="时,称为等值连接。使用其他运算符称为非等值连接。连接谓词中的列名称为连接字段。连接条件中的各连接字段的数据类型必须是可比的。

例 4.28 查询每个学生及其选修课情况。

```
SELECT STUDENT. * ,SC. *  FROM STUDENT, SC
    WHERE STUDENT.s# = SC.s#;/ * 将 STUDENT 与 SC 中同一学生的元组连接起来 * /
```

注意:如果没有 WHERE 子句,本例的查询就是 STUDENT 表和 SC 表的笛卡儿积。

2. 复合条件连接

复合条件连接指 WHERE 子句包含由 AND 连接起来的多个连接条件。

例 4.29 查询选修了课程号为 C01 的全体学生的姓名和年龄。

```
SELECT sname, age FROM STUDENT, SC
    WHERE c# ='C01' AND  STUDENT.s# = SC.s#
```

3. 自身连接

一个表与其自身进行连接,称为自身连接。

例 4.30 查询年龄比郭晓新同学大的学生的姓名和年龄。

```
SELECT S1.sname,S1.age FROM STUDENT AS S1, STUDENT AS S2
    WHERE S1.age > S2.age AND S2.sname = '郭晓新';
```

注意:FROM 子句中的 STUDENT AS S1 和 STUDENT AS S2 是对 STUDENT 表进行更名,以便在 WHERE 子句中表达查询条件,和在 SELECT 子句中指明目标列。

4. 多表连接

在连接查询中,参加连接的还可以是三个或更多个表。

例 4.31 查询选修数据库课程的所有学生的学号和姓名。

```
SELECT STUDENT. s#, STUDENT. sname
FROM STUDENT, COURSE, SC
  WHERE  COURSE.cname ='数据库'
  AND STUDENT. s# = SC. s#
  AND SC. c# = COURSE. c#;
```

4.3.3 嵌套查询

嵌套查询亦称为子查询,嵌套查询是指一个“SELECT FROM WHERE”查询块可以嵌入在另一个查询块之中。SQL 中允许多层嵌套。

例 4.32 查询选修了课程名为“数据库”的学生的学号和姓名。

```
SELECT s#,sname  FROM STUDENT
    WHERE s# IN(SELECT s# FROM SC WHERE c# IN
                        (SELECT c# FROM COURSE WHERE cname='数据库'));
```

每个子查询在上一级查询处理之前求解,即嵌套查询是由里向外处理的,这样外层查询可以利用内层查询的结果。

嵌套查询使我们可以将一个复杂查询分解成多个简单查询来表达。当查询涉及多个关系时用嵌套查询逐次求解层次分明,容易理解也容易书写,具有结构化程序设计的优点。

1. 带有谓词 IN 的子查询

在嵌套查询中,最常用的是谓词 IN。

例 4.33 查询与郭晓新在同一系学习的学生的学号、姓名和系。

```
SELECT  s#,sname,dept FROM STUDENT
        WHERE dept IN(SELECT dept FROM STUDENT
```

```
                    WHERE sname ='郭晓新');
```

本例也可以用 STUDENT 表的自身连接来完成。事实上,实现同一个查询请求常常是可以有多种不同方法的。

2. 带有比较运算符的子查询

若能确切知道内层查询返回的是单值,则可以用比较运算符。如上例可改为

```
SELECT s#,sname,dept FROM STUDENT
    WHERE dept = (SELECT dept FROM STUDENT
                    WHERE sname ='郭晓新');
```

3. 带有 ANY(SOME)或 ALL 谓词的子查询

如果嵌套查询的内层查询返回的是多值,要使用 ANY(有的系统用 SOME)或 ALL 谓词,且必须同时使用比较运算符。

例 4.34 查询其他系中比计算机系某一学生年龄小的学生姓名和年龄。

```
SELECT sname,age FROM STUDENT
    WHERE age<ANY(SELECT age FROM STUDENT
                    WHERE dept ='计算机')
      AND dept <> '计算机';
```

例 4.35 查询其他系中比计算机系所有学生年龄都小的学生姓名和年龄。

```
SELECT sname,age FROM STUDENT
    WHERE age< ALL(SELECT age FROM  STUDENT
                WHERE dept ='计算机')
      AND dept <> '计算机';
```

对于这类查询也可以使用聚集函数实现。

4. 带有[NOT]EXISTS 谓词的子查询

EXISTS 代表存在量词,若内层查询结果非空,则外层查询的 WHERE 后面的条件为真,否则为假。一般地,要使 EXISTS 为真,当且仅当其后的 SELECT 语句查询结果非空。

由[NOT] EXISTS 引出的子查询,其目标列表达式通常都用 *,因为带 EXISTS 的子查询只返回真值或假值,给出列名无实际意义。

例 4.36 查询所有选修了 C02 号课程的学生姓名。

本查询涉及 STUDENT 和 SC 关系。可以在 STUDENT 中依次取每个元组的 s#值,用此值去检查 SC 关系。若 SC 中存在这样的元组,其 s#值等于此 STUDENT.s#值,并且其 c# ='C02',则取此 STUDENT.sname 送入结果关系。将此想法写成 SQL 语句:

```
SELECT sname FROM STUDENT
    WHERE  EXISTS ( SELECT * FROM SC
                WHERE SC.s# = STUDENT.s# AND c# ='C02');
```

与 EXISTS 谓词相对应的是 NOT EXISTS 谓词。使用存在量词 NOT EXISTS 后,若内层查询结果为空,则外层的 WHERE 子句返回真值,否则返回假值。

例 4.37 查询没有选修 C02 号课程的学生姓名。

```
SELECT sname FROM STUDENT
```

```
        WHERE NOT EXISTS(SELECT * FROM SC
                         WHERE SC.s# = STUDENT.s#  AND  c# ='C02');
```

4.3.4 集合查询

SQL 提供了与关系代数中的并、交、差功能相同的集合操作功能。

1. 并

并(Union)是获取满足并相容性条件的多个 SELECT 语句结果的并集。集合查询中用得最多的是并查询。

例 4.38 查询选修了 C01 号课程或者选修了 C02 号课程的学生的学号。

```
SELECT s# FROM SC WHERE c# ='C01'
    UNION
SELECT s# FROM SC WHERE c# ='C02';
```

2. 交

交(Intersect)是获取满足并相容性条件的多个 SELECT 语句结果的公共部分(交集)。

例 4.39 查询选修了 C01 号课程并且也选修了 C02 号课程的学生的学号。

```
SELECT s# FROM SC WHERE c# ='C01'
    INTERSECT
SELECT s# FROM SC WHERE c# ='C02';
```

3. 差

差(Except)是获取满足并相容性条件的两个 SELECT 语句结果的差集。

例 4.40 查询选修了 C01 号课程但没有选修 C02 号课程的学生的学号。

```
SELECT s# FROM SC WHERE c# ='C01'
    EXCEPT
SELECT s# FROM SC WHERE c# ='C02';
```

4.3.5 SQL 中的连接表和外连接

1. SQL 中的连接表

SQL 中引入了连接表(Joined Table)的概念,它允许用户在一个 SELECT 语句的 FROM 子句中指定连接操作,这种连接操作所得到的表称为连接表。连接表的一般格式为:

<表 1> [NATURAL] <连接类型> <表 2><连接条件>

其中:<表 1>和<表 2>是被连接的两个表(关系);

[NATURAL] 如果连接属性同名,可以使用关键字 NATURAL 来指定自然连接方式;

<连接类型>:[INNER] JOIN、OUTER JOIN、NATURAL JOIN 和 CROSS JOIN(笛卡儿积)(对 CROSS JOIN 的使用必须格外小心,因为它将生成所有可能的元组组合);

<连接条件>:ON<两个表中的列匹配规则> | USING(列名 1, 列名 2…)

这种结构比在 WHERE 子句中把选择条件和连接条件混合在一起的方式更容易理解。例如,考虑例 4.29,它用于查询选修了 C01 号课程的全体学生的姓名和年龄。下面的方式可能更简单一些:先指定 STUDENT 和 SC 的连接,随后再选择想要得到的元组和属性。用 SQL 语句可

以写成如下的例 4.29A 的形式。

例 4.29A 查询选修了 C01 号课程的全体学生的姓名和年龄。

```
SELECT sname, age
    FROM (STUDENT JOIN SC ON STUDENT.s# = SC.s#)
    WHERE c# ='C01'
```

例 4.29A 中的 FROM 子句包括一个连接表。连接表的属性是由第一个表 STUDENT 的所有属性后面紧接第二个表 SC 的所有属性而形成的。在两个关系的自然连接(NATURAL JOIN)中，不需要指定连接条件,对于它们的每对同名属性,都将创建一个隐式的等值连接。每一个这样的属性对只能在结果关系中出现一次。

例 4.41 查询年龄小于 20、成绩在 85 分以上的学生信息及其成绩情况。

```
SELECT * FROM(STUDENT NATURAL JOIN SC)
    WHERE age < 20 AND grade > 85;
```

2. SQL 中的外连接

在连接表中,连接的默认类型是内连接([INNER] JOIN),仅当匹配元组在另一个关系中也存在时这个元组才会被包括在结果中。例如,在例 4.29A 的查询中,只有已经选了课的学生才能被包括在结果中;而一个还没有选课的学生则被排除在结果之外。如果用户要求所有的学生都要被包含在结果之中,那么就必须显式地定义一个 OUTER JOIN。在 SQL 中,通过显式地在连接表中用 OUTER JOIN 指定一个外连接来处理。外连接有三种类型:

① 左外连接(LEFT [OUTER]JOIN):结果表中保留连接条件左边关系中的所有元组;

② 右外连接(RIGHT [OUTER] JOIN):结果表中保留连接条件右边关系中的所有元组;

③ 全外连接(FULL [OUTER] JOIN):结果表中保留连接条件左右两边两个关系中的所有元组。

OUTER 关键字可以省略。如果连接属性同名,也可以在操作前面使用关键字 NATURAL 来指定外连接的自然连接方式,例如 NATURAL LEFT OUTER JOIN。

外连接在结果中包含了每个表中所有不满足连接条件的元组(这些元组也称为悬浮元组)进行连接,这就避免了在执行连接操作时丢失信息。

例 4.42 查询所有女学生选课的信息,要求对已选课的女学生列出其基本情况及其选课情况,对未选课的女学生只列出基本情况,其选课信息为空值。

```
SELECT STUDENT. s#, sname, sex, age, dept,c#, grade
    FROM(STUDENT STUDENT NATURAL LEFT OUTER JOIN SC ON STUDENT.s# = SC.s#)
    WHERE STUDENT. sex ='女';
```

执行结果如下:

STUDENT. s#	sname	sex	age	dept	c#	grade
20100212	李慧玲	女	21	信息	C01	76
20110438	郭晓新	女	20	计算机	C02	68
20120340	周红	女	18	信息	C01	91
20120340	周红	女	18	信息	C02	85

20120340	周红	女	18	信息	C03	75
20120340	周红	女	18	信息	C04	80
20120340	周红	女	18	信息	C05	92
20120730	李青青	女	16	物理		

注意:如果不是外连接,在结果中就不会出现“20120730”这一行,因为在 SC 表中没有与之相匹配的行。

4.4 SQL 的数据修改

SQL 的数据修改语句包括插入、删除和更新三类语句。

4.4.1 插入数据

SQL 的数据插入操作由 INSERT 语句实现,该语句将数据插入到一个表中。其一般格式有两种。

(1) 使用 VALUES 子句向表中插入一行

```
INSERT   INTO 表名[(字段名[,字段名]…)]
         VALUES(常量[,常量]…);
```

(2) 使用子查询向表中插入多行

```
INSERT   INTO 表名[(字段名[,字段名]…)]
         子查询;
```

第一种格式把一个新记录插入到指定的表中;第二种格式把子查询的结果插入到指定的表中。若表中有些字段在插入语句中没有出现,分两种情况:如果在表定义中说明这些字段不能取 NULL,则新记录必须在每个字段上均有值;如果在表定义中说明了这些字段可以取 NULL,则这些字段取空值 NULL。

例 4.43 把新学生(20122001,张明,男,20,信息)插入到 STUDENT 表中。

```
INSERT INTO STUDENT
    VALUES('20122001','张明','男',20,'信息');
```

当执行插入操作时有可能会引起完整性被破坏的问题。支持关系模型的 DBMS 应该自动地进行检测和处理,对破坏完整性的插入操作,在没有特别声明的情况下,一般拒绝执行。

例 4.44 对每一个系,求学生的平均年龄,并把结果存入数据库(多记录插入)。

```
CREATE TABLE DEPTAGE (dept CHAR(15),avgage SMALLINT);
INSERT INTO DEPTAGE (dept,avgage)
    SELECT dept,AVG(age) FROM STUDENT GROUP BY dept;
```

4.4.2 删除数据

SQL 的数据删除操作由 DELETE 语句实现,其一般格式为

```
DELETE FROM <表名>
        [WHERE <条件表达式>];
```

其功能是从指定的表中删除满足<条件表达式>的那些记录。当没有 WHERE 子句时表示删去此表中的全部记录,但此表的定义仍在数据字典中,只是表成为一个空表。

注意:DELETE 语句删除的是表中的数据,而不是删除关于表的定义。

例 4.45　删除学号为 20122001 的学生(单记录删除)。

```
DELETE FROM STUDENT WHERE s# ='20122001';
```

当执行删除操作时也可能产生破坏完整性的情况,支持关系模型的 DBMS 应该自动地进行检测和处理,在没有特别声明的情况下,一般拒绝执行。本例中,如果在 SC 表中仍然存在该学生的选课信息,就无法执行该删除操作(一般为拒绝删除),如有特别声明,会同时删除 SC 表中该学生的选课信息(级联删除)。

例 4.46　删除所有学生的选课记录(多记录删除)。

```
DELETE FROM SC;
```

如该语句执行成功,SC 表就成为一个空表。

4.4.3　更新数据

SQL 的数据更新操作由 UPDATE 语句实现,其一般格式为

```
UPDATE <表名>
SET <列名>=<表达式> [,<列名>=<表达式>]…
[WHERE <条件表达式>];
```

其功能是更新指定表中满足<条件表达式>的元组,把这些元组按 SET 子句中的表达式修改相应字段上的值。如果没有 WHERE 子句时表示要更新此表中的所有行。

例 4.47　把学号为 20122001 的学生的姓名改为“张岩”(单记录修改)。

```
UPDATE STUDENT SET sname ='张岩'
    WHERE s# ='20122001';
```

例 4.48　把所有学生的年龄加 2(多记录修改)。

```
UPDATE STUDENT SET age = age+2;
```

例 4.49　当 C04 号课程的成绩低于该门课程的平均成绩时,提高 5%(使用子查询更新表中数据)。

```
UPDATE SC SET grade = grade * 1.05
WHERE c# ='C04' AND grade <
        (SELECT avg(grade) FROM SC WHERE c# ='C04');
```

注意:使用子查询更新表中数据时,先执行内层的子查询,再执行外层的查询。如果在插入或删除语句中出现子查询,也是这样处理的。

每个 UPDATE 语句只能显式地指定一个表,如要更新多个表,就必须执行多个 UPDATE 语句。

更新操作可以看作是删除操作和插入操作的组合,当执行更新操作时同样可能会引起完整性被破坏的问题。支持关系模型的 DBMS 应该自动地进行检测和处理,对破坏完整性的更新操作,在没有特别声明的情况下,一般拒绝执行。

4.5 SQL 的视图

4.5.1 视图的概念和定义

1. 视图的概念

视图是关系数据库系统提供给用户以多种角度观察数据库中数据的重要机制。

视图是使用 SELECT FROM 语句从一个或多个基本表(或其他视图)中导出的表,它与基本表不同,是一个虚表。数据库中只存放视图的定义,而不存放视图相应的数据,这些数据仍存放在导出它的基本表中。基本表中的数据发生变化,从视图中查询得出的数据也就随之改变。

对视图的一切操作最终将转换成对导出它的基本表的操作。

视图一经定义,就可以和基本表一样被查询,也可以在一个视图上再定义新的视图,但对视图的修改(插入、删除、更新)操作则有一定的限制。

2. 视图的创建

SQL 语言用 CREATE VIEW 语句创建视图,其一般格式为:

```
CREATE  VIEW  <视图名>[(<列名>[,<列名>]…])]
     AS<子查询>
    [WITH CHECK OPTION];
```

其中:子查询一般是不含有 ORDER BY 子句和 DISTINCT 短语的 SELECT 语句。可选择项 WITH CHECK OPTION 表示当对视图进行 UPDATE、INSERT 和 DELETE 操作时,保证更新、插入或删除的行满足视图定义中子查询中的条件表达式。

如果 CREATE VIEW 语句仅指定了视图名,省略了组成视图的各个属性列名,则隐含该视图由子查询中 SELECT 子句目标列中的所有属性组成。但在下列三种情况下必须明确指定组成视图的所有列名:

(1) 其中某个目标列不是单纯的属性名,而是集合函数或列表达式。

(2) 多表连接时选出了几个同名列作为视图中的列。

(3) 需要在视图中为某个列启用新的更合适的名字(重新命名列名)。

需要说明的是,组成视图的属性列名必须依照上面的原则,或者全部省略或者全部指定。

例 4.50　创建计算机系学生的视图。

```
CREATE  VIEW  CS_S1
    AS
    SELECT s#,sname,age
    FROM STUDENT
    WHERE dept='计算机';
```

本例中省略了视图 CS_S1 中的列名,隐含着该视图由子查询中 SELECT 子句中的 3 个目标列名 s#,sname,age 组成。

实际上,DBMS 执行 CREATE VIEW 语句的结果只是把对视图的定义存入数据字典,并不执行其中的 SELECT 语句。只是在对视图查询时,才按视图的定义从基本表中将数据查出。

视图不仅可以建立在一个或多个基本表上,也可以建立在一个或多个已定义好的视图上,或同时建立在基本表与视图上。

例 4.51 创建计算机系选修了 C02 号课程且成绩在 90 分及 90 分以上的学生的视图。

```
CREATE VIEW CS_S2
    AS
    SELECT s#,sname,grade
    FROM CS_S1,SC
    WHERE CS_S1.s# = SC.s#
      AND c# ='C02'
      AND grade>=90;
```

这里的视图 CS_S2 就是建立在视图 CS_S1 和表 SC 之上的。

根据需要,定义视图时可以设置一些派生属性列,这些派生属性列由于在基本表中并不实际存在,所以有时也称它们为虚拟列。

例 4.52 定义一个反映学生出生年份的视图。

```
CREATE VIEW S_BDAY(s#,sname,birth)
    AS
    SELECT s#,sname,2017-age
    FROM  STUDENT;
```

由于 S_BDAY 视图中的出生年份值是通过一个表达式计算得到的,不是单纯的属性名,所以定义视图时必须明确定义该视图的各个属性列名。

还可以用带有集合函数和 GROUP BY 子句的查询来定义视图。

例 4.53 将学生的学号及他的平均成绩定义为一个视图。

```
CREATE VIEW S_G(s#,avggrade )
    AS
    SELECT s#,AVG(grade)
    FROM SC
    GROUP BY s#;
```

根据视图定义中的查询语句,可将视图分为如下几种:

(1) 行列子集视图:若一个视图是从单个基本表导出,并且只是去掉了基本表的某些行和某些列,但保留了主码,称这类视图为行列子集视图。CS_S1 视图就是一个行列子集视图。对于行列子集视图可以与使用基本表一样地使用。

(2) 带表达式的视图:若一个视图带有由基本数据经过各种计算派生出的虚拟列,则将这样的视图称为带表达式的视图。S_BDAY 视图是一个带表达式的视图。

(3) 分组视图:若一个视图在创建它的 SELECT 语句中使用了聚集函数和 GROUP BY 子句,则将这样的视图称为分组视图。S_G 是一个分组视图。

(4) 连接视图:若一个视图在创建它的 SELECT 语句中使用了两个或多个表的连接,则将这样的视图称为连接视图,CS_S2 视图就是一个连接视图。

对于带表达式视图、分组视图和连接视图,CREATE VIEW 中必须明确定义组成该视图的各个属性列名。并且不能像行列子集视图那样,可以如同使用基本表一样地使用,详见稍后关于视图修改的阐述。

例 4.54 将 STUDENT 表中所有女生记录定义为一个视图。

```
CREATE VIEW F_S(s#,sname,sex,age,dept)
    AS
    SELECT *
    FROM STUDENT
    WHERE sex='F';
```

这里视图 F_S 是由子查询"SELECT *"建立的。由于该视图一旦建立后,STUDENT 表就构成了视图定义的一部分,如果以后修改了基本表 STUDENT 的结构,则 STUDENT 表与 F_S 视图的映象关系受到破坏,因而该视图就不能正确工作了。为避免出现这类问题,可以采用下列两种方法:

(1) 建立视图时明确指明属性列名,而不是简单地用 SELECT *。例 4.54 改写为:

```
CREATE VIEW F_S(s#,sname,sex,age,dept)
    AS
    SELECT s#,sname,sex,age,dept
    FROM STUDENT
    WHERE sex='F';
```

这样,如果为 STUDENT 表增加新列,原视图仍能正常工作,只是新增的列不在视图中而已。

(2) 在修改基本表之后删除原来的视图,然后重建视图。这是最保险的方法。

3. 视图的删除

视图的删除是指从数据字典中删除视图的定义。删除视图通常需要显式地使用 DROP VIEW 语句。该语句的一般格式为:

```
DROP VIEW<视图名> [CASCADE];
```

如果给出选项 CASCADE,则由该视图导出的所有视图也同时被删除。

一个视图被删除后,由该视图导出的其他视图也将失效,用户应该使用带有选项 CASCADE 的 DROP VIEW 语句将它们一起删除。

例 4.55 删除视图 CS_S1。

```
DROP VIEW CS_S1 CASCADE;
```

执行该语句后,不但 CS_S1 视图的定义将从数据字典中删除,而且由 CS_S1 视图导出的所有视图也同时删除,所以 CS_S2 视图的定义也被删除。

4.5.2 视图的查询

视图一旦创建,就可以和基本表一样进行查询。这也就是说,前面阐述的对基本表的各种查询也都可以用于视图。

例 4.56 查询计算机系选修了 C01 号课程的学生的学号和姓名。

```
SELECT s#,sname
```

```
    FROM CS_S1,SC
    WHERE CS_S1.s# = SC.s#
       AND c# ='C01';
```

这个查询涉及视图 CS_S1 和基本表 SC,通过它们的连接来完成用户请求。

因为对视图的一切操作最终将转换成对导出它的基本表的操作。所以通过视图进行查询,首先要进行有效性检查,检查查询涉及的表、视图等是否在数据字典中存在,如果存在,则从数据字典中取出查询涉及的视图的定义,把视图定义中的子查询和用户对该视图的查询结合起来,转换成对基本表的查询,然后再执行这个经过转换的查询。

把对视图的查询转换为对基本表的查询的过程称为视图的消解(View Resolution)。

例 4.57 在计算机系学生的视图中找出年龄小于 20 岁的学生的学号和年龄。

```
SELECT s#,age
    FROM CS_S1
    WHERE age<20;
```

执行这个语句,实际上执行的是转换后的如下语句:

```
SELECT s#,age
    FROM STUDENT
    WHERE age<20
       AND dept='计算机';
```

4.5.3 视图的修改

视图的修改包括插入(INSERT)、删除(DELETE)和更新(UPDATE)三类操作。

由于视图是虚表,因此对视图的修改,最终要转换为对基本表的修改。

为防止用户在通过视图对数据进行插入、删除和更新时,无意或故意操作不属于视图范围内的基本表数据,可在定义视图时加上 WITH CHECK OPTION 子句,这样在视图上修改数据时,DBMS 会进一步检查视图定义中的条件,若不满足条件,则拒绝执行该操作。

与查询视图类似,DBMS 执行修改语句时,首先进行有效性检查,检查所涉及的表、视图等是否在数据库中存在,如果存在,则从数据字典中取出该语句涉及的视图的定义,把视图定义中的子查询和用户对视图的修改操作结合起来,转换成对基本表的修改,然后再执行这个经过转换的修改操作。

例 4.58 向计算机系学生视图 CS_S1 中插入一个新的学生记录,其中学号为 20100213,姓名为赵新,年龄为 20 岁。

```
INSERT INTO CS_S1
        VALUES('20100213','赵新',20);
```

DBMS 将其转换为对基本表的插入:

```
INSERT INTO STUDENT(s#,sname,sex,age,dept)
        VALUES('20100213','赵新',NULL,20,'计算机');
```

这里系统自动将系名'计算机'放入 VALUES 子句中,并在 sex 列上填入 NULL。

例 4.59 删除计算机系学生视图 CS_S1 中学号为 20100213 的记录。

```
DELETE FROM CS_S1
        WHERE s# ='20100213';
```

DBMS 将其转换为对基本表的删除：

```
DELETE FROM STUDENT
        WHERE s# ='20100213' AND dept='计算机';
```

例 4.60　将计算机系学生视图 CS_S1 中学号为 20100212 的学生姓名改为“李旭”。

```
UPDATE CS_S1
        SET sname='李旭'
        WHERE s#='20100212';
```

DBMS 将其转换为对基本表的更新：

```
UPDATE STUDENT
        SET sname='李旭'
        WHERE s# ='20100212' AND dept='计算机';
```

在关系数据库中，并不是所有的视图都是可修改的，因为有些视图的修改不能唯一地有意义地转换成对相应基本表的修改。例如，前面定义的视图 S_G 是由“学号”和“平均成绩”两个属性列组成的，其中平均成绩一项是由 STUDENT 表中多个元组分组后计算平均值得来的。如果想把视图 S_G 中学号为 20100212 的学生的平均成绩改成 90 分，则对该视图的更新是无法转换成对基本表 SC 的更新的，因为系统无法修改各科成绩，以使平均成绩成为 90。所以 S_G 视图是不可更新的。

对于视图的修改可总结如下：

(1) 一般对行列子集视图如果基本表中所有不允许空值的列都出现在视图中，则可以对其执行修改。这是因为每个视图元组都可以映射到一个基本表的元组中。

(2) 在多个表上使用连接操作定义的连接视图一般都是不允许修改的。

(3) 使用分组和聚集函数定义的视图一般都是不允许修改的。

(4) 带有由基本数据经过计算派生出的虚拟列的带表达式的视图一般都是不可修改的。

4.5.4　视图的作用

合理地创建和使用视图可以带来许多好处。

1. 视图能够简化结构和简化复杂查询操作

视图机制可以使用户眼中的数据库结构简单、清晰，让用户将注意力集中在所关心的数据上，并且可以简化用户的复杂查询操作。例如，对于那些经常要通过计算或要从若干张表连接来获得数据的查询，可将这类查询定义为一个视图，然后用户可以很容易地对该视图进行简单查询，而将表之间的连接操作对用户隐蔽起来。

2. 视图使用户能以多种角度，更灵活地观察和共享同一数据

视图机制能使不同的用户以不同的方式观察和共享同一数据，当许多不同种类的用户使用同一个数据库时，这种灵活性是非常重要的。

3. 视图有助于提高数据的逻辑独立性

数据的逻辑独立性是指当数据库重构时，如增加新的关系，对原有关系进行分解或增加新的属性等,用户和用户程序可以不受影响。在关系数据库中,数据库的重新构造往往是不可避免的。例如,需要将学生关系 STUDENT(s#,sname,sex,age,dept)分为如下两个关系:

SX(s#,sname,age)和 SY(s#,sex,dept)

这时,原表 STUDENT 被分为 SX 表和 SY 表,改变了数据库的逻辑结构,现存的使用 STUDENT 表的应用程序就要做相应的改变。但是,如果建立一个与原来基本表同结构的视图,且使用原来基本表的名字 STUDENT:

```
CREATE VIEW STUDENT(s#,sname,sex,age,dept)
    AS
    SELECT SX.s#,SX.sname,SY.sex,SX.age,SY.dept
    FROM SX,SY
    WHERE SX. s# = SY.s#;
```

这样尽管数据库的逻辑结构改变了,但应用程序不必修改,因为新建立的视图定义了用户原来的关系,使用户的外模式保持不变,从而用户的应用程序不必改变,通过视图仍然能够查找原来的数据。

4. 视图能够提供安全保护

有了视图机制,就可以在设计数据库应用系统时,对不同的用户定义不同的视图,使机密数据不出现在不应看到这些数据的用户视图上,这样视图机制就可以帮助我们提供对机密数据的安全保护。例如,STUDENT 表涉及 5 个系的学生数据,可以在其上定义 5 个视图,每个视图只包含 1 个系的学生数据,并只允许每个系的学生查询自己所在系的学生视图。

4.6 SQL 的数据控制

SQL 的数据控制包括安全性控制、完整性控制、事务控制、并发控制和故障恢复等。

这里主要讨论 SQL 语言安全控制中的访问控制,即规定不同用户对于不同数据对象所允许执行的操作,并控制各用户只能访问他有权访问的数据。不同的用户对不同的数据对象应具有不同的操作权限。

SQL 语言主要使用 GRANT 语句和 REVOKE 语句实现权限授予和权限收回。

4.6.1 权限授予

SQL 语言的 GRANT 语句分为授予特权语句和授予角色语句两种形式。角色是一个命名的特权集,它可以被授予一个或多个用户,从而允许该用户使用此角色的所有特权。通常,角色由数据库管理员(DBA)使用 CREATE ROLE 语句创建。

(1) 授予角色语句的一般格式

```
GRANT <角色> TO {<用户>|PUBLIC};
```

其语义为:把指定角色授予指定的用户。

(2) 授予权限语句的一般格式

```
GRANT {<权限>[,<权限>,…]|ALL}
      [ON <对象名>]
```

TO{<用户>|<角色>[,<用户>|<角色>,…]|PUBLIC}
[WITH GRANT OPTION];

其语义为:把对指定操作对象的指定操作权限授予指定的用户或角色。

对不同类型的操作对象有不同的操作权限,常见的操作权限如表 4.5 所示。

表 4.5 不同对象类型的操作权限

对象	操作权限
COLUMN	SELECT,INSERT,UPDATE,DELETE,ALL PRIVILEGES
VIEW	SELECT,INSERT,UPDATE,DELETE,ALL PRIVILEGES
TABLE	SELECT,INSERT,UPDATE,DELETE,CREATE,ALTER,INDEX,ALL PRIVILEGES

接受权限的用户可以是一个或多个具体用户或角色,也可以是 PUBLIC,即全体用户。

如果指定了 WITH GRANT OPTION 子句,则获得某种权限的用户还可以把这种权限再授予其他用户。如果没有指定 WITH GRANT OPTION 子句,则获得某种权限的用户只能使用该权限,但不能转授该权限给其他用户。

GRANT 语句可以一次向一个用户授权,也可以一次向多个用户授权,还可以一次授予多个同类对象的权限,甚至一次可以完成对基本表、视图和属性列这些不同对象的授权。

例 4.61 将表 TAB_1 上的 SELECT 特权授给角色 ROLE_1,并允许 ROLE_1 将此特权转授给别的接受者。同时,将角色 ROLE_1 授权给 SQL 环境中的所有用户。

GRANT SELECT ON TAB_1 TO ROLE_1 WITH GRANT OPTION;

GRANT ROLE_1 TO PUBLIC;

此后,如果角色 ROLE_1 拥有的特权发生了变化(如被授予了新的特权),则被授予此角色的所有用户的特权也将相应地变化。

例 4.62 把对 STUDENT 表和 COURSE 表的全部操作权限授予用户 user1 和 user2。

GRANT ALL PRIVILEGES
    ON TABLE STUDENT, COURSE TO user1,user2

例 4.63 把查询 SC 表和修改成绩的权限授给用户 user3。

GRANT UPDATE(grade), SELECT
    ON TABLE SC TO user3;

这里实际上要授予 user3 用户的是对基本表 SC 的 SELECT 权限和对属性列 grade 的 UPDATE 权限。授予关于属性列的权限时必须明确指出相应属性列名。

例 4.64 把对表 STUDENT 的 INSERT 权限授予 user4 用户,并允许将此权限再授予其他用户。

GRANT INSERT
    ON TABLE STUDENT TO user4
    WITH GRANT OPTION;

执行此 SQL 语句后,user4 不仅拥有了对表 STUDENT 的 INSERT 权限,还可以转授此权限给其他用户,即由 user4 用户使用上述 GRANT 命令给其他用户授权。例如,user4 可以用如下语句将此权限授予 user5：

```
GRANT INSERT
      ON TABLE STUDENT TO user5 WITH GRANT OPTION;
```

同样，user5 还可以将此权限授予 user6：

```
GRANT INSERT
      ON TABLE STUDENT TO user6;
```

因为 user5 未给 user6 转授的权限，因此 user6 不能再转授此权限。

例 4.65　DBA 把在数据库 app_db 中建立表的权限授予用户 user7。

```
GRANT CREATE TABLE ON DATABASE app_db TO user7;
```

4.6.2　权限收回

授予的权限可以由 DBA 或其他授权者用 REVOKE 语句收回，收回权限语句的语法与授权语句对应，也分为收回特权语句和收回角色语句两种形式。

（1）收回角色的 REVOKE 语句的一般格式为：

```
REVOKE <角色> FROM <用户>[,<用户> ]…;
```

（2）收回特权的 REVOKE 语句的一般格式为：

```
REVOKE <权限>[,<权限> ]…
       [ON <对象类型><对象名>]
       FROM <用户>[,<用户>]…[CASCADE | RESTRICT];
```

其中 CASCADE 表示收回权限时将引起级联收回；而 RESTRICT 表示只有当不存在级联收回时才能执行收回权限，否则拒绝执行收回。

例 4.66　收回角色 ROLE_1 在 TAB_1 上的 SELECT 特权，并收回 SQL 环境中所有用户对于角色 ROLE_1 的使用权。

```
REVOKE SELECT ON TAB_1 FROM ROLE_1;
REVOKE ROLE_1 FROM PUBLIC;
```

例 4.67　把用户 user3 修改学生成绩的权限收回。

```
REVOKE UPDATE(grade)
       ON TABLE SC FROM user3;
```

例 4.68　收回所有用户对表 STUDENT 的查询权限。

```
REVOKE SELECT ON TABLE STUDENT FROM PUBLIC;
```

例 4.69　把用户 user4 对 STUDENT 表的 INSERT 权限收回，并且是级联收回。

```
REVOKE INSERT ON TABLE STUDENT FROM user4 CASCADE;
```

在例 4.64 中，user4 将对 STUDENT 表的 INSERT 权限授予 user5，而 user5 又将其授予 user6。执行例 4.69 中的 REVOKE 语句后，DBMS 在收回 user4 对 STUDENT 表的 INSERT 权限的同时，还会自动收回 user5 和 user6 对 STUDENT 表的 INSERT 权限，即收回权限的操作会级联下去。但如果 user5 或 user6 还从其他用户处获得对 STUDENT 表的 INSERT 权限，则他们仍具有此权限，系统只收回直接或间接从 user4 处获得的权限。

SQL 提供了非常灵活的授权机制。DBA 拥有对数据库中所有对象的所有权限，并可以根据应用的需要将不同的权限授予不同的用户。所有由GRANT语句授予的权限在必要时又都可以用REVOKE语句收回。

4.7 小结

SQL是一种包括数据定义、数据操纵(包括数据查询和数据修改)、数据控制等语言的综合性语言,它具有许多优点,已经成为关系数据库标准语言,并不断地发展。SQL语言和它的变种已经作为很多商业RDBMS的接口并得到了实现。

本章首先介绍了SQL语言的发展以及它的数据类型、模式结构、语言特征、语句类型等,其后各节分别详细地阐述了SQL的三类语句:数据定义语句、数据操纵语句、数据控制语句,并用大量示例加以说明。其中SQL数据定义语言中的基本表创建语句CREATE TABLE和SQL数据操纵语言中的数据查询语句SELECT这两个语句的功能最为丰富,格式也最为复杂。前者不但给出了如何定义基本表,还给出了如何指定码和参照完整性等常见的约束;后者实现了关系代数和关系演算语言的操作功能。深入理解和掌握这两个语句对学习SQL语言非常重要。本章还对SQL的视图进行了阐述,包括创建、查询、修改视图和视图的作用,视图可以像基本表一样用于查询,但只有行列子集视图可以修改。

为了掌握好一门语言,读者应该在深入理解概念的基础上加强实验练习,并在学习SQL语言的同时进一步加深理解关系数据库系统的基本概念和技术方法,这将有助于本课程的学习,也有助于将来的实际应用研究和开发。

习题

一、单选题

1. 下列数据类型中,哪一个不是SQL的数据类型,而是一些SQL产品扩充的数据类型?

   A) 数值型、字符串型、位串型、日期时间型、布尔型

   B) 文本、货币、图形、图像、备注等

   C) 由特定的保留字和预定义数据类型构造而成,如REF、ROW、ARRAY等

   D) 对象类型,用户按照一定的规则用预定义数据类型组合定义的数据类型

2. 下列关于创建SQL基本表的叙述中,哪一条是错误的?

   A) 使用CREATE TABLE语句创建SQL基本表

   B) 创建SQL基本表的同时通常还可以定义与该基本表有关的完整性约束

   C) 声明完整性约束有两个级别:表级完整性约束和列级完整性约束

   D) 如果完整性约束只涉及该表的单个属性,则只能在列级定义

3. 如果对关系R=(A,B,C)执行以下SQL语句

```
SELECT DISTINCT A FROM R WHERE B=17
```

   则该语句对关系R进行了

   A) 选择和连接　　B) 选择和投影　　C) 连接和投影　　D) 交和选择

第4、5题基于"学生—选课—课程"数据库中的三个表:

学生信息表 STUDENT (s#,sname,sex,age,dept),主码为s#;

课程信息表　COURSE (c#,cname,teacher),主码为 c#;

学生选课信息表　SC(s#,c#,grade),主码为(s#, c#)。

4. 查询没有学习成绩的学生的学号和课程号,下列哪一个 SQL 语句是正确的?

A) SELECT s#,c#　FROM SC WHERE grade IS NULL

B) SELECT s#,c#　FROM SC WHERE grade IS ''

C) SELECT s#,c#　FROM SC WHERE grade= NULL

D) SELECT s#,c#　FROM SC WHERE grade = ''

5. 下面 SQL 查询语句中使用的是下述哪一种连接方式?

```
SELECT S1.sname,S1.age FROM STUDENT AS S1, STUDENT AS S2
    WHERE S1.age > S2.age AND S2.sname ='郭晓新';
```

A) 自身连接　　B) 嵌套连接　　C) 等值连接　　D) 外连接

6. SQL 语言中的"视图(View)"对应于数据库三级模式结构中的

A) 模式　　B) 外模式　　C) 内模式　　D) 存储模式

7. 下列哪种情况下使用 CREATE VIEW 语句创建视图时可以省略组成视图的各个属性列名?

A) 隐含该视图中的字段由子查询中 SELECT 子句目标列中的诸字段组成

B) SELECT 语句中某个目标列不是单纯的属性名,而是集合函数或列表达式

C) SELECT 语句中多表连接时选出了几个同名列作为视图中的字段

D) 需要在视图中为某个列启用新的更合适的名字

二、多选题

8. 下列关于 SQL 数据库的三级模式结构的叙述中,哪些是正确的?

A) 一个 SQL 数据库模式是该数据库中基本表和视图的集合

B) 一个关系对应于一个 SQL 表,行对应于元组,列对应于属性

C) 一个表可以有若干个索引,索引也存放在存储文件中

D) 存储文件的逻辑结构组成了 SQL 数据库的内模式

E) 一个 SQL 表只可以是一个基本表

9. 下列关于 SQL 数据删除操作的叙述中,哪些是正确的?

A) SQL 数据删除操作可以使用如下 DELETE 语句实现:

DELETE FROM　<表名>[WHERE <条件表达式>];

B) DELETE 语句的功能是从指定的表中删除满足<条件表达式>的那些行

C) 如果 DELETE 语句删除了某个表中的全部数据,则也删除了关于这个表的定义

D) 如果 DELETE 语句没有给出 WHERE 子句,则删除表中的全部数据

E) 当执行删除操作时有可能会引起完整性被破坏的问题,在没有特别声明的情况下,一般拒绝执行

10. 下列关于使用如下 SQL 语句删除视图的叙述中,哪些是错误的?

DROP VIEW <视图名>;

A) 视图的删除是指从数据字典中删除视图的定义

B) 视图的删除是指既从数据字典中删除视图的定义,同时也删除该视图中的数据

C) 视图的删除是指删除该视图中的数据,该视图的定义仍然保留在数据字典中

D) 若导出某个视图的基本表被删除了,则该视图将失效

E) 若某个视图被删除了,则导出该视图的基本表也被删除了

参考答案

一、单选题

1. B　2. D　3. B　4. A　5. A　6. B　7. A

二、多选题

8. BCD　9. ABDE　10. BCE

第5章　SQL与数据库程序设计

在第4章中,详细阐述了关系数据库标准语言SQL,包括SQL的数据定义、数据查询、数据修改(插入、删除、更新),SQL的视图定义、操作和视图的作用,以及权限的授予和收回;还阐述了如何在数据定义语句中指定诸如码和参照完整性等常见的约束。在本章中,将首先简要介绍数据库程序设计的概念和主要方法,以及开放数据库互连ODBC和Java数据库连接JDBC标准;然后重点阐述从程序访问数据库的有关技术,包括SQL的存储过程、触发器、嵌入式SQL、动态SQL,以及SQL的其他功能;最后对本章进行小结并给出习题。实际上,大多数数据库访问都是通过数据库应用程序来完成的。通过本章的学习可使读者进一步深入理解和掌握关系数据库标准语言SQL,以及学习和掌握非常有用的从程序访问数据库的有关技术,从而进一步理解和掌握关系数据库系统的概念和技术,也为应用开发打好基础。

本章的考核目标是:

- 了解面向过程语言与SQL语言之间的区别和优点;
- 了解面向数据库的程序设计的主要方法和从程序访问数据库的有关技术;
- 了解开放数据库互连ODBC(Open DataBase Connectivity和Java数据库连接JDBC(Java DataBase Connectivity)标准和相关技术;
- 了解SQL存储过程、函数和触发器的概念、功能、创建、执行和删除;
- 理解嵌入式SQL的概念和定义,掌握使用嵌入式SQL应解决的三个问题,以及与游标有关的四个语句;
- 理解动态SQL的概念、定义和动态SQL的编程灵活性,掌握动态SQL语句的两种执行方式;
- 充分理解数据库程序设计是个非常广泛的主题,尽管存在SQL标准,在使用这些数据库程序设计技术时,还是应该仔细阅读自己所使用的系统手册。

5.1　数据库程序设计概述

SQL提供了一种强大的声明性查询语言。用户使用数据库系统提供的交互式接口,直接在监视器上键入SQL命令访问数据库,系统将解释执行这些命令,从数据库中获取数据或修改数据,并显示结果(如果有的话)。实现相同的查询,用SQL写查询语句比用通用程序设计语言要简单得多。

然而,数据库程序员还必须能够使用通用程序设计语言,原因至少有以下两点:

(1) 因为SQL没有提供通用程序设计语言一样的表达能力,所以SQL并不能表达所有查询要求。也就是说,有可能存在这样的查询,可以用C、Java或COBOL编写,而用SQL做不到。要写这样的查询,我们可以将SQL嵌入到一种更强大的语言中。

(2) 非声明性的动作(例如打印一份报告,和用户交互,或者把一次查询的结果送到一个图形用户界面中)都不能用SQL实现。一个应用程序通常包括很多部分,查询或更新数据只是其中之一,而其他部分则用通用程序设计语言实现。对于集成应用来说,必须用某种方法把SQL与通用编程语言结合起来。

可以通过以下两种方法从通用编程语言中访问SQL:

- 嵌入式SQL:嵌入式SQL提供一种使程序与数据库服务器交互的手段。SQL标准规定可以将SQL嵌入到许多不同的语言中,例如C、COBOL、Pascal、Java、PL/I和FORTRAN等,SQL查询所嵌入的语言被称为宿主语言。使用宿主语言写出的程序可以通过嵌入式SQL语句访问和修改数据库中的数据。一个使用嵌入式SQL的程序在编译前必须先由一个特殊的预处理器进行处理。嵌入的SQL请求被宿主语言的声明以及允许运行时刻执行数据库访问的过程调用所代替。然后,所产生的程序由宿主语言编译器编译。
- 动态SQL:动态SQL是另一种使程序与数据库服务器交互的手段。通用程序设计语言可以通过函数(对于过程式语言)或者方法(对于面向对象的语言)来连接数据库服务器并与之交互。程序可以在运行时动态地以字符串形式构建SQL查询,提交查询。

把SQL与通用程序语言相结合的主要挑战是:这些语言处理数据的方式互不兼容。在SQL中,数据的主要类型是关系,SQL语句在关系上进行操作,并返回关系作为结果。程序设计语言通常一次操作一个变量,这些变量大致相当于关系中一个元组的一个属性的值。因此,为了在同一应用中整合这两类语言,必须提供一种转换机制,使得程序语言可以处理查询的返回结果。

5.2　ODBC和JDBC

从应用程序对数据库进行访问需要首先建立与数据库的连接,然后通过提交查询、修改或其他数据库语言命令来访问数据库,当程序不再需要访问某个特定数据库时,就要终止或关闭与数据库的连接。

目前广泛使用的关系数据库系统有多种,它们虽然都遵循SQL标准,但仍然有许多差异,在某个RDBMS下编写的应用程序一般不能在另一个RDBMS下运行,适应性和可移植性较差。更重要的是,许多应用程序要共享多个部门的数据资源,访问不同RDBMS。因而需要研究和开发连接不同RDBMS的方法、技术和软件,使数据库系统"开放",能够"数据库互连"。

下面我们介绍两种用于连接到SQL数据库并执行查询和更新的标准。一种是开放数据库互连ODBC,它最初是为C语言开发的,后来扩展到其他语言,如C++、C#、和Visual Basic。另一种是Java语言的应用程序接口JDBC。

5.2.1　开放数据库互连ODBC

开放数据库互连(Open DataBase Connectivity,ODBC)是微软公司开放服务结构(Windows Open Services Architecture,WOSA)中有关数据库的一个组成部分,它建立了一组规范,并提供了一组对数据库访问的标准API(Application Programming Interface,应用程序编程接口),应用程序用它来打开一个数据库连接、发送查询和更新以及获取返回结果等。这些API独立于不同厂商的 DBMS,应用程序(例如图形界面、统计程序包或者电子表格等)可以使用相同的 ODBC API 来访问任何一个支持 ODBC 标准的数据库。

每一个支持 ODBC 的数据库系统都提供一个和客户端程序相连接的库,当客户端发出一个 ODBC API 请求,库中的代码就可以和服务器通信来执行被请求的动作并取回结果。

```
void ODBCexample()
{
    RETCODE error;
    HENV env;                /* 环境参数变量 */
    HDBC conn;               /* 数据库连接 */

    SQLAllocEnv(&env);
    SQLAllocConnect(env,&conn);
    SQLConnect(conn,"db.yale.edu",SQL_NTS,"avi",SQL_NTS,
               "avipasswd",SQL_NTS);
    {
        char deptname[80];
        float salary;
        int lenOut1,lenOut2;
        HSTMT stmt;

        char * sqlquery = "select dept_name,sum (salary)
                   from instructor
                   group by dept_name";
        SQLAllocStmt(conn,&stmt);
        error = SQLExecDirect(stmt,sqlquery,SQL_NTS);
        if (error == SQL_SUCCESS) {
            SQLBindCol(stmt,1,SQL_C_CHAR,deptname ,80,&lenOut1);
            SQLBindCol(stmt,2,SQL_C_FLOAT,&salary,0 ,&lenOut2);
            while (SQLFetch(stmt) == SQL_SUCCESS) {
                printf (" %s %g\n",depthname,salary);
            }
        }
        SQLFreeStmt(stmt,SQL_DROP);
    }
    SQLDisconnect(conn);
    SQLFreeConnect(conn);
    SQLFreeEnv(env);
}
```

图 5.1 ODBC 代码示例

图 5.1 给出了一个使用 ODBC API 的 C 语言代码示例。利用 ODBC 和服务器通信的第一步是,建立一个和服务器的连接。为了实现这一步,程序先分配一个 SQL 的环境变量,然后是一个

数据库连接句柄。ODBC 定义了 HENV、HDBC 和 RETCODE 几种类型。程序随后利用 SQLConnect 打开和数据库的连接,这个调用有几个参数,包括数据库的连接句柄、要连接的服务器、用户的身份和密码等。常数 SQL_NTS 表示前面参数是一个以 NULL 结尾的字符串。

一旦建立了一个连接,C 语言就可以通过 SQLExecDirect 语句把命令发送到数据库。因为 C 语言的变量可以和查询结果的属性绑定,所以当一个元组被 SQLFetch 语句取回的时候,结果中相应的属性值就可以放到对应的 C 变量里了。SQLBindCol 做这项工作;在 SQLBindCol 函数里面第二个参数代表选择属性中哪一个位置的值,第三个参数代表 SQL 应该把属性转化成什么类型的 C 变量,再下一个参数给出了存放变量的地址。对于诸如字符数组这样的变长类型,最后两个参数还要给出变量的最大长度和一个位置来存放元组取回时的实际长度。如果长度域返回一个负值,那么代表着这个值为空(null)。对于定长类型的变量如整型或浮点型,最大长度的域被忽略,然而当长度域返回一个负值时表示该值为空值。

SQLFetch 在 while 循环中一直执行,直到 SQLFetch 返回一个非 SQL_SUCCESS 的值,在每一次 fetch 过程中,程序把值存放在调用 SQLBindCol 所说明的 C 变量中并把它们打印出来。

在会话结束的时候,程序释放语句的句柄,断开与数据库的连接,同时释放连接和 SQL 环境句柄。好的编程风格要求检查每一个函数的结果,确保它们没有错误,为了简洁,我们在这里忽略了大部分检查。

可以创建带有参数的 SQL 语句,例如,insert into department values(?,?,?)。问号是为将来提供值的占位符。上面的语句可以先被"准备",也就是在数据库先编译,然后可以通过为占位符提供具体值来反复执行——在该例中,为 department 关系提供系名、楼宇名和预算数。

ODBC 为各种不同的任务定义了函数,例如查找数据库中所有的关系,以及查找数据库中某个关系的列的名称和类型,或一个查询结果的列的名称和类型。

在默认情况下,每一个 SQL 语句都被认为是一个自动提交的独立事务。调用 SQLSetConnectOption(conn,SQL_AUTOCOMMIT,0)可以关闭连接 conn 的自动提交,事务必须通过显式的调用 SQLTransact(conn, SQL_COMMIT)来提交或通过显式的调用 SQLTransact(conn, SQL_ROLLBACK)来回滚。

ODBC 标准定义了符合性级别(Conformance Levels),用于指定标准定义的功能的子集。一个 ODBC 实现可以仅提供核心级特性,也可以提供更多的高级特性(Level 1 或 Level 2)。Level 1 需要支持取得目录的有关信息,例如什么关系存在,它们的属性是什么类型的等。Level 2 需要更多的特性,例如发送和提取参数值数组以及检索有关目录的更详细信息的能力。

5.2.2 Java 数据库连接 JDBC

Java 数据库连接(Java DataBase Connectivity,JDBC)标准定义了 Java 程序连接数据库服务器的应用程序接口(API)

```
public static void JDBCexample(String userid,String passwd)
{
    try
    {
```

```
        Class.forName ("oracle.jdbc.driver.OracleDriver");
        Connection conn = DriverManager.getConnection(
            "jdbc:oracle:thin:@db.yale.edu:1521:univdb",
            userid,passwd);
        Statement stmt = conn.createStatement();
        try {
            stmt.executeUpdate(
                "insert into instructor values('77987','Kim','Physics',98000)");
        } catch (SQLException sqle)
        {
            System.out.println("Could not insert tuple. " + sqle);
        }
        ResultSet rset = stmt.executeQuery(
            "select dept_name,avg (salary) "+
            " from instructor "+
            " group by dept_name");
        while (rset.next()) {
            System.out.println(rset.getString("dept_name") + " " +rset.getFloat(2));
        }
        stmt.close();
        conn.close();
    }
    catch (Exception sqle)
    {
        System.out.println("Exception : " + sqle);
    }
}
```

图 5.2 JDBC 代码示例

图 5.2 给出了一个利用 JDBC 接口的 Java 程序的例子,演示了如何打开数据库连接,执行语句,处理结果,最后关闭连接。下面简单讨论这个实例。注意,Java 程序必须引用 java.sql.*,它包含了 JDBC 所提供功能的接口定义。

要在 Java 程序中访问数据库,首先要打开一个数据库连接。这一步需要选择要使用哪个数据库,可以是你的机器上的一个 Oracle 实例,也可以是运行在另一台机器上的一个 PostgreSQL 数据库。只有在打开数据库连接以后,Java 程序才能执行 SQL 语句。

可以通过调用 DriverManager 类(在 java.sql 包中)的 getConnection 方法来打开一个数据库连接。该方法有三个参数。

- 第一个参数是以字符串类型表示的 URL,指明服务器所在的主机名称(示例中是 db.yale.edu)以及可能包含的其他信息,例如,与数据库通信所用的协议(示例中是 jdbc:oracle:thin:),数据库系统用来通信的端口号(示例中是 1521),还有服务器端使用的特定数据库(在示例中是 univdb)。

- 第二个参数用于指定一个数据库用户标识，为字符串类型。
- 第三个参数是密码，也是字符串类型。

在图 5.2 的示例中，已经建立了一个 Connection 对象，其句柄是 conn。

每个支持 JDBC 的数据库产品都会提供一个 JDBC 驱动程序（JDBC driver），该驱动程序必须被动态加载才能实现 Java 对数据库的访问。事实上，必须在连接数据库之前完成驱动程序的加载。在图 5.2 中程序的第一行调用 Class.forName 函数完成驱动程序的加载，在调用时需要通过参数来指定一个实现了 java.sql.Driver 接口的实体类。这个接口的功能是为了实现不同层面的操作之间的转换，一边是与产品类型无关的 JDBC 操作，另一边是与产品相关的，在所使用的特定数据库管理系统中完成的操作。图 5.2 的示例中采用了 Oracle 的驱动程序，oracle.jdbc.driver.OracleDriver。

用来与数据库交换信息的具体协议并没有在 JDBC 标准中被定义，而是由所使用的驱动程序决定的。有些驱动程序支持多种协议，使用哪一种更合适取决于你所连接的数据库支持什么协议。示例中，在打开一个数据库连接时，字符串 jdbc：oracle：thin：指定了 Oracle 支持的一个特定协议。

一旦打开了一个数据库连接，程序就可以利用该连接来向数据库发送 SQL 语句用于执行。这是通过 Statement 类的一个实例来完成的。一个 Statement 对象并不代表 SQL 语句本身，而是实现了可以被 Java 程序调用的一些方法，通过参数来传递 SQL 语句并被数据库系统所执行。示例中在连接变量 conn 上创建了一个 Statement 句柄（stmt）。

我们既可以使用 executeQuery 函数又可以用 executeUpdate 函数来执行一条语句，这取决于这条 SQL 语句是查询语句（如果是查询语句，自然会返回一个结果集），还是像更新（Update）、插入（Insert）、删除（Delete）、创建表（Create Table）等这样的非查询性语句。示例中，stmt.executeUpdate 执行了一条更新语句，向 instructor 关系中插入数据。它返回一个整数，表示被插入、更新或者删除的元组个数。对于 DDL 语句，返回值是 0。try {…} catch {…}结构让我们可以捕捉 JDBC 调用产生的异常（错误情况），并显示给用户适当的出错信息。

示例程序用 stmt.executeQuery 来执行一次查询。它可以把结果中的元组集合提取到 ResultSet 对象变量 rset 中并每次取出一个进行处理。结果集的 next 方法用来查看在集合中是否还存在至少一个尚未取回的元组，如果存在的话就取出。next 方法的返回值是一个布尔变量，表示是否从结果集中取回了一个元组。可以通过一系列的名字以 get 为前缀的方法来得到所获取元组的各个属性。方法 getString 可以返回所有的基本 SQL 数据类型的属性（被转换成 Java 中的 String 类型的值），当然也可以使用像 getFloat 那样一些约束性更强的方法。这些不同的 get 方法的参数既可以是一个字符串类型的属性名称，又可以是一个整数，用来表示所需获取的属性在元组中的位置。图 5.2 示例中给出了两种在元组中提取属性值的办法：利用属性名提取（dept_name）或者是利用属性位置提取（2，代表第二个属性）。

Java 程序结束的时候语句和连接都将被关闭。注意关闭连接是很重要的，因为数据库连接的个数是有限制的；未关闭的连接可能导致超过这一限制。如果发生这种情况，应用将不能再打开任何数据库连接。

5.3 SQL 的存储过程与函数

5.3.1 SQL 存储过程与函数概述

SQL 中可以创建存储过程和函数,把它们存储在数据库服务器中,并在 SQL 语句中调用。

1. 存储过程的定义

存储过程(Stored Procedure)是为了完成特定的功能而汇集成的一组语句,对该组语句命名、编译和优化后存储在数据库服务器中。用户可以指定存储过程的名字并给出相应的参数来执行(调用)它。

2. 使用存储过程的优点

存储过程在以下情况下会很有用:

① 如果某个数据库程序是多个应用所需要的,那么可将该数据库程序经编译和优化后存储在服务器上,从而可以被这些应用程序调用。这样可减少重复工作,还可以增强软件的模块化程度。

② 某些情况下,在服务器端执行程序,可以减少客户与服务器之间的数据传输和通信代价,提高运行效率。

③ 通过为数据库用户提供更复杂类型的导出数据,增强视图所提供的建模能力。此外,这些存储过程还可以用来检查断言与触发器所不能处理的一些复杂约束。

3. 存储过程的分类

一般地,存储过程可分为两类:系统提供的存储过程和用户定义的存储过程。

① 系统提供的存储过程:系统提供的存储过程也简称系统过程。主要用于从系统表中获取信息、为系统管理员和其他有权限的人员提供更新系统表的途径。它们虽然被存放在专门的数据库中,但它们中大部分可以在任何其他数据库中运行。

② 用户定义的存储过程:用户定义的存储过程是由用户为完成某一特定功能而编写的存储过程。在本章中讨论的存储过程,主要是指用户定义的存储过程。

函数与存储过程的不同在于函数必须具有返回类型(返回值)。

5.3.2 SQL/PSM

创建存储过程和函数可以指定所使用的一种程序设计语言。一般情况下,许多商业 DBMS 都允许使用自带的扩展 SQL 语言或通用程序设计语言来编写存储过程和函数,例如 Oracle 的 PL/SQL 等。

SQL/PSM(SQL/Persistent Stored Modules)是 SQL 标准的一部分,它指出了如何编写 SQL 持久存储模块,其中包括创建存储过程和函数的语句,另外还包括其他一些程序设计构造,以增强 SQL 编写存储过程和函数代码的能力。SQL/PSM 作为数据库程序设计语言,对数据库模型和 SQL 语言进行了扩展,在 SQL 中引入了一些通用程序设计构造,例如创建存储过程和函数的语句、条件控制语句、循环控制语句,以及其他一些程序设计语句(变量定义语句、错误和异常处理语句等)。这些语句的格式和语义与一般的高级语言(如 C 语言)类同,但不完全相同,读者使用时应注意具体产品的说明。

SQL/PSM结合了SQL的数据操作能力和过程化语言的流程控制能力，是对SQL的过程化扩展，是一种实用而方便的数据库程序设计语言。

1. SQL/PSM中条件控制语句

SQL/PSM中条件控制语句的格式如下：

```
IF<条件>THEN<语句列表>                    /* IF语句可以嵌套 */
    ELSEIF<条件>THEN<语句列表>
    …
    ELSEIF<条件>THEN<语句列表>
    ELSE<语句列表>
END IF;
```

2. SQL/PSM中循环控制语句

SQL/PSM中循环控制语句的格式有如下三种：

- WHILE<条件>DO

```
    <语句列表>          /* 循环体，一组SQL/PSM语句 */
  END WHILE;
```

- REPEAT

```
    <语句列表>
    UNTIL<条件>
  END REPEAT;
```

- FOR<循环名>AS<游标名>CURSOR FOR<查询>DO

```
      <语句列表>
  END FOR;
```

最后一种是SQL/PSM中基于游标的循环结构。对于查询结果中的每个元组，该循环中的语句列表都将被执行一次。循环也可以有名字，如有一个LEAVE<循环名>语句，它可以用来在满足某个条件时中断一个循环。

SQL/PSM还有许多其他特性，必要时读者可查阅有关资料。

5.3.3 创建、执行和删除存储过程和函数

1. 创建存储过程和函数

创建存储过程的一般格式如下：

```
CREATE PROCEDURE<过程名>([<参数列表>])
[<局部声明>]
<过程体>;
```

这里的局部声明和参数列表都是可选的，只当需要时才指定。

创建一个函数，必须给出返回类型，创建格式如下：

```
CREATE  FUNCTION<函数名>([<参数列表>])
        RETURNS<返回类型>
```

```
        [<局部声明>]
        <函数体>;
```

<参数列表>:是用名字来标识调用时应给出的一个或多个参数值,并必须指定每个值的数据类型。一般情况下,每个参数都应当有一个参数类型(Parameter Type),该参数类型应是一种 SQL 数据类型。每个参数还应当有一个参数方式(Parameter Mode),可以是 IN、OUT 或 INOUT 中的一种,这些方式对应于只能输入值、只能输出(返回)值和既可输入又可输出值的参数,默认为输入参数。

<局部声明>:主要是对本过程或函数中所使用的局部变量的声明。

<过程体>或<函数体>:是指明为了完成本存储过程或函数的功能,而需要执行的一组语句。

如果过程或函数用通用程序设计语言编写,通常要指定语言和存储程序代码的文件名。例如,可以使用如下格式:

```
CREATE PROCEDURE<过程名>(<参数列表>)
LANGUAGE<程序设计语言名>
EXTERNAL NAME<文件路径名>;
```

2. 执行存储过程和函数

因为过程和函数由 DBMS 持久地存储,所以能够使用各种 SQL 接口和程序设计技术调用这些过程和函数。

可以使用 SQL 标准中的 CALL 语句来调用存储过程,可以从交互接口调用,也可以从嵌入式 SQL 或 SQLJ 调用。

使用 CALL 语句调用存储过程的格式如下:

```
CALL<过程或函数名>([<参数列表>]);
```

3. 删除存储过程和函数

使用 DROP 语句删除存储过程和函数,其格式分别如下:

```
DROP PROCEDURE<过程名>;
DROP FUNCTION<函数名>;
```

5.3.4　存储过程和函数示例

例 5.1　使用存储过程实现从一个账户转一笔指定数额的款项到另一个账户。

```
CREATE PROCEDURE TRANSFER(inaccount INT,outaccount INT,amount FLOAT);
  DECLARE totaldeposit FLOAT;      /* 声明局部变量 */
  SELECT total INTO totaldeposit FROM ACCOUNT
          WHERE ACCOUNTNUM = outaccount;/* 检查转出账户存款余额 */
  IF totaldeposit IS NULL THEN   /* 账户没有存款,回滚事务并返回 */
          ROLLBACK;
          RETURN;
  ELSEIF totaldeposit<amount THEN   /* 账户存款余额不足,回滚事务并返回 */
          ROLLBACK;
          RETURN;
```

```
    ELSE      /* 修改转出账户,减去转出额 */
              UPDATE ACCOUNT SET total = total - amount
                  WHERE ACCOUNTNUM = outaccount;
              /* 修改转入账户,增加转入额 */
              UPDATE ACCOUNT SET total = total + amount
                  WHERE ACCOUNTNUM = inaccount;
              COMMIT;      /* 转账完成提交转账事务 */
END IF;
```

例 5.2　使用存储过程实现从 010012345678 账户转 10 000 元到 010045678123 账户。

```
CALL PROCEDURE TRANSFER(010012345678,010045678123,10000);
```

例 5.3　创建一个描述基于学生人数来衡量部门(系)规模的函数。此函数有一个整型参数 deptno,给出了部门编号。返回值是一个字符串值。程序将按部门名查询该部门中的学生人数,根据学生人数的多少,返回{'HUGE','LARGE','MEDIUM','SMALL'}中的某个值。

```
CREATE FUNCTION DEPT_SICE(IN DNAME VARCHAR(7)) /* 一个字符串型输入参数 */
RETURNS VARCHAR(7);
DECLARE NO_OF_STUS INTEGER;  /* 声明一个整型的局部变量,存放学生人数 */
/* 获取由参数指定的部门(系)的学生人数 */
SELECT COUNT( * )INTO NO_OF_STUS FROM STUDENT WHERE DEPT=DNAME;
IF NO_OF_STUS>1000 THEN RETURN 'HUGE' /* 按学生人数多少,返回规模值 */
ELSEIF NO_OF_STUS>500 THEN RETURN 'LARGE'
ELSEIF NO_OF_STUS>200 THEN RETURN 'MEDIUM'
ELSE RETURN 'SMALL'
END IF;
```

5.4　SQL 的触发器

5.4.1　触发器概述

触发器是用户定义在表上的一类特殊存储过程,触发器的执行是通过事件来触发执行的,所以称为触发器。触发器具有强大的数据控制和监视审计能力,是维护数据库完整性和安全性的简便而有效的方法,也是使数据库系统具有主动性的简便而有效的方法。因此许多流行的关系数据库管理系统(如 Oracle、IBM DB2、Sybase、SQL Server 等)实现的 SQL 中很早就支持触发器。

当用户发布对指定的表进行修改(包括插入、删除和更新)的命令时,即事件发生,RDBMS 就会自动执行触发器中定义的触发动作,以实现比 FOREIGN KEY 等约束更为复杂的完整性检查和操作。而且这种检查和操作是系统自动执行的,使得数据库系统具有一定的主动性。

触发器还有助于实现数据库的安全性。触发器常被用于审计应用中以监控某些行为的发生。例如,有关销售的表不允许在星期六和星期日进行修改,如果有人试图在星期六和星期日对销售表进行修改,则会被拒绝,并记录发出该操作的人、时间,以便实现监控。又如,银行必须记录大于 10 000 元的交易。这些功能都可以通过创建相应的触发器来实现。

触发器也可以用来实现数据库系统的其他功能,包括实现更加广泛的应用系统的一些业务流程和控制流程、基于规则的数据和业务控制功能等。

不同 RDBMS 的研制和生产厂家,对触发器的支持程度和实现方法也不尽相同,读者在使用触发器时必须清楚自己所使用的 RDBMS 提供的关于触发器的功能、编写格式和实现方法。

5.4.2 创建触发器

SQL 使用 CREATE TRIGGER 语句创建触发器,其一般的格式为

```
CREATE TRIGGER<触发器名>
        { BEFORE | AFTER } <触发事件>ON<表名>
        FOR EACH{ ROW | STATEMENT } [ WHEN<触发条件>]
        <触发动作>
```

其中:

① <触发器名>:为要创建的触发器名字,它遵循 RDBMS 提供的 SQL 标识符命名准则,且在同一数据库模式中唯一。

② { BEFORE | AFTER }:指明触发器是在触发处理之前还是之后执行。

③ <触发事件>:INSERT、DELETE 或 UPDATE,也可以是它们的任意组合,如 INSERT OR DELETE 等。UPDATE 后面还可以有 OF<触发列,…>,此时进一步指明当更新哪个或哪些列时该触发器激活。

④ <表名>:为指定所创建的触发器与之相关联的表的名字,即指明在哪个表上定义该触发器,所以也称目标表,它必须是一个现存的表。

⑤ <触发条件>:触发器被激活时,只有当<触发条件>为'真'时指定的<触发动作>才被执行;否则不被执行。如果省略 WHEN<触发条件>,则在触发器被激活时就执行指定的<触发动作>。

⑥ FOR EACH { ROW | STATEMENT }:指定触发器类型,有两类触发器:行级触发器(FOR EACH ROW) 和 语句级触发器(FOR EACH STATEMENT)。

⑦ <触发动作>:触发动作也称触发器的体,或触发动作体,一般为使用 BEGIN…END 括起来的(也有用 AS 引导的)程序块,或对已创建的存储过程的调用等。如果触发动作体执行失败,激活触发器的事件就被终止执行,触发器的目标表和触发器可能影响的其他对象不发生任何改变。

5.4.3 激活触发器

触发器是由触发事件发生时被触发或被激活的,触发事件是指执行数据修改语句,包括 INSERT、UPDATE 或 DELETE 语句。

一个触发器只能作用于一张表;一个表上可以创建多个触发器,分别针对 INSERT、DELETE、UPDATE 和 BEFORE、AFTER 的任意组合。

同一个表上的多个触发器激活时按如下的顺序执行：先执行该表上的BEFORE触发器，后执行该表上的AFTER触发器。

同一个表的多个BEFORE(AFTER)触发器，一般按“先创建先执行”的原则进行。

同一个表上的多个触发器如果对表或表中的列进行同类型操作时，新的触发器(后建的触发器)覆盖旧的触发器(先建的触发器)，覆盖时RDBMS一般不提示任何警告消息。

5.4.4　删除触发器

删除已经创建的触发器有两种方法：

① 使用DROP TRIGGER语句删除指定的触发器，其格式为

DROP TRIGGER　<触发器名>

② 当删除触发器所作用的表(在其上创建触发器的表)时，RDBMS也将自动删除与此表相关的触发器。

必须是触发器属主或具有相应权限的用户才能删除触发器。

5.4.5　触发器示例

本节示例基于Oracle系统。

例5.4　在选课表SC上建立一个语句级BEFORE INSERT、DELETE、UPDATE触发器，当有人试图在周六或周日修改此表时，此触发器将被触发执行，检查当日是否为周六或周日，如果是周六或周日，则显示违例信息，并返回。

```
CREATE TRIGGER trg_idu_sc
    BEFORE INSERT OR DELETE OR UPDATE ON SC
DECLARE
  weekend_error EXCEPTION;   /* 对违例事件的声明 */
Begin/ * 检查当日是否为周六或周日，如果是显示违例信息，并返回 */
  IF  TO_CHAR(SysDate,'DY')='SAT' or
      TO_CHAR(SysDate,'DY')='SUN'
  THEN RAISE weekend_error;
  END IF;
EXCEPTION
  WHEN weekend_error THEN
    RAISE_APPLICATION_ERROR(-20001,'Modify not allowed on weekends');
  RETURN;
END;
```

例5.5　删除例5.4中创建的触发器。

```
    DROP TRIGGER trg_idu_sc;
```

或者，当删除SC表时同时也删除触发器trg_idu_sc。

5.5 嵌入式 SQL

5.5.1 嵌入式 SQL 概述

嵌入式 SQL(Embedded SQL)是应用系统使用编程方式来访问和管理数据库中数据的主要方式之一。

SQL 语言有两种使用方式:一种是作为独立语言,以交互式方式使用,在这种方式下使用的 SQL 语言是面向集合的描述性语言,是非过程化的。即大多数语句都是独立执行,与上下文无关的。另一种是嵌入到某种高级语言中使用,利用高级语言的过程化结构来弥补 SQL 语言在实现诸如流程控制等复杂应用方面的不足。这种方式下使用的 SQL 语言称为嵌入式 SQL(Embedded SQL),能嵌入 SQL 的高级语言称为主语言(Host Language)或宿主语言。目前 SQL 标准中指定的宿主语言主要有 C、C++、COBOL、Pascal、Java、PL/I 和 FORTRAN 等。

对于嵌入式 SQL,DBMS 一般采用预编译的方法,即由 DBMS 的预处理程序对源程序进行扫描,识别出 SQL 语句,并把它们转换成主语言中相应的调用语句,成为主语言源程序,以使主语言编译程序能够识别它们,最后由主语言的编译程序将它编译成目标代码,如图 5.3 所示。

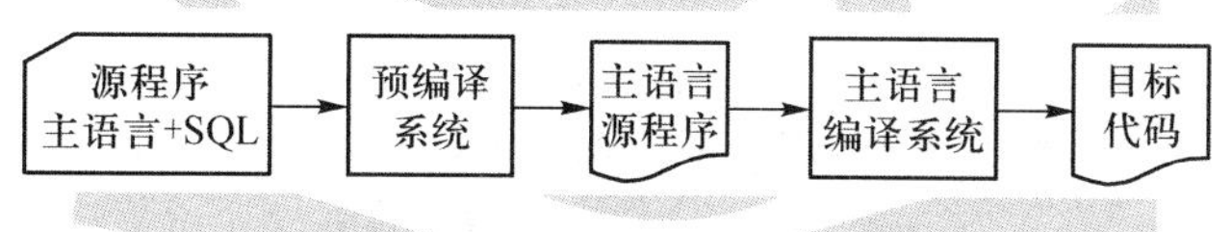

图 5.3 嵌入式 SQL 的预编译处理

5.5.2 使用嵌入式 SQL 时应解决的三个问题

把 SQL 嵌入主语言使用时必须解决如下三个问题。

1. 区分 SQL 语句与主语言语句

这是通过在所有的 SQL 语句前加前缀 EXEC SQL 来解决的。SQL 语句一般以分号(;)作为结束标志(见图 5.4):

EXEC SQL<SQL 语句>;

2. 数据库工作单元和程序工作单元之间的通信

嵌入式 SQL 语句中可以使用主语言的程序变量来输入或输出数据。把 SQL 语句中使用的主语言程序变量简称为主变量或共享变量。

主变量根据其作用的不同,分为输入主变量和输出主变量。输入主变量由应用程序对其赋值,SQL 语句引用;输出主变量由 SQL 语句对其赋值或设置状态信息,返回给应用程序。一个主变量有可能既是输入主变量又是输出主变量。在 SQL 语句中使用主变量时,需在主变量名前加冒号(:)作为标志,以区别于数据库对象的表名或属性名(字段名)(见图 5.4 例中⑤、⑦)。

SQL 语句执行后,系统要反馈给应用程序若干信息,这些信息被送到称为 SQL 的通信区的 SQLCA 中。SQLCA 用语句 EXEC SQL INCLUDE 加以定义(见图 5.4 例中①)。SQLCA 是一个数据结构,SQLCA 中有一个存放每次执行 SQL 语句后返回代码的状态指示变量 SQLCODE。当

SQLCODE为零时,表示SQL语句执行成功,否则返回一个错误代码(负值)或警告信息(正值),详见5.5.3小节中关于定义SQL通信区的阐述。程序员应该在每个SQL语句之后测试SQLCODE的值,以便处理相应情况。

3. 协调两种不同的处理方式

一般情况下,一个SQL查询一次可以检索多个元组(面向集合),而主语言程序通常是"一次一个元组"(面向记录)处理,为此必须协调这两种不同的处理方式,目前大多使用游标(cursor)技术来进行协调,关于游标的定义和使用方法将在稍后阐述。

5.5.3 嵌入式SQL程序的组成

一个带有嵌入式SQL的程序一般包括两大部分:程序首部和程序体。程序首部是由一些说明性语句组成,而程序体则由一些可执行语句组成。

1. 程序首部

程序首部主要包括的语句有:

① 声明段:用于定义主变量。主变量既可以被主语言语句使用,也可以被SQL语句使用,所以也称共享变量。主变量在EXEC SQL BEGIN DECLARE SECTION;和EXEC SQL END DECLARE SECTION;之间进行说明(见图5.4例中②、③)。

② 定义SQL通信区:使用EXEC SQL INCLUDE SQLCA语句定义用于在程序和DBMS之间通信的通信区(见图5.4例中①)。SQLCA中包含两个通信变量SQLCODE和SQLSTATE。SQLCODE变量是一个整数变量,当执行了数据库命令之后,DBMS会返回一个SQLCODE值。如果这个值是0,则表明DBMS已成功执行此语句。如果SQLCODE>0,则表明在该查询结果中没有更多可用的数据(记录)。如果SQLCODE<0,则表明出现了错误。SQLSTATE是一个带有5个字符的字符串。如果SQLSTATE的值为00000,则表示没有错误或异常;如果是其他值,就表明出现了错误或异常。

③ 其他说明性语句。

2. 程序体

程序体由若干个可执行的SQL语句和主语言语句组成。包括建立和关闭与数据库连接的语句(见图5.4例中④)。

建立与一个数据库连接的SQL命令如下:

EXEC SQL CONNET TO<服务器名>AS<连接名>AUTHORIZATION<用户账户名和口令>;

一般情况下,由于一个用户或程序可以访问多个数据库服务器,因此可以建立多个连接,但任何时刻只能有一个连接是活动的。用户可以使用<连接名>将当前活动的连接转换为另一个连接,该命令如下:

EXEC SQL SET CONNECTION<连接名>;

如果不再需要某个连接了,可以使用如下命令终止这个连接:

EXEC SQL DISCONNECT<连接名>;

在图5.4例中,我们假定已与图3.9中的"学生-选课-课程"数据库建立了适当的连接,且这个连接是当前的活动连接。

5.5.4 在嵌入式 SQL 中使用游标检索多个元组

一般情况下,一个 SQL 查询一次可以检索多个元组,而主语言程序通常是“一次一个元组”处理,可以使用游标协调这两种不同的处理方式。

与游标有关的 SQL 语句有下列四个。

① 游标定义语句:

EXEC SQL DECLARE<游标名>CURSOR

FOR<SELECT 语句>;

见图 5.4 例中⑤,游标是与某一查询结果相联系的符号名,它用 SQL 的 DECLARE 语句定义,这是一个说明性语句,此时游标定义中的 SELECT 语句并没有被执行。

② 游标打开语句:

EXEC SQL OPEN<游标名>;

见图 5.4 例中⑥,此时执行游标定义中的 SELECT 语句,同时游标处于活动状态。游标指向查询结果中的第一行之前。

③ 游标推进语句:

EXEC SQL FETCH<游标名>INTO

[<:主变量名>[,<:主变量名>]…];

见图 5.4 例中⑦,此时将游标向前推进一行,并把游标指向的行(称为当前行)中的值取出,存入到语句中指明的对应的主变量中。FETCH 语句常置于主语言程序的循环中,并借助主语言的处理语句逐一处理查询结果集中的每一行。

④ 游标关闭语句:

EXEC SQL CLOSE<游标名>;

见图 5.4 例中⑧,关闭游标,使它不再和原来的查询结果相联系。关闭的游标可以再次打开,与新的查询结果相联系。

在游标处于活动状态时,可以更改和删除游标指向的行。

下面的示例是带有嵌入式 SQL 的一小段 C 程序,如图 5.4 所示。

例 5.6 在表 STUDENT 和 SC 中检索某学生(姓名由主语言变量 givensname 给出)的学习成绩信息(s#,sname,c#,grade)。程序可这样编写:

```
…
EXEC SQL INCLUDE SQLCA;                    /* ① 定义 SQL 通信区 */
EXEC SQL BEGIN DECLARE SECTION;            /* ② 主变量说明开始 */
    CHAR givensname(8);
    CHAR sno(5),cno(3),sname(8);
    INT grade;
EXEC SQL END DECLARE SECTION;              /* ③ 主变量说明结束 */

main()                                     /* ④ 程序体开始 */
{
```

```
…
EXEC SQL DECLARE C1 CURSOR FOR
  SELECT S.s#,sname,c#,grade  FROM STUDENT S,SC
         WHERE S.s# = SC.s# AND sname = : givensname;   /* ⑤ 定义游标 */
EXEC SQL OPEN C1;                                        /* ⑥ 打开游标 */
  for( ; ; )
  {
    EXEC SQL FETCH C1 INTO :sno,:sname,:cno,:grade;
                                                         /* ⑦ 推进游标指针并将查询结果
                                                            集中当前行数据存入主变量 */
      if (sqlca.sqlcode <> SUCCESS)                      /* 利用 SQLCA 中的状态信息
         break;                                            决定何时退出循环 */
      printf("sno:%s,sname:%s,cno:%s,grade: %d",:sno,:sname,:cno,:grade);
                                                         /* 打印查询结果 */
  }
  EXEC SQL CLOSE C1;                                     /* ⑧ 关闭游标 */
}
…
```

图5.4 带有嵌入式SQL游标的一小段C程序

这里应该指出的是嵌入式SQL源程序的编写格式与主语言有关,读者在使用嵌入式SQL时,应根据所使用的RDBMS和主语言规定的要求编写。例如下面的示例是带有嵌入式SQL的一小段PL/1程序,它与主语言为C的嵌入式SQL源程序不尽相同。

```
…
DCL GIVENS#   CHAR(8);
DCL SNAME   CHAR(20);
DCL DEPT   CHAR(16);                 /* 说明主变量 */
DCL A…;
DCL B…;
EXEC SQL DECLARE STUDENT TABLE                 /* 说明程序中要引用的表 */
  (s# CHAR(8) NOT NULL,sname CHAR(20),age SMALLINT,dept CHAR(16));
EXEC SQL INCLUDE SQLCA;              /* 定义 SQL 通信区 */
              …

IF A>B   THEN
GETS;
EXEC SQL SELECT s#,dept              /* 嵌入的 SQL 语句 */
INTO   :SNAME, :DEPT                 /* 结果存入主变量 */
FROM STUDENT   WHERE s#=:GIVENS;
…
```

5.6 动态 SQL

5.6.1 动态 SQL 的概念和作用

1. 动态 SQL 的概念

动态 SQL 是 SQL 标准提供的一种语句运行机制，它允许在 SQL 客户模块或嵌入式宿主程序的执行过程中执行动态生成的 SQL 语句。动态 SQL 语句是指在程序编译时尚未确定，其中有些部分需要在程序的执行过程中临时生成的 SQL 语句。

在本节中，将简要概述动态 SQL，这是编写这种类型的数据库程序的一种技术，并提供一个简单的示例来说明动态 SQL 是如何工作的。

2. 动态 SQL 的作用

在 5.5 节中所阐述的嵌入式 SQL 语句中使用的主变量、查询目标、查询条件等都是固定的，属于静态的 SQL 语句。但是在某些情况下，需要程序在运行时动态地生成并执行不同的 SQL 查询或修改操作（或其他操作），这将会极大地满足和方便用户的实际应用需求。例如，可能希望编写这样一个程序，该程序能够随时接受用户从键盘输入的 SQL 查询，执行该查询，并显示出查询结果，而用户可能输入什么样的 SQL 查询语句内容在编程时是不可预知的。目前大多数关系 DBMS 中都提供了这样的交互界面。再例如，一个用户友好界面可以基于用户在图形模式上的点击操作，动态地为用户生成 SQL 查询或其他操作。

SQL 标准引入动态 SQL 的原因，是由于静态 SQL 语句不能提供足够的编程灵活性。在数据库应用开发中，有一些情况在编写程序时 SQL 语句是未知的，需要通过动态 SQL 机制在程序执行时产生 SQL 语句。

5.6.2 动态 SQL 的语句类型和执行方式

1. 动态 SQL 的语句类型

动态 SQL 的语句主要由如下三种类型：

① 可变的 SQL 的语句：在程序运行时临时输入完整的 SQL 语句；

② 条件可变的 SQL 的语句：SQL 语句中的条件子句具有可变性（运行时临时输入）；

③ 数据库对象、条件都可变的 SQL 的语句：SQL 语句中的数据库对象和条件子句都是可变的（运行时临时输入）。

2. 动态 SQL 语句的执行方式

SQL 标准提供的语句动态执行方式有如下两种。

（1）立即执行方式

立即执行方式由立即执行语句实现。该语句的格式如下：

EXECUTE　IMMEDIATE <SQL 语句变量>;

其中：<SQL 语句变量>是一个字符串类型的变量，该变量的值就是要执行的 SQL 语句的文本。例如：

```
EXEC SQL EXECUTE IMMEDIATE sql_str;
```

执行该语句时,SQL服务器会对宿主变量 sql_str 包含的字符串进行解析并执行它所表示的SQL语句。如果 sql_str 的值为字符串"INSERT INTO SC VALUES('20120101','C01',92)",则该语句的执行等效于:

EXEC SQL INSERT INTO SC VALUES('20120101','C01',92);

(2) 先准备后执行方式

并非所有的SQL语句都可以立即执行,当语句为查询语句或包含动态参数说明时,就必须使用先准备后执行的方式,准备(PREPARE)语句通常要涉及由系统进行语法检查以及其他类型的检查,并生成执行语句的代码。此外,当同一条动态SQL语句在程序中需要被多次执行时,先准备后执行方式的效率更高,因为在程序中多次执行该语句,只需准备一次就可以了。先准备后执行方式比立即执行方式的功能更强大,同时语法也更复杂。在这种方式下,动态SQL语句先通过准备语句进行准备,然后通过执行语句执行一次或多次,当不再需要执行该语句时,可以通过收回语句释放。

下面是一个动态SQL查询的程序示例,例中有一个字符型的动态输入参数,但输出参数的个数和数据类型不定。

```
…
EXEC SQL INCLUDE SQLCA;                    /* 定义 SQL 通信区 */
EXEC SQL BEGIN DECLARE SECTION;            /* 主变量声明开始 */
INT i,col_num,col_type;
CHAR sql_str[100];
EXEC SQL END DECLARE SECTION;              /* 主变量声明结束 */
…
strcpy(sql_str,"SELECT * FROM tab_1 WHERE col_1 = ?");
EXEC SQL PREPARE sql_stmt FROM :sql_str;
EXEC SQL DECLARE c1 CURSOR FOR sql_stmt;
EXEC SQL ALLOCATE DESCRIPTOR des_1;
/* 描述动态输入参数的信息 */
EXEC SQL DESCRIBE INPUT sql_stmt USING DESCRIPTOR des_1;
/* 给描述符赋值 */
EXEC SQL SET DESCRIPTOR des_1 VALUE 1;
TYPE = 1,INDICATOR = 0,DATA = 'A00001',LENGTH = 6;
EXEC SQL OPEN c1 USING DESCRIPTOR des_1;
/* 描述动态输出参数的信息 */
EXEC SQL DESCRIBE OUTPUT sql_stmt USING DESCRIPTOR des_1;
for( ; ; ) {
EXEC SQL FETCH c1 USING DESCRIPTOR des_1;
    if (! strncmp(SQLSTATE,"02000",5)) break;
EXEC SQL GET DESCRIPTOR des_1 :col_num = COUNT;
for(i = 1;i<col_num;i++) {
```

```
EXEC SQL GET DESCRIPTOR des_1:i:col_type=TYPE;
/* 根据返回值的数据类型进行处理 */
switch(col_type) {
case 1:…
case 2:…
…
}}}
EXEC SQL CLOSE c1;
EXEC SQL DEALLOCATE PREPARE sql_stmt;
EXEC SQL DEALLOCATE DESCRIPTOR des_1;
```

5.7 小结

本章首先概要地介绍了数据库程序设计的主要方法和面对的主要挑战,并简要介绍了两种用于连接到 SQL 数据库并执行查询和更新的标准:开放数据库互连 ODBC 和 Java 数据库连接 JDBC。本章重点阐述了数据库应用程序设计的有关技术,包括:SQL 数据库存储过程和函数的概念,以 SQL/PSM 为例讨论创建、执行和删除数据库存储过程和函数,并且给出了示例。本章还对 SQL 的触发器以及嵌入式 SQL 和动态 SQL 做了比较详细的介绍。SQL 的触发器是用户定义在表上的一类特殊的存储过程,触发器的执行是通过插入、删除和更新事件来触发执行的,它具有强大的数据控制和监视审计能力,是维护数据库完整性和安全性的简便而有效的方法;嵌入式 SQL 是主要的 SQL 编程技术。使用嵌入式 SQL 应解决三个问题:区分 SQL 语句与主语言语句,数据库工作单元和程序工作单元之间的通信,以及协调两种不同的处理方式。使用游标来协调两种不同的处理方式,与游标有关的有四个语句,分别是定义、打开、推进和关闭游标语句。动态 SQL 是 SQL 标准提供的一种语句运行机制,动态 SQL 语句是指在程序编译时尚未确定,要在程序执行过程中临时生成的 SQL 语句,动态 SQL 的编程灵活性极大地满足和方便用户的实际应用需求。

数据库程序设计是一个应用非常广泛的主题,新的技术总是不断地开发出来,现有技术也在不断更新。描述这一主题的另一个困难是,尽管存在 SQL 标准,但是每个供应商提供的 SQL 语言与 SQL 标准总会有一些不同。因此,读者在使用这些数据库程序设计技术时应该仔细阅读所使用的系统的手册。

习题

一、单选题

1. ODBC 是下列哪一项的缩写?

A) Open Database Controllable　　B) Open Database Connectivity

C) Object Database Controllable　　D) Object Database Connectivity

2. 下列关于 SQL 存储过程的叙述中,哪一条是错误的?

A）存储过程是为了完成特定的功能而汇集成一组的语句，并为该组语句命名，经编译和优化后存储在数据库服务器中

B）存储过程由系统提供，用户不能定义存储过程

C）用户可以指定存储过程的名字和给出相应的参数来执行存储过程

D）可以使用 DROP PROCEDURE <过程名> 语句删除存储过程

3. 嵌入式 SQL 中与游标相关的有四个语句，推进游标指针并将查询结果集中当前行数据存入主变量的是下列哪一个语句？

A）DECLARE　　B）OPEN　　C）FETCH　　D）CLOSE

4. 下列关于嵌入式 SQL 程序组成的叙述中，哪一条是错误的？

A）一个嵌入式 SQL 程序一般包括两大部分：程序首部和程序体

B）程序首部主要包括的语句有声明段、定义 SQL 通信区和其他说明性语句

C）程序体由若干个可执行的 SQL 语句和主语言语句组成

D）定义局部变量的语句属于程序体中的语句

5. 下列关于触发器的叙述中，哪一条是错误的？

A）触发器具有强大的数据控制和监视审计能力

B）触发事件发生时 RDBMS 就会自动执行触发器中定义的触发动作

C）触发器有助于实现数据库的完整性、安全性和主动性

D）不同 RDBMS 对触发器的功能、格式和实现方法都是相同的

6. 有"学生—选课—课程"数据库中的如下三个关系：

学生信息表：STUDENT(s#,sname,sex,age,dept)，主码为 s#；

课程信息表：COURSE(c#,cname,teacher)，主码为 c#；

学生选课信息表：SC(s#,c#,grade)，主码为(s#,c#)。

并用如下语句创建了一个触发器：

```
CREATE TRIGGER TRG_D_STUDENT
        AFTER DELETE ON STUDENT FOR EACH ROW
  BEGIN
    DELETE SC WHERE STUDENT.s# = OLD.s#;
    RETURN;
  END;
```

如果成功执行语句"DELETE FROM STUDENT WHERE STUDENT.s#='20120212';"，则其结果是

A）不但从 STUDENT 表中删除了学号为 20120212 学生的信息，同时也删除了 SC 表中该学生的选课信息

B）仅从 SC 表中删除了学号为 20120212 学生的选课信息

C）仅从 STUDENT 表中删除了学号为 20120212 学生的信息

D）STUDENT 表被删除

7. 下列关于动态 SQL 语句的叙述中，哪一条是正确的？

A）动态 SQL 是 SQL 标准提供的一种语句运行机制

B）SQL 标准提供的动态 SQL 语句的执行方式只能是立即执行方式

C）使用动态 SQL 可以大大提高数据库安全性

D）使用动态 SQL 可以大大提高数据库查询效率

二、多选题

8. 下列关于将 SQL 嵌入主语言使用的叙述中，哪些是正确的？

A）必须协调 SQL 语句与主语言语句处理记录的不同方式

B）必须处理数据库工作单元和程序工作单元之间的通信

C）与游标相关的有4个语句:游标定义、游标打开、游标推进、游标关闭

D）游标一旦关闭,就不能再重新打开

E）能嵌入SQL语句的高级语言只有COBOL和C

9. 下列关于动态SQL的叙述中,哪些是正确的?

A）动态SQL允许在程序的执行过程中临时生成并执行SQL语句

B）动态SQL有两种执行方式:立即执行方式和先准备后执行方式

C）在程序中需要多次执行同一个动态SQL语句时,也必须每次执行前都要先准备

D）SQL标准引入动态SQL的原因是由于静态SQL语句不能编程

E）在编写程序时若SQL语句是未知的或部分未知的,需要使用动态SQL机制

10. 下列关于SQL通信区的叙述中,哪些是正确的?

A）SQL通信区SQLCA中存放SQL语句执行后系统反馈给应用程序的信息

B）SQLCA的数据类型是由用户自己决定的

C）SQLCA是一个专用变量

D）SQL通信区使用EXEC SQL INCLUDE SQLCA语句定义

E）程序员应该在每个可执行SQL语句之后测试SQLCODE的值,以便处理相应情况

参考答案

一、单选题

1. B　2. B　3. C　4. D　5. D　6. A　7. A

二、多选题

8. ABC　9. ABE　10. ADE

第 6 章　关系数据库的规范化理论与数据库设计

数据库设计是数据库应用领域中的主要研究课题之一。数据库设计的任务是针对一个给定的应用环境，在给定的（或选择的）硬件环境和操作系统及数据库管理系统等软件环境下，创建性能良好的数据库模式、建立数据库及其应用系统，使之能有效地存储和管理数据，满足各类用户的需求。

数据库设计需要理论作为指南。E.F.Codd 于 1971 年提出、以后又有了很大发展的关系数据库规范化理论就是数据库设计的一种理论指南。规范化理论研究的是关系模式中各属性之间的依赖关系及其对关系模式性能的影响，探讨"好"的关系模式应该具备的性质，以及达到"好"的关系模式的设计算法。规范化理论提供了判断关系模式优劣的理论标准，帮助数据库设计人员预测可能出现的问题，提供了自动产生各种模式的算法，因此是设计人员的有力工具，也使数据库设计工作有了严格的理论基础。

规范化理论虽然最初是针对关系模式的设计而提出的，然而它不但对于关系模型数据库的设计有重要意义，而且对于其他模型数据库的设计也有重要的指导意义。

本章的前 6 个小节介绍关系数据库规范化理论，给出函数依赖和多值依赖的定义与性质，以及关系模式规范化的各个范式的定义，讨论关系数据库的逻辑结构设计问题。简单地说，就是讨论如果要把一组数据存放到关系数据库中，应该设计一组什么样的关系模式，使得既无须存储不必要而且会引起麻烦的冗余信息，又可以将各个方面的有用信息都完全表示出来。本章的第 7 和第 8 小节介绍数据库设计的几个阶段、各个阶段的任务，以及如何将关系数据库的规范化理论应用到数据库设计中。

本章的考核目标是：

- 了解"好"的关系模式应该具备什么性质，"不好"的关系模式中存在哪些问题；
- 深入理解函数依赖和与之相关的各个术语的定义；
- 掌握函数依赖的公理系统中的推理规则，并能实际应用；
- 深入理解多值依赖的定义和多值依赖的性质；
- 深入理解第一范式、第二范式、第三范式、Boyce-Codd 范式、第四范式的定义，并能判断给定的关系模式的规范化程度；
- 了解还存在一些比第四范式规范化程度更高的范式；
- 深入理解关系模式分解的等价标准，并能判断对于给定关系模式的分解是否具有无损连接性和是否保持函数依赖；
- 了解数据库设计的过程和设计中需要解决的问题，了解规范化理论在数据库设计各个阶段中的应用；
- 掌握数据库逻辑结构设计中 E-R 模型向关系模型转换的规则。

6.1 “不好”的关系模式中存在的问题

在讨论“好”的关系模式应该具备什么性质之前,先看看“不好”的关系模式中存在哪些问题。设有“供应商”关系模式 SUPPLIER(SNAME,SADDRESS,ITEM,PRICE),其中各属性分别表示供应商名、供应商地址、货物名称、货物售价。一个供应商供应一种货物则对应到关系中的一个元组。

关系模式 SUPPLIER 有如下问题:

(1) 数据冗余。一个供应商每供应一种货物,其地址就要重复一次。

(2) 更新异常(不一致性的危险)。由于数据冗余,有可能在一个元组中更改了某供应商的地址,而没有更改另一个元组中同一供应商的地址,于是同一供应商有了两个不同地址,与实际情况不符(这里假设每一个供应商都有唯一的注册地址)。

(3) 插入异常。如果某供应商没有供应任何货物,则数据库中无法记录其名称和地址。事实上,在上面的关系模式 SUPPLIER 中,SNAME 和 ITEM 构成它的一个码(后面将给出码的严格定义),码值的一部分为空的元组是不能插入到关系中的。

(4) 删除异常。如果一个供应商供应的所有货物都被删除,则数据库中就丢失了该供应商的名称和地址。

关系模式产生上述问题的原因以及消除这些问题的方法都与数据依赖的概念密切相关。数据依赖是可以作为关系模式的取值的任何一个关系所必须满足的一种约束条件,是通过一个关系中各个元组的某些属性值之间的相等与否体现出来的相互关系。这是现实世界属性间相互联系的抽象,是数据内在的性质,是语义的体现。数据依赖极为普遍地存在于现实世界中。例如上述关系模式 SUPPLIER,由于客观情况是每个供应商只有一个地址,因而当 SNAME 的值确定之后,SADDRESS 的值也就被唯一确定了。关系模式 SUPPLIER 的任何一个关系中都不可能存在两个元组,它们在 SNAME 上的取值相等,而在 SADDRESS 上的取值不等,这就是一种数据依赖。

现在人们已经提出了许多种类型的数据依赖,其中最重要的是函数依赖和多值依赖。

6.2 函数依赖

6.2.1 函数依赖的定义

设 $R(A_1,A_2,\cdots,A_n)$ 是一个关系模式,X 和 Y 是 $\{A_1,A_2,\cdots,A_n\}$ 的子集,若只要关系 r 是关系模式 R 的可能取值,则 r 中不可能有两个元组在 X 中的属性值相等,而在 Y 中的属性值不等,则称“X 函数决定 Y”,或“Y 函数依赖于 X”,记为 $X\rightarrow Y$。

注意,函数依赖 $X\rightarrow Y$ 的定义要求关系模式 R 的任何可能取值 r 都满足上述条件。因此不能仅考察关系模式 R 在某一时刻的关系 r,就断定某函数依赖成立。例如,关系模式 R(SNO,NAME,BIRTHDATE),可能在某一时刻,R 的关系 r 中每个学生的出生年月都不同,也就是说没有两个元组在 BIRTHDATE 属性上取值相同,而在 SNO 属性上取值不同,但决不可据此就断定

$BIRTHDATE \rightarrow SNO$。

很有可能在另一时刻,R 的关系 r 中有两个元组在 BIRTHDATE 属性上取值相同,而在 SNO 属性上取值不同。

函数依赖是语义范畴的概念,只能根据语义来确定函数依赖。例如,在没有同名的情况下,$NAME \rightarrow BIRTHDATE$,而在有同名的情况下,这个函数依赖就不成立了。

若 $X \rightarrow Y$,但 $Y \not\subset X$,则称 $X \rightarrow Y$ 为非平凡的函数依赖。

若 $X \rightarrow Y$,则称 X 为决定因素。

若 $X \rightarrow Y$,$Y \rightarrow X$,则记为 $X \leftrightarrow Y$。

若 Y 不函数依赖于 X,则记为 $X \nrightarrow Y$。

在关系模式 R 中,如果 $X \rightarrow Y$,并且对于 X 的任何一个真子集 X',都有 $X' \nrightarrow Y$,则称 Y 对 X 完全函数依赖,记为 $X \xrightarrow{f} Y$。

若 $X \rightarrow Y$,但 Y 不完全函数依赖于 X,则称 Y 对 X 部分函数依赖,记为 $X \xrightarrow{p} Y$。

在关系模式 R 中,如果 $X \rightarrow Y(Y \not\subset X)$,$Y \nrightarrow X$,$Y \rightarrow Z$,则称 Z 对 X 传递函数依赖。

例如,在关系模式 SC(SNO,CNO,G,CREDIT)中,

$(SNO,CNO) \xrightarrow{f} G$　　成绩完全函数依赖于学号、课号

$CNO \rightarrow CREDIT$　　学分函数依赖于课号

$(SNO,CNO) \xrightarrow{P} CREDIT$　　学分部分函数依赖于学号、课号

在关系模式 S(SNO,NAME,BIRTHDATE,DNO,DEAN)中,

$SNO \rightarrow NAME$

$SNO \rightarrow BIRTHDATE$

$SNO \rightarrow DNO$,$DNO \nrightarrow SNO$,$DNO \rightarrow DEAN$

$SNO \rightarrow DEAN$　　系主任传递函数依赖于学号

函数依赖(以及后面要介绍的多值依赖)是数据的重要性质,关系模式应能反映这些性质。因此,以下把关系模式表示成 $R<U,F>$,其中 U 是一组属性,F 是属性组 U 上的一组数据依赖。当且仅当 U 上的一个关系 r 满足 F 时,r 称为关系模式 $R<U,F>$的一个关系。也就是说,关系模式 $R<U,F>$的合法关系 r 中各个元组中的属性取值都必须满足数据依赖集 F 中的所有函数依赖。

6.2.2　函数依赖的逻辑蕴涵

设 $R<U,F>$是一个关系模式,X,Y 是 U 中属性组,若在 $R<U,F>$的任何一个满足 F 中函数依赖的关系 r 上,都有函数依赖 $X \rightarrow Y$ 成立,则称 F 逻辑蕴含 $X \rightarrow Y$。

在关系模式 $R<U,F>$中为 F 所逻辑蕴含的函数依赖的全体称为 F 闭包,记为 F^+。

在关系模式 $R<U,F>$中,令 X 为 U 中一个属性组,函数依赖集 F 下为 X 所函数决定的所有属性的集合称为 F 下 X 的闭包,记作 X^+。

图 6.1 是以伪码书写的计算 X^+的算法。输入是函数依赖集 F 和属性集 X。输出存储在变量 result 中。该算法所返回的所有属性都属于 X^+,而且算法能找出 X^+的全部属性。

```
result := X;
repeat
    for each 函数依赖 Y→Z in F do
    begin
    if Y ⊆ result then result := result ∪ Z;
    end
until (result 不变)
```

图 6.1 计算 F 下 X 的闭包 X^+ 的算法

例如,关系模式 S(SNO,NAME,BIRTHDATE,DNO,DEAN),其属性组上的函数依赖集为

F = {SNO→NAME,SNO→BIRTHDATE,SNO→DNO,DNO→DEAN}

SNO→DEAN 就是 F 所逻辑蕴含的一个函数依赖。

函数依赖集 F 下 SNO 的闭包 SNO^+ 为属性集(SNO,NAME,BIRTHDATE,DNO,DEAN)。

6.2.3 码

设 K 为关系模式 R<U,F>中的属性或属性组,若 K→U 在 F^+中,而找不到 K 的任何一个真子集 K′,能使 K′→U 在 F^+中,则称 K 为关系模式 R 的候选码。或用函数依赖集 F 下属性集 K 的闭包来表述如下,若 K^+包含 U 中的所有属性,而找不到 K 的任何一个真子集 K′,能使 K'^+包含 U 中的所有属性,则称 K 为关系模式 R 的候选码。

我们可以用前面给出的计算 F 下 X 的闭包 X^+的算法来判断属性集 K 是否为关系 R 的候选码。

包含在任何一个候选码中的属性叫作主属性。不包含在任何候选码中的属性叫作非主属性。最简单的情况,单个属性是码。最极端的情况,整个属性组是码,称为全码。

当候选码多于一个时,选定其中一个作为主码。

下面举一个关系模式中包括多个候选码的例子。关系模式 CSZ(CITY,ST,ZIP),其属性组上的函数依赖集为

F = {(CITY,ST)→ZIP,ZIP→CITY}

即城市、街道决定邮政编码,邮政编码决定城市。容易看出,(CITY,ST)和(ST,ZIP)是两个候选码,CITY、ST、ZIP 都是主属性。

6.2.4 函数依赖的公理系统

为了确定一个关系模式的码,为了从一组函数依赖求得所蕴含的函数依赖,需要从 F 计算 F^+,或者至少需要判断函数依赖 X→Y 是否在 F^+中。为此需要一套推理规则。这样的推理规则 1974 年由 Armstrong 首先提出,称为 Armstrong 公理系统,它包括三条推理规则。

设 F 是属性组 U 上的一组函数依赖,于是有如下推理规则:

A_1:(自反律)。若 Y⊆X⊆U,则 X→Y 为 F 所逻辑蕴含。

A_2:(增广律)。若 X→Y 为 F 所逻辑蕴含,且 Z⊆U,则 XZ→YZ 为 F 所逻辑蕴含。

A_3:(传递律)。若 X→Y 及 Y→Z 为 F 所逻辑蕴含,则 X→Z 为 F 所逻辑蕴含。

注意:由自反律所得到的函数依赖均为平凡的函数依赖,事实上自反律的应用只依赖于 U,

不依赖于 F。

作为一个例子,现在看看怎样对上面例子中的关系模式 CSZ 证明(ST,ZIP)→(CITY,ST,ZIP),即说明(ST,ZIP)是一个候选码。

证明步骤如下:

(1) ZIP→CITY (F 中已给出)

(2) (ST,ZIP)→(CITY,ST) (对(1)用增广律,加 ST)

(3) (ST,ZIP)→(CITY,ST,ZIP) (对(2)用增广律,加 ZIP)

严格地说,要证明(ST,ZIP)是码,还需要说明 ST→(CITY,ST,ZIP)和 ZIP→(CITY,ST,ZIP)都不在 F^+ 中。

Armstrong 公理系统是正确的、完备的。即由 F 出发根据推理规则推导出的函数依赖一定为 F 所逻辑蕴含,而且 F 所逻辑蕴含的每一个函数依赖必定可以由 F 出发根据推理规则推导出来。

根据 Armstrong 公理系统的三条推理规则,可以得到下面三条很有用的推理规则:

(1) 合并规则:由 X→Y,X→Z,有 X→YZ。

(2) 伪传递规则:由 X→Y,WY→Z,有 XW→Z。

(3) 分解规则:由 X→Y 及 Z⊆Y,有 X→Z。

6.3 1NF、2NF、3NF 和 BCNF

在 6.1 节中考察了一个"不好"的关系模式,以及它所存在的问题。本节要讨论的是"好"的关系模式应该具备的性质,即关系模式的规范化问题。

好的关系模式需要满足一定的条件,不同程度的条件称作不同的范式。本节将在函数依赖的范畴内讨论第一范式(1NF)、第二范式(2NF)、第三范式(3NF)和 Boyce-Codd 范式(BCNF)。

6.3.1 原子域和第一范式(1NF)及进一步规范化

如果一个属性不具有任何子结构,即它是不可分的单元,则称这个属性为原子域。

如果一个关系模式的每一个属性都是原子域,即它的元组的每一个分量都是不可分的数据项,则称该关系模式为满足第一范式条件的关系模式,简称 1NF,是最基本的规范化。在第一范式的基础上进一步增加一些条件,则为第二范式(2NF)。以此类推,还有第三范式(3NF)、Boyce-Codd范式(BCNF)等。

所谓"第几范式"是表示关系模式满足的一定条件,所以经常称某一关系模式为第几范式的关系模式。然而,通常又把范式这个概念理解为符合某种条件的关系模式的集合,所以 R 为第二范式的关系模式也可以写成 R∈2NF。

各种不同的范式都是以对关系模式的属性间允许的数据依赖加以限制的形式表示的。本节在函数依赖的范围内讨论。

函数依赖 X→Y 不仅给出了对关系的值的限制,而且给出了数据库中应该存储的某种联系:从 X 的值应该知道与之联系的唯一 Y 值。若 X 不含码,则有麻烦了。原因如下:码是一个元组区别于其他元组的依据,同时也是一个元组赖以存在的条件,在一个关系中,不可能存在两个不同的元组在码属性上取值相同，也不可能存在码或码的一部分为空值的元组。若某关系模式的属性间有函数依赖 X→Y，而 X 又不包含码，那么在具有相同 X 值的所有元组中，某个特定的 Y 值就会重复出现，这是数据冗余，随之而来的是更新异常问题。某个 X 值与某个特定的 Y 值相联系，这是数据库中应存储的信息，但由于 X 不含码，这种 X 与 Y 相联系的信息可能因为码或码的一部分为空值而不能作为一个合法的元组在数据库中存在，这是插入异常或删除异常问题。

第二范式、第三范式和 Boyce-Codd 范式就是不同程度地限制关系模式中 X 不包含码的函数依赖 X→Y 的存在。

6.3.2 第二范式（2NF）

若关系模式 R ∈ 1NF，且每一个非主属性完全函数依赖于码，则 R ∈ 2NF。

2NF 就是不允许关系模式的属性之间有这样的函数依赖 X→Y，其中 X 是码的真子集，Y 是非主属性，即不允许有非主属性对码的部分函数依赖。

下面再看看 6.1 节中给出的那个“不好”的关系模式：

SUPPLIER（SNAME，SADDRESS，ITEM，PRICE）

其属性组上的函数依赖集是

F＝{SNAME→SADDRESS，（SNAME，ITEM）→PRICE}

显然（SNAME，ITEM）是码，SADDRESS，PRICE 是非主属性，SNAME→SADDRESS 是非主属性对码的部分函数依赖，所以关系模式 SUPPLIER ∉ 2NF。

6.1 节中指出的关系模式 SUPPLIER 的种种问题就是由于 SNAME→SADDRESS 这个函数依赖的存在造成的。SNAME 是码的真子集，可能在许多元组中 SNAME 取相同值，于是在这些元组中 SADDRESS 也取相同值，数据的冗余引起了更新异常。一旦 SNAME 的值确定，则 SADDRESS 的值也随之确定，这样的信息应存在于数据库中，但由于 SNAME 只是码的真子集，若码的其余部分值为空，即 ITEM 为空（这个供应商没有供应任何商品），则某供应商的地址是什么这样的有用信息无法作为一个元组存在于数据库中，这就是插入异常和删除异常的问题。

可以用分解的方法将一个非 2NF 的关系模式分解为多个 2NF 的关系模式。例如，将 SUPPLIER 分解为两个关系模式：

SUPPLIER1（SNAME，SADDRESS）

SUPPLY（SNAME，ITEM，PRICE）

其中 SUPPLIER1 的码是 SNAME，SUPPLY 的码是（SNAME，ITEM），就不再有非主属性对码的部分依赖，都是 2NF 的关系模式了。

6.3.3 第三范式（3NF）

若关系模式 R ∈ 2NF，且每一个非主属性都不传递依赖于码，则 R ∈ 3NF。

3NF 就是不允许关系模式的属性之间有这样的非平凡函数依赖 X→Y，其中 X 不包含码，Y 是非主属性。X 不包含码有两种情况，一种情况 X 是码的真子集，这是 2NF 不允许的，另一种情况 X 不是码的真子集，这是 3NF 不允许的。

前面曾考察过关系模式

S(SNO,NAME,BIRTHDATE,DNO,DEAN)

其属性组上的函数依赖集是

F = {SNO→NAME,SNO→BIRTHDATE,SNO→DNO,DNO→DEAN}

显然 SNO 是码,其余的属性都是非主属性。非主属性 DEAN 传递依赖于码 SNO,所以 S ∉ 3NF。但没有非主属性对码的部分依赖,所以 S ∈ 2NF。

关系模式 S 也存在数据冗余、更新异常、插入异常、删除异常等问题。这些问题是由于 DNO→DEAN这个函数依赖的存在造成的。DNO 不包含码,可能在许多元组中 DNO 取相同值,于是在这些元组中 DEAN 也取相同值,数据的冗余引起了更新异常。DNO 的值确定了,则 DEAN 的值也随之确定,这样的信息应存在于数据库中,但由于 DNO 不含码,则可能因为码值为空而不能将某系的系主任是谁这样的有用信息作为一个元组存入数据库中,这就是插入异常和删除异常的问题。

可以用分解的方法将一个非 3NF 的关系模式分解为多个 3NF 的关系模式。例如,将 S 分解为两个关系模式:

S1(SNO,NAME,BIRTHDATE,DNO)

DEPT(DNO,DEAN)

其中 S1 的码是 SNO,DEPT 的码是 DNO,就不再有非主属性对码的传递依赖,都是 3NF 的关系模式了。

6.3.4 Boyce-Codd 范式(BCNF)

若关系模式 R ∈ 1NF,且对于每一个非平凡的函数依赖 X→Y,都有 X 包含码,则 R ∈ BCNF。

BCNF 是 3NF 的进一步规范化,即限制条件更严格。3NF 不允许有 X 不包含码,Y 是非主属性的非平凡函数依赖 X→Y。BCNF 则不管 Y 是主属性还是非主属性,只要 X 不包含码,就不允许有 X→Y 这样的非平凡函数依赖。因此,若 R ∈ BCNF,则必然 R ∈ 3NF。然而,BCNF 又是概念上更加简单的一种范式,判断一个关系模式是否属于 BCNF,只要考察每个非平凡函数依赖 X→Y 的决定因素 X 是否包含码即可。

前面见到过关系模式

CSZ(CITY,ST,ZIP)

其属性组上的函数依赖集是

F = {(CITY,ST)→ZIP,ZIP→CITY}

(CITY,ST)和(ST,ZIP)是两个候选码,没有非主属性,自然 CSZ ∈ 3NF。但函数依赖 ZIP→CITY 的决定因素 ZIP 不包含码,所以 CSZ ∉ BCNF。

关系模式 CSZ 也存在问题,例如,若无街道信息,则一个邮政编码是哪个城市中的邮政编码这样的信息无法存在于数据库中。若将 CSZ 分解为两个关系模式:

ZC(ZIP,CITY)

SZ(ST,ZIP)

其中 ZC 的码是 ZIP,SZ 的码是(ST,ZIP),就不再有非平凡的函数依赖的决定因素中不包含码的情况,都是 BCNF 的关系模式了。

1NF、2NF、3NF、BCNF 的相互关系是:BCNF⊂3NF⊂2NF⊂1NF。

在函数依赖的范畴内,BCNF 达到了最高的规范化程度。

6.4 多值依赖和 4NF

6.4.1 多值依赖

在函数依赖的范畴内,BCNF 达到了最高的规范化程度。BCNF 的关系模式是否很完美呢?下面看一个例子。

关系模式 WSC(W,S,C)中,W 表示仓库,S 表示保管员,C 表示物品。假设每个仓库有若干个保管员,存放若干种物品,每种物品由存放仓库中的所有保管员负责保管。现有仓库、保管员、物品一组数据如图 6.2 所示。

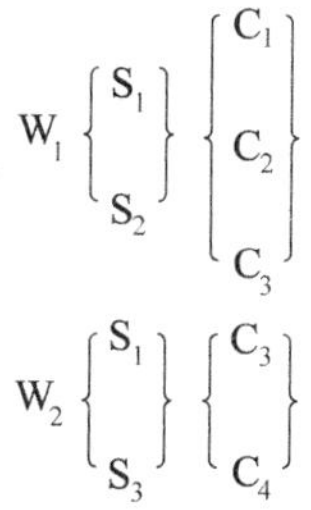

$$W_1 \left\{ \begin{matrix} S_1 \\ S_2 \end{matrix} \right\} \left\{ \begin{matrix} C_1 \\ C_2 \\ C_3 \end{matrix} \right\}$$

$$W_2 \left\{ \begin{matrix} S_1 \\ S_3 \end{matrix} \right\} \left\{ \begin{matrix} C_3 \\ C_4 \end{matrix} \right\}$$

图 6.2 关于仓库、保管员、物品的一组数据

这组数据表示成关系模式 WSC 的二维表,如图 6.3 所示。

WSC

W	S	C
W_1	S_1	C_1
W_1	S_1	C_2
W_1	S_1	C_3
W_1	S_2	C_1
W_1	S_2	C_2
W_1	S_2	C_3
W_2	S_1	C_3
W_2	S_1	C_4
W_2	S_3	C_3
W_2	S_3	C_4

图 6.3 图 6.2 数据对应的二维表

关系模式 WSC 的属性之间没有任何函数依赖,(W,S,C)是码,WSC $\in$ BCNF。但关系模式有明显数据冗余。若仓库 W_1 增加一个保管员 S_3,则必须插入 $W_1S_3C_1$、$W_1S_3C_2$、$W_1S_3C_3$ 三个元组；若仓库 W_2 减少一种物品 C_4，则必须删除 $W_2S_1C_4$、$W_2S_3C_4$ 两个元组。造成上述问题的原因是关系模式 WSC 的属性之间存在的一种称为多值依赖的数据依赖。

直观地，关系模式 WSC 中的多值依赖以如下形式表现出来：对于每一对 W、C 值，都有一组 S 值与之对应，这一组 S 值只依赖于 W 值，不依赖于 C 值。

多值依赖的定义是：设 R 是属性集 U 上的一个关系模式，X、Y 是 U 的子集，Z=U-X-Y。若在 R 的任一关系 r 中，只要存在元组 t、s，使得 t[X]=s[X]，就必然存在元组 w、v（w、v 可以与 s、t 相同），使得 w[X]=v[X]=t[X]=s[X]，而 w[Y]=t[Y]，w[Z]=s[Z]，v[Y]=s[Y]，v[Z]=t[Z]，则称 Y 多值依赖于 X，记为 X→→Y。

与函数依赖比较一下，函数依赖规定了某些元组不能出现在关系中。如果 A→B 成立，在关系中就不能有两个元组在 A 上的值相同而在 B 上的值不同。与此不同的是，多值依赖不是排除某些元组的存在，而是要求某种形式的其他元组存在于关系中。由于这个原因，函数依赖有时被称为相等产生依赖，而多值依赖被称为元组产生依赖。

若 X→→Y，而 Z=Φ，则称 X→→Y 为平凡的多值依赖。

在上面的关系模式 WSC 中，存在多值依赖 W→→S。

多值依赖具有以下性质。

① 若 X→→Y，则 X→→Z，其中 Z=U-X-Y，即多值依赖具有对称性。从关系模式 WSC 的例子可以看出，W→→S 的同时显然有 W→→C。

② 若 X→Y，则 X→→Y，即函数依赖可以看作多值依赖的特殊情况。因为当 X→Y 时，对于 X 的每一个值 x，都有 Y 的一个确定值 y 与之对应。也可以这样说：对于每一对 X、Z 值（Z=U-X-Y），都有 Y 的一个值与之对应，这个 Y 值只依赖于 X 值，不依赖于 Z 值。这符合对多值依赖 X→→Y 的描述，只是将 Y 的“一组值”换成“一个值”，因此函数依赖是多值依赖的特殊情况。

③ 设属性集之间的包含关系是 XY⊆W⊆U，那么当 X→→Y 在 R(U) 上成立时，X→→Y 也在 R(W) 上成立；反过来，当 X→→Y 在 R(W) 上成立时，X→→Y 在 R(U) 上不一定成立。即多值依赖的有效性与属性集的范围有关。这是因为多值依赖的定义中不仅涉及属性组 X、Y，而且涉及 U 中其余属性 Z。一般地，在 R(U) 上若有 X→→Y 在 R(W)（W⊂U）上成立，则称 X→→Y 为 R(U) 的嵌入型多值依赖。

比较一下，函数依赖 X→Y 只与属性集 X、Y 有关，与其他属性无关。只要 X→Y 在 R(XY) 上成立，则 X→Y 在任何 R(W) 上成立（XY⊆W⊆U）。

④ 若 X→→Y 在 R(U) 上成立，且 Y′⊂Y，不能断言 X→→Y′在 R(U) 上成立。这也是因为多值依赖的定义中涉及了 U 中除 X、Y 之外的其余属性 Z，考虑 X→→Y′是否成立时涉及的其余属性 Z′=U-X-Y′比确定 X→→Y 成立时涉及的其余属性 Z=U-X-Y 包含的属性列多，因此 X→→Y′不一定成立。

比较一下，若函数依赖 X→Y 在 R(U) 上成立，且 Y′⊂Y，那么肯定 X→Y′在 R(U) 上成立。

6.4.2　第四范式（4NF）

若关系模式 R∈1NF，且对于每一个非平凡的多值依赖 X→→Y（Y⊄X），都有 X 包含码，则 R∈4NF。

4NF 就是限制关系模式的属性之间不允许有非平凡且非函数依赖的多值依赖。因为根据定义,要求每一个非平凡的多值依赖 X→→Y(Y⊄X),都有 X 包含码,于是当然 X→Y,所以所允许的非平凡多值依赖实际上是函数依赖。

关系模式 WSC 中,W→→S、W→→C 都是非平凡的多值依赖,而 W 中又不含码(W,S,C),因此 WSC∉4NF。正是由于 W→→S、W→→C 这样的非平凡且非函数依赖的多值依赖的存在,造成了关系模式 WSC 的数据冗余问题。若将 WSC 分解为两个关系模式:

WS(W,S)

WC(W,C)

就不再有非平凡且非函数依赖的多值依赖,都是 4NF 的关系模式了。

虽然 4NF 是基于多值依赖的概念定义的,但 4NF 是 BCNF 的进一步规范化。容易证明,若 R∈4NF,则必然 R∈BCNF。于是有

$$4NF \subset BCNF \subset 3NF \subset 2NF \subset 1NF$$

6.5 关系模式的分解

在前两节中,为提高规范化程度,都是通过把低一级的关系模式分解为若干个高一级的关系模式来实现的。这样的分解使各关系模式达到某种程度的分离,让一个关系模式描述一类实体或实体间的一种联系,即采用所谓"一事一地"的设计原则。

然而,如何对关系模式进行分解呢?对于同一个关系模式可能有多种分解方案。例如,关系模式

S(SNO,DNO,DORMNO)

其属性组上的函数依赖集是

F={SNO→DNO,DNO→DORMNO}

即学号决定系号,系号决定宿舍楼号。

显然 S∉3NF。对关系模式 S 至少有三种分解方案。

分解 1:S11(SNO,DORMNO),S12(DNO,DORMNO)

分解 2:S21(SNO,DNO),S22(SNO,DORMNO)

分解 3:S31(SNO,DNO),S32(DNO,DORMNO)

每种分解方案得到的两个关系模式都属于 3NF(事实上,都属于 BCNF 和 4NF)。如何比较这三种分解方案的优劣呢?将一个关系模式分解为多个关系模式时,除提高规范化程度外还需要有什么别的考虑吗?回答是肯定的。

6.5.1 模式分解的等价标准

规范化过程中将一个关系模式分解为若干个关系模式,应该保证分解后产生的模式与原来的模式等价。常用的等价标准有两种:要求分解具有无损连接性和要求分解保持函数依赖。

1. 分解具有无损连接性

将一个关系模式 R<U,F>分解为若干个关系模式 R_1<U_1,F_1>,R_2<U_2,F_2>,…,R_n<U_n,F_n>(其中 $U=U_1 \cup U_2 \cup \cdots \cup U_n$,$F_i$ 为 F 在 U_i 上的投影),这意味着相应地将存储在一个二维表 r 中的数据分散到若干个二维表 $r_1,r_2,\cdots,r_n$ 中去(其中 r_i 是 r 在属性组 U_i 上的投影)。当然希望这

样的分解不丢失信息，也就是说，希望能通过对关系 $r_1, r_2, \cdots, r_n$ 的自然连接运算重新得到关系 r 中的所有信息。

事实上，将关系 r 投影为 $r_1, r_2, \cdots, r_n$ 时并不会丢失信息，关键是对 $r_1, r_2, \cdots, r_n$ 做自然连接时可能产生一些原来 r 中没有的元组，从而无法区别哪些元组是 r 中原来有的，即数据库中应该存在的数据，在这个意义上丢失了信息。

例如，设关系模式 S(SNO，DNO，DORMNO)在某一时刻的关系 r 如图 6.4 所示。

r

SNO	DNO	DORMNO
S_1	D_1	A
S_2	D_2	B
S_3	D_2	B
S_4	D_3	A

图 6.4 关系模式 S 在某一时刻的关系 r

若按分解 1 将关系模式 S 分解为 S_{11}(SNO，DORMNO)和 S_{12}(DNO，DORMNO)，则将 r 投影到 S_{11} 和 S_{12} 的属性上，得到关系 r_{11} 和 r_{12}，如图 6.5 所示。

r_{11}

SNO	DORMNO
S_1	A
S_2	B
S_3	B
S_4	A

r_{12}

DNO	DORMNO
D_1	A
D_2	B
D_3	A

图 6.5 分解 1 所得到的结果

做自然连接 $r_{11} \bowtie r_{12}$，得到 r′，如图 6.6 所示。

r′

SNO	DNO	DORMNO
S_1	D_1	A
S_1	D_3	A
S_2	D_2	B
S_3	D_2	B
S_4	D_1	A
S_4	D_3	A

图 6.6 自然连接 $r_{11} \bowtie r_{12}$ 的结果

r′中的元组(S_1，D_3，A)和(S_4，D_1，A)不是原来 r 中的元组。就是说，现在无法知道原来的 r 中到底有哪些元组，这当然不是所希望的结果。

设关系模式 $R<U,F>$ 分解为关系模式 $R_1<U_1,F_1>, R_2<U_2,F_2>, \cdots, R_n<U_n,F_n>$，若对于 R 的

任何一个可能的 r,都有 $r=r_1 \bowtie r_2 \bowtie \cdots \bowtie r_n$,即 r 在 $R_1, R_2, \cdots, R_n$ 上的投影的自然连接等于 r,则称关系模式 R 的这个分解是具有无损连接性的。

上面看到分解 1 不具有无损连接性,这是一个不好的分解方案。

在将一个关系模式分解为三个或更多个关系模式的情况下,要判别分解是否具有无损连接性需要比较复杂的算法。然而若将一个关系模式分解为两个关系模式,则很容易判别分解是否具有无损连接性。

将关系模式 R<U,F>分解为关系模式 R_1<U_1,F_1>,R_2<U_2,F_2>,如果 $(U_1 \cap U_2 \rightarrow U_1) \in F^+$,或 $(U_1 \cap U_2 \rightarrow U_2) \in F^+$,即 $U_1 \cap U_2$ 是 R_1 的候选码或是 R_2 的候选码,则这个分解一定是具有无损连接性的。

分解 1 将关系模式 S 分解为

$$S_{11}(SNO,DORMNO),S_{12}(DNO,DORMNO)$$

$U_1 \cap U_2$ = DORMNO,它既不是 S_{11}的码,也不是 S_{12}的码,由此可以断定分解 1 不是具有无损连接性的。

现在再考虑一下前述的分解方案 2,它将关系模式 S 分解为

$$S_{21}(SNO,DNO),S_{22}(SNO,DORMNO)$$

由于 $U_1 \cap U_2$ = SNO,显然 $U_1 \cap U_2$ 是 R_1 的候选码(实际上它也是 S_{22}的候选码),所以分解 2 具有无损连接性。然而下面马上会看到,分解 2 也不是一个很好的分解方案。

2. 分解保持函数依赖

再来看看分解 2,将前面例子中的关系 r 投影到 S_{21}和 S_{22}的属性上,得到关系 r_{21}和 r_{22},如图 6.7 所示。

r_{21}

SNO	DNO
S_1	D_1
S_2	D_2
S_3	D_2
S_4	D_3

r_{22}

SNO	DORMNO
S_1	A
S_2	B
S_3	B
S_4	A

图 6.7 分解 2 所得到的结果

假设学生 S_3 从 D_2 系转到 D_3 系,于是需要在 r_{21}中将元组(S_3,D_2)修改为(S_3,D_3),同时在 r_{22}中将元组(S_3,B)修改为(S_3,A)。如果这两个修改没有同时完成,数据库中就会存在不一致信息。这是因为分解得到的两个关系模式不是互相独立造成的。F 中的函数依赖 DNO→DORMNO 既没有投影到关系模式 S_{21}中,也没有投影到关系模式 S_{22}中,而是跨在两个关系模式上。函数依赖是数据库中的完整性约束条件。在 r 中,若两个元组的 X 值相等,则 Y 值也必须相等。现在 r 的一个元组中的 X 值和 Y 值跨在两个不同的关系中,为维护数据库的一致性,在一个关系中修改 X 值时就需要相应地在另一个关系中修改 Y 值,这当然是很麻烦而且容易出错的,因此有要求模式分解保持函数依赖这条等价标准。

设关系模式 R<U,F>分解为关系模式 R_1<U_1,F_1>,R_2<U_2,F_2>,⋯,R_n<U_n,F_n>,若 $F^+=(F_1 \cup$

$F_2 \cup \cdots \cup F_n)^+$,即F所逻辑蕴含的函数依赖一定也由分解得到的各个关系模式中的函数依赖所逻辑蕴含,则称关系模式R的这个分解是保持函数依赖的。

分解2不是保持函数依赖的,因为分解得到的关系模式中只有函数依赖 SNO→DNO 和 SNO→DORMNO,丢失了函数依赖 DNO→DORMNO。

分解3将关系模式 S(SNO,DNO,DORMNO)分解为

S31(SNO,DNO)

S32(DNO,DORMNO)

这个分解是保持函数依赖的。

6.5.2 关于模式分解的几个事实

关于关系模式的分解,有以下事实存在。

(1) 分解具有无损连接性和分解保持函数依赖是两个互相独立的标准。具有无损连接性的分解不一定保持函数依赖,例如上述的分解2;保持函数依赖的分解不一定具有无损连接性,例如,关系模式

SC(SNO,DNO,CNO,CREDIT)

其属性组上的函数依赖集为

$$F = \{SNO \rightarrow DNO, CNO \rightarrow CREDIT\}$$

分解为两个关系模式

SC1(SNO,DNO)

SC2(CNO,CREDIT)

这个分解是保持函数依赖的,但不具有无损连接性。

因此,关系模式的一个分解可能是具有无损连接性的,可能是保持函数依赖的,也可能是既具有无损连接性又保持函数依赖的。

(2) 若要求分解具有无损连接性,那么模式分解一定可以达到 BCNF,并进一步达到4NF。

(3) 若要求分解保持函数依赖,那么模式分解可以达到3NF,但不一定能达到 BCNF。

(4) 若要求分解既具有无损连接性,又保持函数依赖,则模式分解可以达到3NF,但不一定能达到 BCNF。

在此不再讨论模式分解的算法,有兴趣的读者可参阅有关参考书。

6.6 更多的范式

第四范式并不是"最终"的范式,除函数依赖和多值依赖外,还有一些其他类型的依赖,以及由这些类型的依赖所引出的范式。

正如前面看到的,多值依赖有助于理解并消除某些形式的信息重复,而这种信息重复用函数依赖是无法理解的。还有一种类型的约束称作连接依赖(Join Dependency),它概化了多值依赖。但连接依赖不像函数依赖和多值依赖可由语义直接导出,而是在关系的连接运算时才反映出来。如果消除了属于4NF的关系模式中存在的连接依赖,则进一步达到5NF的规范化程度。5NF(第五范式,fifth Normal Form)也称作投影-连接范式(Project-Join Normal Form,PJNF)。

进一步地，研究者还提出了域约束（Domain Constraints）和码约束（Key Constraints），以及一种称作域-码范式（Domain-Key Normal Form，DKNF）的范式。

使用这些一般化的约束的一个实际的问题是，它们不仅难以推导，而且也还没有形成一套具有正确有效性和完备性的推理规则用于约束的推导。因此 PJNF 和 DKNF 很少被使用。

6.7 数据库设计

如前所述，数据库设计的任务是针对一个给定的应用环境，在给定的（或选择的）硬件环境和操作系统及数据库管理系统等软件环境下，创建性能良好的数据库模式、建立数据库及其应用系统，使之能有效地存储和管理数据，满足各类用户的需求。

6.7.1 设计过程概览

数据库设计工作量大而且过程比较复杂，是一个庞大的软件工程。数据库设计包括结构特性的设计和行为特性的设计两方面的内容。结构特性的设计是指确定数据库的数据模型。数据模型反映了现实世界的数据及数据间的联系，要求在满足应用需求的前提下，尽可能减少冗余，实现数据共享。行为特性的设计是指确定数据库应用的行为和动作，应用的行为体现在应用程序中，所以行为特性的设计主要是应用程序的设计。

考虑数据库及其应用系统开发全过程，将数据库设计分为 6 个阶段：需求分析、概念结构设计、逻辑结构设计、物理结构设计、数据库实施、数据库运行和维护。数据库设计的各阶段可以和软件工程的各阶段对应起来，软件工程的某些方法和工具同样可以适用于数据库工程。数据库工程和传统的软件工程的区别在于：软件工程中比较强调行为特性的设计；在数据库工程中，由于数据库模型是一个相对稳定的并为所有用户共享的数据基础，所以数据库工程中更强调对于结构特性的设计，并与行为特性的设计结合起来。

下面对数据库设计过程中的概念结构设计、逻辑结构设计、物理结构设计这三个阶段的任务和方法做一简单介绍。

6.7.2 概念结构设计

数据库概念结构设计的任务是产生反映企业信息需求的数据库概念结构，即概念模型。概念模型是不依赖于计算机系统和具体的 DBMS 的。概念模型应具备以下特点。

（1）有丰富的语义表达能力。能表达用户的各种需求，包括描述现实世界中各种事物及事物之间的联系，能满足用户对数据的处理要求。

（2）易于交流和理解。概念模型是 DBA、应用系统开发人员和用户之间的主要交流工具。

（3）易于变动。概念模型要能灵活地加以改变，以反映用户需求和环境的变化。

（4）易于向各种数据模型转换，易于从概念模型导出与 DBMS 有关的逻辑模型。

设计概念结构的策略有如下几种。

（1）自顶向下：首先定义全局概念结构的框架，再逐步细化。

（2）自底向上：首先定义每一局部应用的概念结构，然后按一定的规则把它们集成，从而得到全局概念结构。

(3) 由里向外:首先定义最重要的那些核心结构,再逐渐向外扩充。

(4) 混合策略:把自顶向下和自底向上结合起来的方法。自顶向下设计一个概念结构的框架,然后以它为骨架再自底向上设计局部概念结构,并把它们集成起来。

最常用的设计策略是自底向上设计策略。

设计数据库概念模型的最著名、最常用的方法是 P.P.S.Chen 于 1976 年提出的实体-联系方法(Entity-Relationship Approach),简称 E-R 方法。它采用 E-R 模型将现实世界的信息结构统一用实体、属性以及实体之间的联系来描述。

E-R 模型中采用的基本术语,例如实体、属性、联系等,以及用 E-R 图直观地表示 E-R 模型的方法在第 2 章已经做了介绍。下面主要讨论采用 E-R 方法进行数据库概念结构设计应该如何进行。设计过程可分为三步。

(1) 设计局部 E-R 模型

包括确定局部 E-R 结构的范围,定义属性,定义实体,定义联系,等等。

(2) 设计全局 E-R 模型

这一步是将所有局部的 E-R 图集成为全局的 E-R 图,即全局的概念模型。

把局部 E-R 图集成为全局 E-R 图时,可以采用一次将所有的局部 E-R 图集成在一起的方式,也可以采用逐步集成、累加的方式,一次只集成两个局部 E-R 图,这样复杂度较低。

当将局部的 E-R 图集成为全局的 E-R 图时,可能存在三类冲突。

① 属性冲突:包括类型、取值范围、取值单位的冲突。

② 结构冲突:例如同一对象在一个局部 E-R 图中作为实体,而在另一个局部 E-R 图中作为属性;同一实体在不同的 E-R 图中属性个数和类型不同等。

③ 命名冲突:包括实体类型名、联系类型名之间异名同义或同名异义等。

属性冲突和命名冲突通常用讨论、协商等行政手段解决;结构冲突则要认真分析后用技术手段解决,例如把实体变换为属性或属性变换为实体,使同一对象具有相同的抽象,又如,取同一实体在各局部 E-R 图中属性的并作为集成后该实体的属性集,并对属性的取值类型进行协调统一。

(3) 全局 E-R 模型的优化

一个好的全局 E-R 模式除能反映用户功能需求外,还应满足下列条件:实体类型个数尽可能少,实体类型所含属性尽可能少,实体类型间联系无冗余。优化就是要达到这三个目的,优化的步骤包括相关实体类型的合并(一般把具有相同码的实体类型进行合并),冗余属性的消除,冗余联系的消除。但要注意效率,根据具体情况可存在适当冗余。图 6.8 是两个局部 E-R 图集成的全局 E-R 图的示例。

6.7.3 逻辑结构设计

逻辑结构设计的目的是从概念模型导出特定的 DBMS 可以处理的数据库的逻辑结构(数据库的模式和外模式),这些模式在功能、性能、完整性和一致性约束及数据库可扩充性等方面均应满足用户提出的要求。

特定的 DBMS 可以支持的数据模型包括层次模型、网状模型、关系模型、面向对象模型等。下面仅对概念模型向关系模型的转换进行讨论。

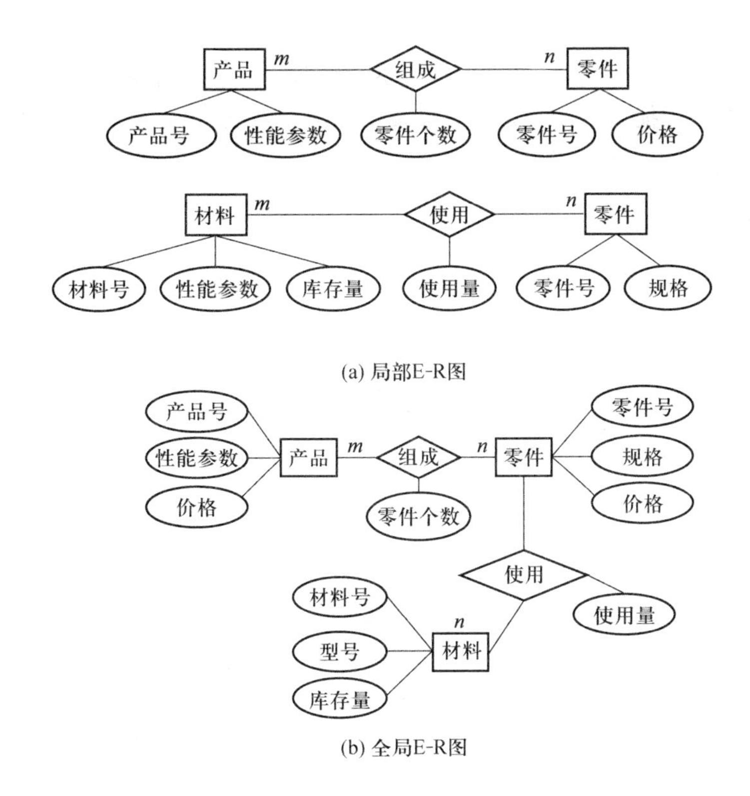

图 6.8 集成局部 E-R 模型为全局 E-R 模型

E-R 模型向关系模型转换的规则是:

① 一个实体类型转换成一个关系模式,实体的属性就是关系的属性,实体的码就是关系的码。

对于实体之间联系的转换则有以下不同的情况(②~⑤):

② 一个 1∶1 联系可以转换为一个独立的关系模式,也可以与联系的任意一端实体所对应的关系模式合并。如果转换为一个独立的关系模式,则与该联系相连的各实体的码以及联系本身的属性均转换为关系的属性,每个实体的码均是该关系的候选码。如果与联系的任意一端实体所对应的关系模式合并,则需要在该关系模式的属性中加入另一个实体的码和联系本身的属性。

③ 一个 1∶n 联系可以转换为一个独立的关系模式,也可以与联系的 n 端实体所对应的关系模式合并。如果转换为一个独立的关系模式,则与该联系相连的各实体的码以及联系本身的属性均转换为关系的属性,而联系的码为 n 端实体的码。如果与联系的 n 端实体所对应的关系模式合并,则需要在该关系模式的属性中加入 1 端实体的码和联系本身的属性。

④ 一个 m∶n 联系转换为一个关系模式。与该联系相连的各实体的码以及联系本身的属性均转换为关系的属性,而关系的码为各实体码的组合。

⑤ 3 个或 3 个以上的实体间的多元联系转换为一个关系模式。与该多元联系相连的各实体的码以及联系本身的属性均转换为关系的属性,而关系的码为各实体码的组合。

具有相同码的关系模式可合并。

转换得到的关系模式需要根据规范化理论进行规范化处理。规范化过程实际上是一个关系模式分解的过程，对于转换得到的规范化程度较低的关系模式进行分解，以达到所要求的更高的规范化程度。

6.7.4　物理结构设计

数据库的物理设计是对已确定的逻辑数据库结构，利用 DBMS 所提供的方法、技术，以较优的存储结构、数据存取路径、合理的数据存放位置以及存储分配，设计出一个高效的、可实现的物理数据库结构。物理设计常常包括某些操作约束，如响应时间与存储要求等。

由于不同的 DBMS 所提供的硬件环境和存储结构、存取方法不同，提供给数据库设计人员的系统参数及其变化范围不同，因此物理结构设计没有一个放之四海而皆准的准则，只能提供一些供参考的技术和方法。

物理结构的大致内容如下。

(1) 存储记录的格式设计

分析数据项类型特征，对存储记录进行格式化，确定如何进行数据压缩或代码化。使用“记录的垂直分割”方法，对含有较多属性的关系，按其中属性的使用频率不同进行分割；或使用“记录的水平分割”方法，对含有较多记录的关系，按某些条件进行分割。并把它们定义在相同或不同类型的物理设备上，或同一设备的不同区域上，从而使访问数据库的代价最小，提高数据库的性能。

(2) 存储方法设计

物理设计中最重要的一个考虑是把存储记录在全范围内进行物理安排。包括：

① 顺序存放，平均查询次数为关系的记录个数的二分之一。

② 散列存放，查询次数由散列算法决定。

③ 聚簇(Cluster)存放。记录“聚簇”是指将不同类型的记录分配到相同的物理区域中去，充分利用物理顺序性优点，提高访问速度。也就是使经常在一起使用的记录聚簇在一起，以减少物理 I/O 次数。

(3) 存取方法设计

存取方法设计为存储在物理设备上的数据提供数据访问的路径。索引是数据库中一种非常重要的数据存取路径。在存取方法设计中要确定建立何种索引，以及在哪些表和属性上建立索引。

通常情况下，对于数据量很大、需要做频繁查询的表建立索引，并且选择将索引建立在经常用作查询条件的属性或属性组以及经常用作连接属性的属性或属性组上。

6.8　规范化理论在数据库设计中的应用

规范化理论是数据库设计的理论基础，它可以应用到数据库设计的不同阶段中。

在概念结构设计阶段，可以以规范化理论为指导“规范化”E-R 图中的实体。当进行概念结构设计，识别出所有的实体时，有可能在一个实体的属性间存在函数依赖。例如，假设“职工”实

体中除其他属性外还包含属性“部门号”和“部门地址”,有一个函数依赖

部门号→部门地址

这样的实体如果转换为关系,则是一个未达到 3NF 的关系。可以在概念结构设计时对 E-R 图中的实体进行“规范化”,从“职工”实体中去掉“部门地址”属性;创建一个包含属性“部门号”“部门地址”的“部门”实体;并建立一个“职工”实体与“部门”实体之间的联系。

函数依赖有助于设计人员检测到不好的 E-R 模型设计。如果在从 E-R 模型向关系转换时得到的关系不属于希望的范式,问题也许在 E-R 设计中。因此,如果在概念结构设计阶段引入规范化理论做指导,那么一般说来,在从 E-R 模型向关系转换时得到的关系将是规范化程度较高的。

当然规范化理论最主要的应用是在数据库逻辑结构设计阶段,当 E-R 模型向关系的转换完成后,逐一检查转换得到的各个关系模式,如果某些关系模式未达到应用所要求的规范化程度,则进行关系模式的分解。

前面总是强调为消除“不好”的关系模式的数据冗余等种种不良特性而对关系模式进行分解,提高关系模式的规范化程度。有时候数据库设计者会希望要包含冗余信息的模式,即规范化程度较低的模式,目的是提高性能。例如,在银行应用中,规范化的模式是:

account(account-number,depositor-number,balance)

depositor(depositor-number,depositor-name,depositor-address)

其中 account 关系是关于储蓄账户的信息,depositor 关系是关于存款人的信息。假设每次查询储蓄账户的存款余额时,都希望同时查到存款人的姓名和地址,这就需要进行 account 和 depositor 两个关系的连接。

一个避免进行连接计算的方法是保存一个包含 account 和 depositor 的所有属性的关系account-depositor:

account-depositor(account-number,depositor-number,depositor-name,depositor-address,balance)

这使得显示账户信息更快。然而 account-depositor 关系的规范化程度只达到 2NF。如果一个人持有多个账户,他的姓名和地址就会重复存储多次,当他的地址变更时,就必须更新所有的副本。把一个规范化的模式变成非规范化的过程称为解除规范化(Denormalization),适当地解除规范化可以提高对响应时间要求严格的系统的性能。保持高的规范化程度以避免数据冗余等毛病,还是降低规范化程度而追求高查询性能,这是一个设计权衡问题。

6.9 小结

本章内容为关系数据库的规范化理论与数据库设计。

首先通过直观的例子阐述了“不好”的关系模式中存在哪些问题,“好”的关系模式应该具备什么性质。

然后给出了函数依赖和与之相关的若干术语的定义,以及函数依赖的公理系统中的推理规则,这是要求读者必须深入理解并能实际应用的。

本章中给出了基于函数依赖的第一范式(1NF)、第二范式(2NF)、第三范式(3NF)和 Boyce-

Codd 范式(BCNF)的定义,并通过例子进行了说明。读者应该深入理解这些定义,并能判断给定的关系模式的规范化程度。

本章中给出了多值依赖的定义和多值依赖的性质,读者应该掌握这些性质,并深入理解多值依赖与函数依赖的不同之处。

本章中给出了基于多值依赖的第四范式的定义,并通过例子进行了说明。读者应该深入理解此定义,并能判断给定的关系模式是否达到第四范式的规范化程度。

本章中给出了关系模式分解的等价标准:分解具有无损连接性和分解保持函数依赖。读者应该深入理解这些等价标准,并能判断对于给定关系模式的分解是否达到一定的等价标准。

本章中阐述了数据库设计的过程和设计中需要解决的问题,以及规范化理论在数据库设计各个阶段中的作用。读者应全面理解这些内容,并重点掌握数据库逻辑结构设计中 E-R 模型向关系模型转换的规则。

习题

一、单选题

1. 下列哪一条不是由于关系模式设计不当所引起的?

A) 数据冗余

B) 插入异常

C) 更新异常

D) 丢失修改

2. 下列关于函数依赖的叙述中,哪一条是错误的?

A) 由 $X \to Y, X \to Z$,有 $X \to YZ$

B) 由 $XY \to Z$,有 $X \to Z, Y \to Z$

C) 由 $X \to Y, WY \to Z$,有 $XW \to Z$

D) 由 $X \to Y$ 及 $Z \subseteq Y$,有 $X \to Z$

3. 设 U 是所有属性的集合,X、Y、Z 都是 U 的子集,且 $Z=U-X-Y$。下列关于多值依赖的叙述中,哪一条是错误的?

A) 若 $X \to\to Y$,则 $X \to\to Z$

B) 若 $X \to Y$,则 $X \to\to Y$

C) 若 $X \to\to Y$,且 $Y' \subset Y$,则 $X \to\to Y'$

D) 若 $Z=\Phi$,则 $X \to\to Y$

4. 设有关系模式 R(S,D,M),其函数依赖集 $F=\{S \to D, D \to M\}$,则关系 R 的规范化程度至多达到

A) 1NF

B) 2NF

C) 3NF

D) BCNF

5. 下列关于模式分解的叙述中,哪一条是正确的?

A) 若一个模式分解具有无损连接性,则该分解一定保持函数依赖

B) 若一个模式分解保持函数依赖,则该分解一定具有无损连接性

C) 模式分解可以做到既具有无损连接性,又保持函数依赖

D）模式分解不可能做到既具有无损连接性，又保持函数依赖

6. 数据库设计的概念结构设计阶段，表示概念结构的常用方法和描述工具是

A）层次分析法和层次结构图

B）数据流程分析法和数据流程

C）结构分析法和模块结构图

D）实体-联系方法和 E-R 图

7. 在数据库设计的各阶段中，每个阶段都有自己的设计内容，“为哪些表，在哪些属性上建立什么样的索引”这一设计内容应该属于

A）概念结构设计阶段

B）逻辑结构设计阶段

C）物理结构设计阶段

D）运行和维护阶段

二、多选题

8. 下列关于规范化理论的叙述中，哪些是正确的？

A）规范化理论研究关系模式中各属性之间的依赖关系及其对关系模式性能的影响

B）规范化理论提供判断关系模式优劣的理论标准

C）规范化理论对于关系数据库设计具有重要指导意义

D）规范化理论最主要的应用是在数据库逻辑结构设计阶段

E）在数据库设计中有时会适当地降低规范化程度而追求高查询性能

9. 下列哪些条不属于 Armstrong 公理系统中的基本推理规则？

A）若 $Y \subseteq X$，则 $X \rightarrow Y$

B）若 $X \rightarrow Y$，则 $XZ \rightarrow YZ$

C）若 $X \rightarrow Y$，且 $Z \subseteq Y$，则 $X \rightarrow Z$

D）若 $X \rightarrow Y$，且 $Y \rightarrow Z$，则 $X \rightarrow Z$

E）若 $X \rightarrow Y$，且 $X \rightarrow Z$，则 $X \rightarrow YZ$

10. 有关系模式 R(A,B,C,D,E)，根据语义有如下函数依赖集：$F = \{A \rightarrow C, BC \rightarrow D, CD \rightarrow A, AB \rightarrow E\}$。下列属性组中，哪些是关系 R 的候选码？

A）(A,B)

B）(A,D)

C）(B,C)

D）(C,D)

E）(B,D)

参考答案

一、单选题

1. D　2. B　3. C　4. B　5. C　6. D　7. C

二、多选题

8. ABCDE　9. CE　10. AC

第7章 数据库系统实现技术

数据库系统是对大量数据进行存储、管理、处理和维护的软件系统，是现代计算环境中的一个核心成分。各行各业的大型信息系统基本上都是以数据库为核心的。数据库系统为企业业务的有效处理提供强有力的支持。为了实现对数据库系统中大量数据的有效管理，必须研究数据库系统实现技术和提供数据库管理软件。

数据库管理系统是实现对数据库系统中的数据进行有效管理的复杂的系统软件，它支持对于持久存储的大量数据进行高效存取，支持强有力的查询语言，支持以看起来是原子的和独立于其他事务的方式并发执行的持久的事务。

本章首先简单介绍数据库管理系统的基本概念和主要功能，以及数据库管理系统的框架、主要成分和工作流程，然后对数据库管理系统的三个主要部件存储管理器、查询处理器和事务管理器的原理和实现机制分别进行阐述。

本章的考核目标是：

- 了解数据库管理系统包括的几项基本功能，每一项基本功能的含义；
- 了解数据库管理系统包括的几个主要成分，每一个成分的主要作用，以及数据库管理系统的工作流程；
- 了解计算机物理存储介质层次结构，重点了解磁盘存储器的物理特性；
- 了解数据存储组织、缓冲区管理、数据字典、索引结构的基本概念，掌握两种主要的索引结构：B+树索引和散列索引的构造和查询方法；
- 了解查询处理的基本步骤，理解选择运算和连接运算的最基本的实现算法；
- 深入理解关系代数表达式转换的等价规则，并能将这些规则实际应用到关系代数表达式的等价转换中；
- 深入理解事务的概念和事务的ACID特性的含义，了解事务管理器中保证这些特性的机制是什么；
- 了解主要的故障类型和基于日志的故障恢复的基本思想，理解日志的内容和基于日志的故障恢复的基本步骤；
- 了解事务并发执行时可能出现的问题，深入理解可串行化调度、可恢复调度和无级联调度的概念，以及基于封锁的并发控制机制。

7.1 数据库管理系统概述

数据库管理系统是在操作系统支持下的一个复杂的功能强大的系统软件，对数据库进行统一管理和控制。

7.1.1 数据库管理系统的基本功能

数据库管理系统为用户提供的功能主要包括以下几个方面。

① 数据定义功能:允许用户使用专门的数据定义语言(DDL)来对数据库的结构进行描述,包括外模式、模式、内模式的定义,数据库完整性的定义,安全保密的定义(如用户口令、级别、存取权限等),索引的定义,视图的定义,等等。这些定义存储在数据字典(亦称为系统目录)中,是DBMS运行的基本依据。

② 数据操纵功能:支持用户使用表达能力强且易学易用的数据操纵语言(DML)或查询语言(query language)来表达对数据库中数据所要进行的检索、插入、更新和删除操作,高效地执行用户所表达的对数据库中数据的操作请求。

③ 数据存储和管理功能:支持对大量的各种类型数据的组织、存储和管理,包括用户数据、索引、数据字典等的存储管理。采用良好的存储结构以高效利用存储空间,提供多种存取方法以提高数据存取效率,采取有效的手段防止对数据意外的或非授权的访问。

④ 事务管理功能:提供对事务概念的支持和事务管理能力。支持对数据的并发存取,即多个不同的事务同时对数据进行存取,避免同时访问可能造成的不良后果,并保证数据库具有从多种类型的故障中恢复的能力。

⑤ 其他功能:包括与网络中其他软件系统的通信功能、一个DBMS与另一个DBMS或文件系统的数据转换功能、异构数据库之间的互访和互操作功能、对新的高级应用提供支持的能力等。

7.1.2 数据库管理系统的主要成分和工作流程

数据库管理系统包括以下三个主要成分。

① 存储管理器:高效地利用辅助存储器来存放数据,并使得数据能够被快速存取。具体负责外存储器中的数据存储管理和访问、索引的建立和管理、内存中的缓冲区管理等。

② 查询处理器:高效地执行用SQL等高级语言表达的数据查询和修改操作。具体负责DDL编译、数据安全性定义和安全性控制、数据完整性定义和完整性控制、查询编译、查询优化、查询执行等。

③ 事务管理器:对并发执行的事务进行有效的管理,使之具有ACID特性。具体负责事务管理、并发控制、日志管理与故障恢复等。

图7.1所示为数据库管理系统的主要成分和工作流程,其中单线框表示系统成分,双线框表示内存数据结构。实线表示控制和数据流,虚线表示仅是数据流。

图中的存储管理器、缓冲区管理器、索引/文件/记录管理器都是存储管理器中的重要模块,DDL编译器、查询编译器、执行引擎都是查询处理器中的重要模块,事务管理、日志和恢复、并发控制都是事务管理器中的重要模块。缓冲区和锁表是DBMS管理的重要的内存结构。

在后面各节中,将分别对存储管理、查询处理和事务管理的原理及实现机制进行简单介绍。

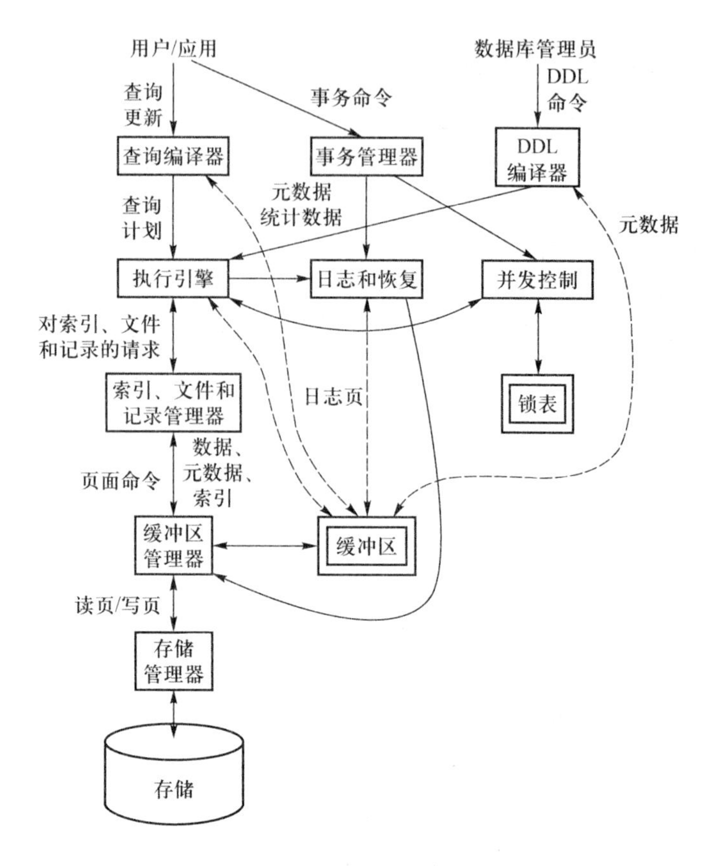

图7.1 数据库管理系统的主要成分和工作流程

7.2 存储管理

数据库中的数据以二进制形式存储在一个或多个存储设备中。一般说来,数据库系统将数据存储在磁盘上,并在需要时将数据调入内存进行处理。

存储管理器是数据库管理系统中的一个重要组成部分,它负责高效地利用辅助存储器来存放数据,并使得数据能够被快速存取。存储管理器负责管理的数据包括目标数据、元数据、索引和日志等。在本节中首先对计算机的物理存储介质做一简单介绍,然后讨论存储管理器如何对数据进行存储组织,以及采用何种表示方式和数据结构来对数据的快速存取提供有效的支持。

7.2.1 物理存储介质简介

大多数计算机系统中存在多种类型的数据存储介质。根据访问数据的速度、购买介质时每单位数据的成本,以及介质的可靠性,可以对这些存储介质划分层次,如图7.2所示。

(1) 高速缓冲存储器

高速缓冲存储器是最快最昂贵的存储介质。高速缓冲存储器一般很小,由计算机系统硬件来管理它的使用。在数据库系统中,不需要考虑高速缓冲存储器的存储管理。

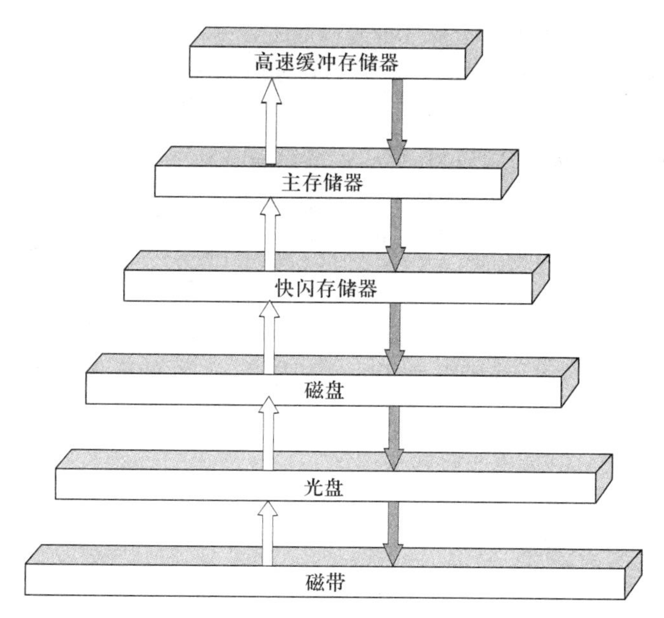

图 7.2 存储设备层次结构

(2) 主存储器

主存储器是用于存放可被 CPU 直接处理的数据的存储介质。机器指令在主存储器中执行，对数据进行操作。尽管主存储器可以包含几个 GB 的数据，在大型服务器系统中甚至数百个 GB 的数据，但是一般情况下它对于存储整个数据库来说还是太小(或太昂贵)。如果发生电源故障或者系统崩溃，主存储器中的内容通常会丢失。

(3) 快闪存储器

快闪存储器不同于主存储器的地方是在电源关闭(或故障)时数据可被保存下来。相比于主存储器，快闪存储器拥有每字节更低的价格，以及具有非易失性，即便电源被切断，它也能保留存储的数据。快闪存储器还被广泛地用于“USB 盘”中存储数据，它可以插入电脑设备的通用串行总线(USB)槽。这种 USB 盘已经成为在计算机系统之间传输数据的主要手段。在存储中等数量数据时，快闪存储器也作为磁盘存储器的替代品越来越多地被使用。

(4) 磁盘存储器

用于长期联机数据存储的主要介质是磁盘。通常整个数据库都存储在磁盘上。为了能够访问到数据，系统必须将数据从磁盘移到主存储器。在完成指定的操作后，被修改过的数据必须写回磁盘。一般计算机的磁盘容量从数百个 GB 到几个 TB($1\ TB = 10^{12}$ Byte)不等，并且磁盘容量以大约每年 50%的速度增长，所以每年都可以预期有更大容量的磁盘出现。磁盘存储器不会因为系统故障和系统崩溃丢失数据。磁盘存储设备本身有时可能会发生故障，导致数据的毁坏，但是发生磁盘故障的概率比发生系统崩溃的概率小得多。

(5) 光盘存储器

数据通过光学的方法存储到光盘上，并通过激光器读取。数字万能光盘(DVD)的每一盘面可以容纳 4.7 GB 或者 8.5 GB 的数据(一张双面光盘最大可以容纳 17 GB 的数据)。用于只读 DVD 的光盘是不可写的，但是提供预先记录的数据。有些“记录一次”的 DVD 盘只可以被写一次,这样的光盘也称为写一次读多次光盘。也有“写多次”的光盘。自动光盘机系统包含少量驱动器和大量可按要求(通过机械手)自动装入某一驱动器的光盘。

(6) 磁带存储器

磁带存储主要用于备份数据和归档数据。尽管磁带比磁盘便宜得多,但是访问数据也比磁盘慢得多,这是因为磁带必须从头开始顺序访问。因为这个原因,磁带存储被称为顺序访问的存储。相对而言,磁盘存储被称为直接访问的存储,因为它可以从磁盘的任何位置读取数据。磁带具有很大的容量(现在的磁带可以容纳 40 GB 到 300 GB 的数据),并且可以从磁带设备中移出,因此它们非常适合进行便宜的归档存储。磁带库(自动磁带机)用于存储异常巨大的数据集合,比如可能有几百 TB 的卫星数据,或少数情况下甚至是若干 PB 的数据(1 PB = 10^{15} Byte)。

在这个层次结构中,存储介质的层次越高,它的成本就越高,速度就越快。当沿着层次结构向下,存储介质的价格下降,但是访问时间会增加。

最快的存储介质(例如高速缓冲存储器和主存储器)称为基本存储。层次结构中基本存储介质的下一层介质(例如磁盘存储器)称为辅助存储或联机存储。层次结构中最底层的介质(如磁带机和自动光盘机)称为第三级存储或脱机存储。

不同存储介质除了速度和价格不同外,还存在一个存储易失性的问题。易失性存储器在设备断电后将丢失所有内容。在图 7.2 所示的层次结构中,高速缓冲存储器和主存储器属于易失性存储器,第二级和第三级存储器是非易失性存储器,即使设备断电,所存储的内容也不会丢失。在缺少由昂贵的电池和发电机组成的后备电源系统时,为了保护数据,必须将数据写到非易失性存储器中去。

7.2.2 磁盘存储器

数据库系统中,一般采用磁盘作为数据存储介质。发生改变的数据必须写到非易失性的磁盘上,才能认为改变的数据已成为数据库的一部分。

下面对磁盘存储器做进一步介绍。

磁盘的物理结构如图 7.3 所示。磁盘的每一个盘片是扁平的圆盘。它的两个表面都覆盖着磁性物质,信息就记录在盘面上。盘面被逻辑地划分为磁道,磁道又被划分为扇区,扇区是从磁盘读出和写入信息的最小单位,扇区之间有小的间隙。每个磁盘有 5~10 个盘片,即 10~20 个盘面;每一个盘面有 50 000~100 000 个磁道;每个磁道有数百个扇区;扇区的大小一般为 512~4 096 个字节。一个典型的磁盘的容量可以通过如下的计算得到:

16(盘面)×65 536(磁道)×256(扇区)×4 096(字节)= $2^4\times2^{16}\times2^8\times2^{12}=2^{40}$(字节) = 1 TB

磁盘的每个盘面都对应一个读写头,读写头通过在盘面上移动来访问不同的磁道。一个磁盘的各盘面的所有读写头被安装在一个被称为磁盘臂的装置上,所有读写头随着磁盘臂一起移动。安装在转轴上的所有磁盘盘片和安装在磁盘臂上的所有读写头总称为磁头—磁盘装置。因为所有盘片上的读写头一起移动,所以当某一个盘面的读写头在第 i 个磁道上时,所有其他盘面的读写头也都在各自盘面的第 i 个磁道上。由此,所有盘面的第 i 个磁道合在一起被称为第 i 个柱面。

当磁盘被使用时,驱动电机使磁盘以很高的恒定速度旋转。位于盘面上方的读写头读出经过它下方的磁道中的信息,或通过反转磁性物质磁化的方向,将信息磁化存储到盘面中。

磁盘控制器是计算机系统和磁盘驱动器硬件之间的接口,它通常在磁盘驱动单元内部实现。

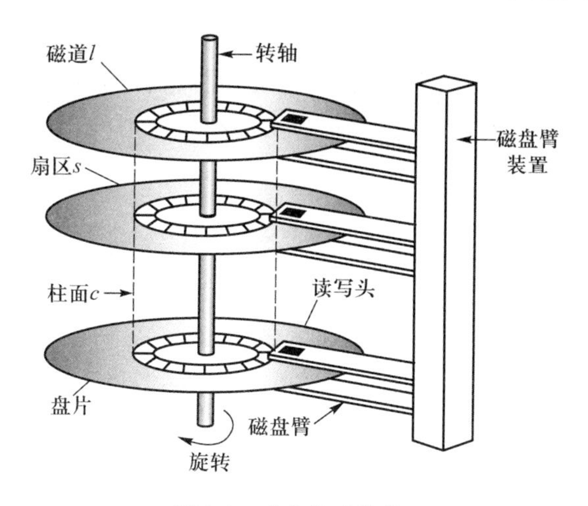

图 7.3 磁盘物理结构

磁盘控制器接受高层次的读写扇区的命令，并执行相应的动作。

磁盘访问时间是从发出读写请求到数据开始传输之间的时间。为了访问磁盘上指定扇区的数据，磁盘臂必须移动以定位到正确的磁道，然后等待磁盘旋转，直到指定的扇区出现在它下方。磁盘臂重定位的时间称为寻道时间，它随磁盘臂移动距离的增大而增大。典型的寻道时间在 2～30 ms之间，依赖于目的磁道距离磁盘臂的初始位置有多远。平均寻道时间是寻道时间的平均值，在 4～10 ms 之间。一旦读写头到达了所需的磁道，等待被访问的扇区出现在读写头下所花费的时间称为旋转等待时间。现在一般的磁盘转速在每分钟 5 400 转（每秒 90 转）到每分钟 15 000 转（每秒 250 转）之间。平均情况下，磁盘需要旋转半周才能使所要访问的扇区处于读写头的下方。因此磁盘的平均旋转等待时间是磁盘旋转一周时间的二分之一，为 5～10 ms。磁盘访问时间是寻道时间和旋转等待时间的总和，范围为 8～20 ms。一旦被访问数据的第一个扇区来到读写头下方，数据传输就开始了。数据传输率是从磁盘获得数据或者向磁盘存储数据的速率。目前的磁盘系统的最大数据传输率为 25～100 MBps。

在数据库系统中，长期保存的数据存放在磁盘而不是内存中。当需要处理时，将数据从磁盘读取到内存中。磁盘块是磁盘空间分配的基本单位，也是在磁盘与主存之间传输数据的逻辑单元，一个磁盘块由一个或多个扇区所组成。由于执行磁盘读写所花费的时间比用于操纵主存中的数据所花费的时间长得多，所以在考虑数据库系统中的算法执行效率时，应该将块访问次数（即磁盘块 I/O）作为算法所需要的时间的近似值，应该将它最小化。

7.2.3 加速对辅助存储器的访问

可以做一些事来减少磁盘的平均访问时间，从而提高吞吐量。可以考虑如下一些加速数据库访问磁盘的技术。

（1）按柱面组织数据

由于寻道时间约占平均块访问时间的一半，因此可以将一些可能经常被一起访问的数据（例如同一个关系中的元组）存储在同一个柱面上或几个邻近的柱面上，这样可以避免频繁的寻道操作，也可以缩短旋转等待时间。

(2) 采用多个磁盘存储数据

用多个磁盘(每个磁盘都具有独立磁头组)存储数据,而不是用单个磁盘(其多个磁头锁定在一起),让更多的磁头组分别去访问磁盘块,可增加在单位时间内的磁盘块访问数量,从而提高系统的性能。

(3) “镜像”磁盘

用两个或更多的磁盘保留同样的数据副本,这些磁盘被称作相互镜像。该策略除了可以保存数据副本以备某个磁盘损坏时数据不丢失之外,还可以让更多的磁头组分别去访问多个磁盘块,以提高性能。

(4) 磁盘调度和电梯算法

提高磁盘系统吞吐率的另一个有效方法是让磁盘控制器在若干个请求中选择读写所请求的块的顺序,这就是磁盘调度。磁盘调度的一个简单而有效的方法被称为电梯算法,即在磁头作横跨磁盘各柱面的扫描的过程中,模仿电梯调度的算法。当磁头通过某柱面时,如果有一个或多个对该柱面上的块的请求,磁头就停下来,根据请求读写对被请求块进行,然后磁头沿着其正在行进的同一方向继续移动,直至遇到下一个包含要访问块的柱面。当磁头到达其行进方向上的某一个位置时,在该位置的前方不再有访问请求,磁头就朝相反方向移动。

(5) 预取和大规模缓冲

在一些应用中,能够预测从磁盘请求块的顺序。如果这样,就能在需要这些块之前将它们装入主存。这样做的好处是能较好地调度磁盘,通过采用诸如电梯算法等,减少访问块所需要的平均时间。

7.2.4 数据存储组织

一个数据库被映射为多个不同的文件,这些文件由底层的操作系统来维护。这些文件永久地存在于磁盘上,具体地说,存放在磁盘块中。磁盘的物理特性和操作系统决定了磁盘块具有固定的大小,但是记录的大小可以不同。在关系数据库中,不同关系中的元组通常有不同的大小。

把数据库映射到文件的一种方法是使用多个文件,在任意一个文件中只存储一个固定长度的记录。另一种选择是使一个文件能够容纳多种长度的记录。变长记录文件比定长记录文件具有更大的灵活性,而定长记录文件比变长记录文件更容易实现。

为了将大小不同的记录组织在同一个磁盘块中,常常采用分槽的页结构,如图 7.4 所示。每个块的开始处有一个块头,其中包含以下信息:

- 块中记录的数目;
- 块中空闲空间的末尾处;
- 一个由包含记录位置和大小的条目组成的数组。

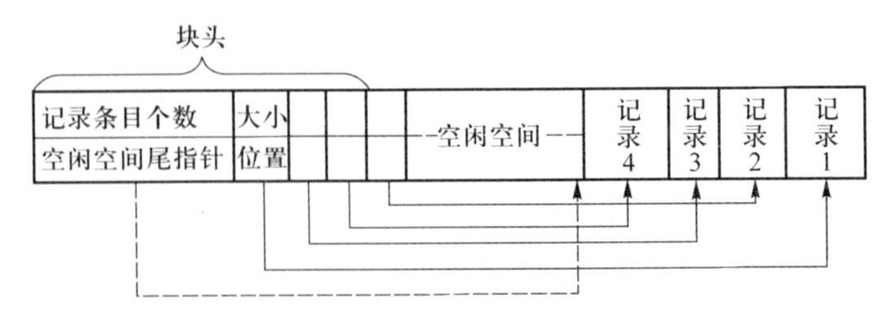

图 7.4 分槽的页结构

实际记录从块的尾部开始连续排列。块中空闲空间是连续的,在块头数组的最后一个条目和第一条记录之间。如果插入一条记录,在空闲空间的尾部给这条记录分配空间,并且将包含这条记录大小和位置的条目加到块头中。

如果一条记录被删除,它所占用的空间被释放,并且它对应的条目被置成被删除状态(例如这条记录的大小被置为-1)。此外,块中在被删除记录之前的记录将被移动,使得由删除而产生的空闲空间可被重新使用,并且所有空闲空间仍然存在于块头数组的最后一个条目和第一条记录之间。块头中的空闲空间末尾指针也要做适当修改。只要块中有空间,使用类似的技术可以使记录增长或收缩。移动记录的代价并不高,因为块的大小是有限制的,典型的值为 4 KB。

7.2.5 缓冲区管理

数据库系统中提高访问效率的一个重要手段是减少磁盘和内存之间传输的块数目。减少磁盘访问次数的一种方法是在内存中保留尽可能多的磁盘块,尽可能使得要访问的磁盘块已经在内存中,这样就不再需要访问磁盘。

因为在内存中保留所有的块是不可能的,所以需要在内存中分配一定的空间作为缓冲区。内存缓冲区划分为缓冲块,缓冲块的大小与磁盘块大小相同。根据需要,可以将某些磁盘块的内容复制到缓冲区中。由于数据库系统中的程序可以对缓冲区中的内容进行修改,所以磁盘上的副本可能比在缓冲区中的副本旧。

负责缓冲区空间分配的子系统称为缓冲区管理器。当数据库系统中的程序需要磁盘上的块时,它向缓冲区管理器发出请求。如果这个块已经在缓冲区中,缓冲区管理器将这个块在主存储器中的地址传给请求者。如果这个块不在缓冲区中,缓冲区管理器首先在缓冲区中为这个块分配空间,如果需要的话,会把其他块移出主存储器,为这个新块腾出空间。被移出的块如果被修改过,则需要将它写回磁盘。然后缓冲区管理器把新块从磁盘读入缓冲区,并将这个块在主存储器中的地址传给请求者。缓冲区管理器的作用如图 7.5 所示。

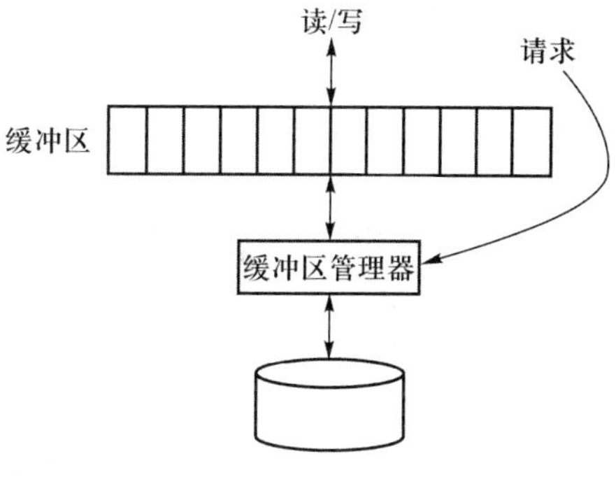

读/写
请求
缓冲区
缓冲区管理器

图 7.5 缓冲区管理器的作用

缓冲区管理必须作出的关键选择是当一个新近要求的块需要一个缓冲块时,应该将什么块淘汰出缓冲池,这就是缓冲区替换策略。常用的缓冲区替换策略包括:最近最少使用(LRU)、先进先出(FIFO)、“时钟”算法、系统控制的方法等。

7.2.6 数据字典

在关系数据库系统中,除了存储关系中的数据外,还需要维护关于数据库的描述信息,这类信息称为数据字典或系统目录。系统必须存储的目录信息主要包括:

(1) 关系的基本信息

例如:

- 关系的名字;
- 每个关系中的各属性的名字;

- 属性的域和长度；
- 在数据库上定义的视图的名字和这些视图的定义；
- 完整性约束；
- 关系所使用的存储方法。

(2) 用户信息

例如：

- 授权用户的名字；
- 用于认证用户的密码或其他信息；
- 用户所获得的权限。

(3) 索引的描述

例如：

- 索引的名字；
- 被索引的关系的名字；
- 在其上定义索引的属性；
- 构造的索引的类型。

(4) 统计信息

例如：

- 关系中每个元组的字节数；
- 每个关系中元组的总数；
- 关系中每个属性的不同取值个数；
- B+树索引的层数；
- B+树索引的叶结点个数。

数据字典中的信息对于数据库系统的正常运行是十分重要的。

7.2.7 索引结构

许多查询只涉及文件中的少量记录。例如，类似于“找出计算机系的所有学生信息”或者“找出学号为0611085的学生的入学成绩”的查询，就只涉及所有学生记录中的一小部分。如果系统读取所有学生记录并一一检查dept字段找出系名为“CS”的记录，或者检查SNO字段找出值为0611085的记录，这样的操作方式是低效的。理想情况下，系统应能够直接定位这些记录。

支持对于所要求的数据进行快速定位的附加的数据结构称为索引。

数据库系统中文件的索引的工作方式非常类似于书籍的索引。如果希望了解书中某个概念的相关内容，可以在书后的索引中查找它，根据索引中指出的它所在的页码，找到相关的页，可得到需要的信息。索引中的词是按顺序排列的，因此，要找到所需要的词就很容易。而且，索引比书篇幅小得多，从而能大大减少查找所需内容的代价。

数据库系统中的索引与书中的索引所起的作用一样。例如，在根据所给的学号检索一个学生记录时，数据库系统首先会查找索引，找到对应记录所在的磁盘块，然后读取该磁盘块，得到所需的学生记录。

一个文件上可以建立多个索引，每一个索引都是基于文件中的一个属性或属性组来建立的，这个属性或属性组称为查找码（搜索码）。之所以称为查找码，是因为当查询条件是基于这样的属性提出时，系统可以利用索引快速地在文件中查找记录。

有两种基本的索引类型：顺序索引和散列索引，下面分别加以介绍。

1. 顺序索引

顺序索引按顺序存储关键码的值（正如书中的索引一样），并将关键码与包含该关键码的记录关联起来。

若包含记录的文件中记录之间的物理顺序按照某属性（或属性组）的值排列，则基于该属性（组）所建立的顺序索引称为聚集索引（或主索引）。利用聚集索引进行查询处理时，由于索引项所指向的数据记录物理上都聚集存储在同一个或相邻的若干个磁盘块中，所以可以大大减少磁盘块 I/O 次数。

外存储器中重要的顺序索引结构是 B 树。B 树是一种多路查找树结构，即每个结点包含多个关键码值，有多个子女，从而使树的层次降低，查找时的访外次数减少。B 树有多种变种，B+树是其中应用得最广泛的一种，下面对 B+树结构进行简单介绍。

B+树是一种平衡的多路查找树。B+树的所有关键码都在叶结点中出现，上面各层结点中的关键码均是下一层相应结点中最小关键码的复写。m 阶 B+树的结构定义如下：

（1）每个结点至多有 m 个子女。

（2）每个结点（除根和叶结点外）至少有 $\left\lceil \frac{m}{2} \right\rceil$ 个子女。

（3）根结点至少有两个子女。

（4）非叶结点包含如下信息：$(P_1, K_1, P_2, K_2, \cdots, P_{m-1}, K_{m-1}, P_m)$，其中，$K_i(1 \leqslant i \leqslant m-1)$ 为关键码值且 $K_i < K_{i+1}(1 \leqslant i < m-1)$，$P_i(1 \leqslant i \leqslant m)$ 为指向子树根结点的指针，P_1 所指子树中的所有结点的关键码值均小于 K_1，$P_i(1<i<m)$ 所指子树中的所有结点的关键码值均大于等于 K_{i-1} 且小于 K_i，而 P_m 所指子树的所有结点的关键码值均大于等于 K_{m-1}。除根节点外，结点的 m 个指针中至少有 $\left\lceil \frac{m}{2} \right\rceil$ 个正在使用中；根结点的至少两个指针正在使用中。

（5）叶结点均出现在同一层次，叶结点中指针 $P_i(1 \leqslant i \leqslant m-1)$ 指向关键码值 K_i 所对应的记录，指针 P_m 指向该叶结点右边的下一个叶结点。

图 7.6 所示是一棵 6 阶 B+树的例子。

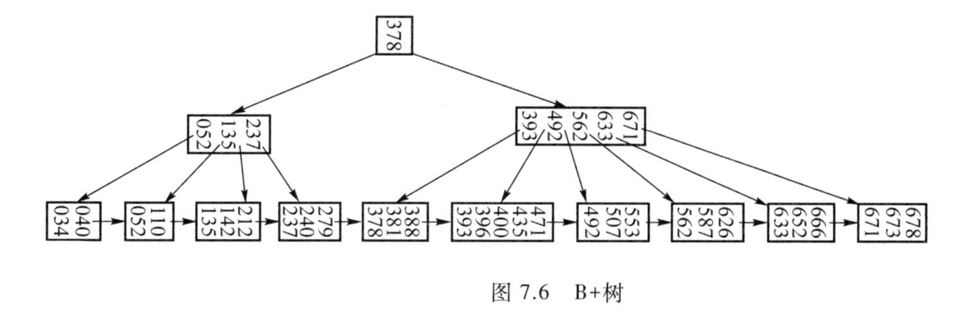

图 7.6 B+树

在 B+树里查找给定的关键码值的方法是，首先取根结点，在根结点所包含的关键码值

K_1,…,K_{m-1}中查找给定的关键码值(当结点包含的关键码不多时,就用顺序查找;当结点包含的关键码数目较多时,可以用二分法查找),若找到则检索成功,继续沿指针向下可到达叶结点层的这个关键码;否则,一定可以确定要查的关键码值是在某个 K_{i-1} 和 K_i之间(因为在结点内部的关键码是排序的),于是取 P_i所指向的结点继续查找,直到找到,检索成功;或到达叶结点仍未找到,检索失败。

在 B+树里插入一个关键码的方法也是很简单的。首先查找到新的关键码应该插入的叶结点,然后将关键码值和指向记录的指针对加入该叶结点中。插入可能导致结点分裂,进一步地有可能导致 B+树朝着根的方向生长。例如,图 7.6 的 B+树若插入关键码值 137,则相应的结点由

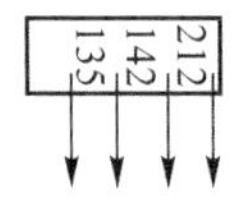

变为

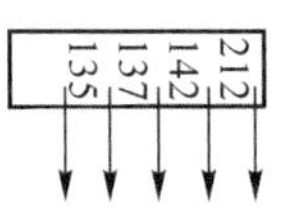

若要插入关键码值 460,情况就不同了,因为要插入的那个结点已包含 5 个关键码,是满的,不能再往里插了。在这种情况下,要把这个结点分裂为两个,并向它的父结点中插入一个关键码值指针对。具体来说,就是将分裂产生的新结点中的最小关键码值 435 和指向新结点的指针插入到结点的父结点中。父结点也可能是满的,就需要再分裂,再往上插。最坏的情况,这个过程可能一直传到根,如果需要分裂根,由于根是没有父结点的,这时就建立一个新的根结点。整个 B+树增加了一层,图 7.6 的 B 树插入关键码值 460 后,树的有关部分变化如图 7.7 所示。

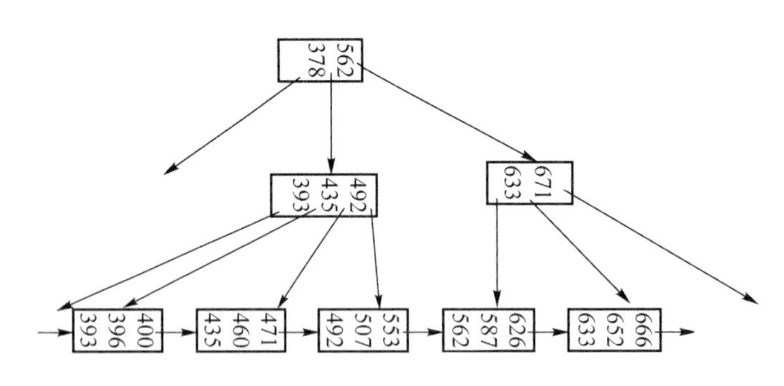

图 7.7　插入关键码值 460 后 B+树的变化

删除的过程是类似的,但要更复杂些。首先查找到要删除的关键码所在的叶结点,然后将关键码值和指向记录的指针对从该叶结点中删除。如果发生删除的 B+树结点在删除后还具有最小数目的关键码和指针,则删除完成。但有可能该叶结点在发生删除前恰好具有最小充满度,于是删除的过程中就需要进行该结点与其兄弟结点之间的关键码调整,或需要进行结点合并。合

并可能向上传递。关于 B+树删除的方法和例子此处不再赘述,有兴趣的读者可以阅读相关的参考文献。

在一些 B+树的实现中,当删除时并不进行结点间关键码的调整或结点合并。如果叶结点中关键码和指针太少,也让它保留这种状态。其基本理由是,大多数文件的发展比较平衡,尽管有时可能出现使关键码数刚好少于最小数的删除操作,但该叶结点可能很快增长并且再次达到最小数。删除时不进行 B+树结构的调整可以提高 B+树删除的效率。

2. 散列索引

散列法的基本思想是关键码值决定存储地址。即以记录的关键码值 k 为自变量,通过一定的函数关系 h(称为散列函数),计算出对应的函数值 $h(k)$来,把这个值解释为记录的存储地址,将记录存入该地址中去。检索时再根据要检索的关键码值用同样的散列函数计算地址,然后到相应的地址中去取要找的记录。

散列函数是将关键码值对应到存储地址时所使用的函数。好的散列函数的标准是能将关键码值均匀地分布在整个地址空间中。一种常用的散列函数是除余法:选择一个适当的正整数 p(通常选 p 为不大于散列存储区域大小的最大素数),用 p 去除关键码值,取其余数作为地址。即 $h(\text{key}) = \text{key} \bmod p$。例如,如果散列存储区域大小为 1 024,则可以选 $p = 1\ 019$,它将关键码值 6 118 对应到地址 23,将关键码值 11190 对应到地址 1 000……。除余法地址计算公式非常简单,实践证明恰恰是这种简单的方法在许多情况下效果较好。

在散列法中,不同的关键码值可能对应到同一存储地址,即 $k_1 \neq k_2$,但 $h(k_1) = h(k_2)$,这种现象称为碰撞(冲突)。发生碰撞的两个或多个关键码值称为同义词。需要有办法处理碰撞,即为对应到同一地址的多个同义词安排存储地址。处理碰撞的方法基本有两类:拉链法和开地址法。用拉链法处理碰撞就是给散列表的每个结点增加一个 link 字段,当碰撞发生时利用 link 字段拉链,建立链接方式的同义词子表。每个同义词子表的第一个元素都在散列表基本区域中。那么同义词子表的其他元素存储在何处?通常采用建立溢出区的方法,即另开辟一片存储空间作为溢出区,用于存放各同义词子表的其他元素。用开地址法处理碰撞就是当碰撞发生时形成一个探查序列,沿着这个序列逐个地址探查,直至找到一个开放的地址(即未被占用的单元),将发生碰撞的关键码值存入该地址中。图 7.8 是分别用拉链法和开地址法处理碰撞建立散列表的例子。其中 $n = 14$ 是关键码的个数,$m = 19$ 是散列表基本区域大小,散列函数采用除余法,取 p 等于散列表基本区域大小 19,于是散列函数为 $h(\text{key}) = \text{key} \bmod 19$。

将散列法用于外存储器中的文件组织时,使用术语"桶"(bucket)来表示能存储一条或多条记录的一个存储单位,通常一个桶就是一个磁盘块。令 K 表示所有关键码值的集合,B 表示所有桶地址的集合,散列函数 h 就是一个从 K 到 B 的映射。图 7.9 是一个示意性的散列文件结构。

为了插入一条关键码为 K_i 的记录,只需计算 $h(K_i)$,它给出了存放该记录的桶的地址。目前假定桶中有容纳这条记录的空间,于是这条记录就被存储到该桶中。

为了进行一次基于关键码 K_i 的查找,只需计算 $h(K_i)$,然后搜索具有该地址的桶。假定两个关键码 K_5 和 K_7 有相同的散列值,即 $h(K_5) = h(K_7)$。如果执行对 K_5 的查找,则桶 $h(K_5)$ 包含关键码是 K_5 以及 K_7 的记录。因此,必须检查桶中每条记录的关键码值,以确定该记录是否是要查找的记录。

n=14
m=19
h(key)=key mod 19

key	h(key)
6097	17
3485	8
8129	16
407	8
8136	4
6615	3
6617	5
526	13
12287	13
9535	16
9173	15
2134	6
1903	3
99	4

		拉链法		开地址法
	地址	key	link	key
基本区	0			
	2			
	3	6615	103	6615
	4	8136	104	8136
	5	6617	∧	6617
	6	2134	∧	2134
	7			1903
	8	3485	100	3485
	9			407
	10			99
	11			
	12			
	13	526	101	526
	14			12287
	15	9173	∧	9173
	16	8129	102	8129
	17	6097	∧	6097
	18			9535
溢出区	100	407	∧	
	101	12287	∧	
	102	9535	∧	
	103	1903	∧	
	104	99	∧	

图 7.8　用两种不同方法解决碰撞得到的散列表

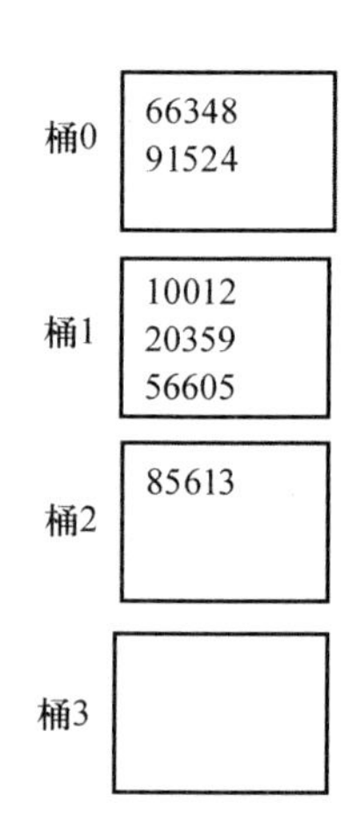

图 7.9　散列文件组织

删除也一样简单。如果待删除记录的关键码值是 K_i，则计算 $h(K_i)$，然后在相应的桶中查找此记录并从中删除它。

有可能当企图插入一条记录时，所映射到的桶中没有足够的剩余空间来存放新的记录，这称为桶溢出。通常用溢出桶来处理桶溢出问题。如果一条记录必须插入桶 b，而桶 b 已满，系统会为桶 b 提供一个溢出桶，并将此记录插入到这个溢出桶中。如果溢出桶也满了，系统会提供另一个溢出桶，如此继续下去。一个给定桶的所有溢出桶用一个链接列表链接在一起，如图 7.10 所示。使用这种链接列表的溢出处理称为溢出链。

由于使用溢出链，需要将查找算法作轻微的改动。和前面一样，系统使用关键码上的散列函数来确定一个桶 b，并检查桶 b 中的所有记录，看是否有匹配的关键码。此外，如果桶 b 有溢出桶，则系统还要检查桶 b 的所有溢出桶中的记录。

以上介绍的是静态散列结构，其桶地址空间和散列函数都是固定不变的。随着文件的增长，溢出链会变长，查找所需的磁盘访问次数增加，查找效率降低。有几种动态散列技术，允许桶地址空间和散列函数都随着文件的增长动态地变化,以保持高的查找效率。这已经超出本书的范围,在此不做详细介绍。

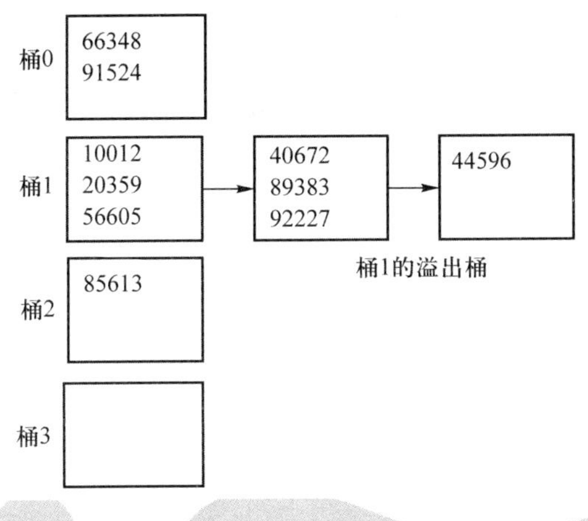

图 7.10　散列结构中的溢出链

3. 顺序索引与散列索引对查询的支持

对单个关系中元组的查询可分为点查询和范围查询。点查询是寻找在特定属性上有特定值的元组,例如找出名字为"李东"的学生。范围查询是找出给定属性的值处于指定范围的所有元组,例如找出入学成绩在 600 分到 650 分之间的所有学生。顺序索引例如 B+树能有效地支持点查询和范围查询;散列索引能有效地支持点查询,但不能支持范围查询。

7.3　查询处理

查询处理是指从数据库中查找数据时涉及的一系列活动。这些活动包括:将用高层数据库语言表示的查询语句翻译为能在文件系统的物理层上使用的表达式,为优化查询而进行各种转换,以及查询的实际执行。

查询处理器是数据库管理系统中非常重要的一个组成部分,是从用户的角度看对于数据库性能影响最大的一个部分。查询处理器中最主要的模块是查询编译器和查询执行引擎。在本节中首先对于查询处理进行一个简单的概述,然后介绍查询执行,最后讨论查询编译器中的核心——查询优化。

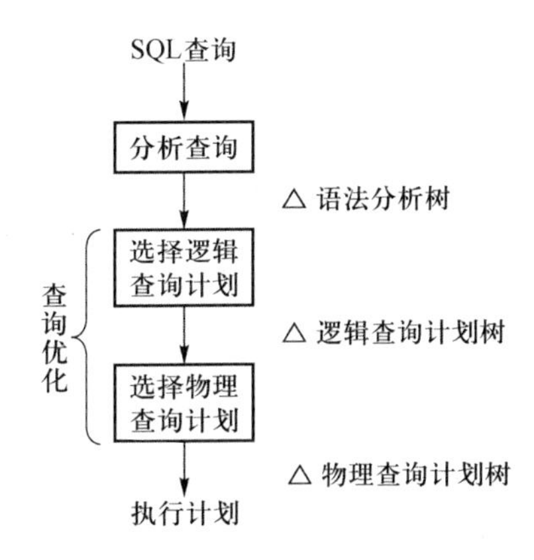

图 7.11　查询处理的基本步骤

7.3.1　查询处理概述

查询处理的基本步骤如图 7.11 所示。

查询处理开始之前,系统必须对用 SQL 这样的语言表达的查询语句进行分析,形成语法分析树,用它来表达查询和它的结构。这个过程类似于编译器的语法分析器所做的工作。语法分析树的结点为以下二者之一:

- 原子：查询语句中的词法成分，例如关键字（如 SELECT）、关系或属性的名字、常数、括号、运算符（如+号或<号）等。
- 语法类：在查询中起相似作用的查询子成分所形成族的名称。用尖括号将语法类的名称括起来。例如，<SFW>表示 select-from-where 形式的查询，<Condition>表示条件表达式。

在产生查询语句的系统内部表示形式的过程中，语法分析器检查用户查询的语法，验证查询中出现的关系名是数据库中的关系名，等等。然后构造出该查询语句的语法分析树表示。

例如，有如下查询

```
select sno, entrance-grade
from student
where entrance-grade < 500
```

其语法分析树如图 7.12 所示。

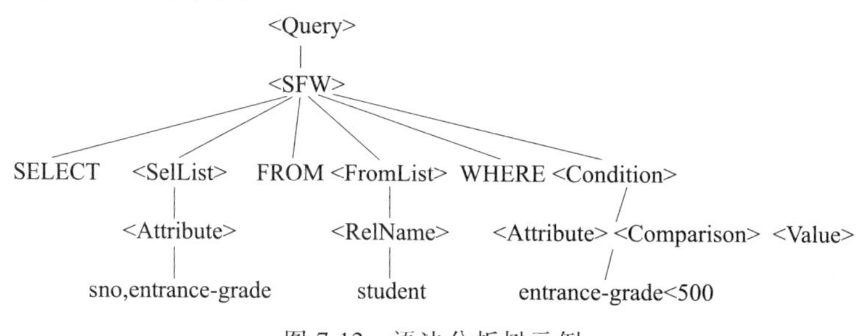

图 7.12　语法分析树示例

系统在将语法分析树转换为关系代数表达式之前还需要进行预处理，主要包括如下。

- 视图扩展：如果查询语句中用到的关系实际上是一个视图，则在 FROM 列表中凡用到该关系的地方必须用描述该视图的语法树来替换。该语法树由视图定义得到，本质上是一个查询语句。
- 语义检查：确保该查询语句语义上有效，例如对关系使用的检查、属性使用的检查、类型检查等。

然后系统进行查询重写，将语法分析树转化为初始查询计划，这种查询计划通常表示为逻辑查询计划树或扩展的关系代数表达式。

对于给出的一个查询，一般都会有多种计算结果的方法。例如上述给出的查询示例，它可被翻译成下面两个关系代数表达式中的任意一个：

- $\sigma_{\text{entrance-grade}<500}(\pi_{\text{sno, entrance-grade}}(\text{student}))$
- $\pi_{\text{sno, entrance-grade}}(\sigma_{\text{entrance-grade}<500}(\text{student}))$

系统将从多个初始查询计划中选取一个预期所需执行时间较小的查询计划。这个过程称作逻辑查询计划选择。逻辑查询计划选择中需要用到表达式转换的等价规则，将在 7.3.3 节中进行介绍。

进一步地，每个关系代数运算都可以用多种不同的算法来执行。例如，要完成前面的选择，可以通过扫描 student 的每个元组找出满足 entrance-grade < 500 条件的元组。如果存在属性 entrance-grade上的 B+树索引，则可以不对整个 student 关系进行扫描，而利用索引来定位元组。

因此,系统需要为逻辑查询计划的每一个操作符选择具体的实现算法,并选择这些操作符的执行顺序,逻辑查询计划被转化为物理查询计划。物理查询计划还包含许多细节,如被查询的关系是怎样被访问的,以及一个关系何时或是否应当被排序,等等。

选择逻辑查询计划和选择物理查询计划的步骤通称为查询优化。一旦系统选定了具有较小查询执行代价的查询执行计划,就用该计划来执行查询并输出查询结果。

查询处理的代价可以通过该查询对各种资源的使用情况进行度量,这些资源包括磁盘存取、执行一个查询所用的 CPU 时间、在并行/分布式数据库系统中的通信开销等。然而在大型的集中式数据库系统中,在磁盘上存取数据的代价通常是最主要的代价,因为磁盘存取比内存操作慢。此外,CPU 速度的提升比磁盘速度的提升要快得多。为了简化起见,在代价度量中将忽略 CPU 时间,而仅仅用磁盘存取代价来度量查询执行计划的代价。进一步地,可以简单地用磁盘块 I/O 次数来度量磁盘上存取数据的代价。

7.3.2 查询执行

一旦查询优化器选定了查询执行计划,查询执行引擎就用该计划来执行查询并输出查询结果。查询执行的最基本的动作是关系代数运算的执行。

每一个基本的关系代数运算都有多种不同的实现算法。不同的实现算法适用于不同的情况,例如查询条件的类型不同、可利用的存取路径不同等;不同的实现算法,其执行代价也不同。

1. 选择运算

首先以最简单的关系代数运算——选择运算为例,来看看同一个关系代数运算的多种不同实现算法。

实现选择运算的最直截了当的方法是全表扫描,即依次访问表的每一个块,对于块中的每一个元组,测试它是否满足选择条件。采用全表扫描方法执行选择运算,其执行代价(磁盘 I/O 次数)为存储该关系的磁盘块数目,或存储该关系的磁盘块数目的一半(当在码属性上选择时)。这种算法的缺点是执行效率低;优点是适应性强,对关系的存储方式没有要求,不需要索引,适用于任何选择条件。

实现选择运算的另一种方法是索引扫描。可以采用这种方法执行选择运算的前提条件是表在选择条件的属性上建有索引。如果选择条件为等值比较(例如,$\sigma_{A=v}(r)$),则顺序索引和散列索引皆可利用;如果选择条件为非等值比较选择(例如,$\sigma_{A>v}(r)$),则只能利用顺序索引。运算的基本思想是先访问索引,从索引项中得到指向满足选择条件的记录的一个或多个指针,然后根据指针的指示去读取满足选择条件的数据元组,其具体实现根据选择条件的不同和索引类型的不同而有所不同,此处不再赘述。

当选择条件为等值比较 $\sigma_{A=v}(r)$,在选择条件上有有序索引 B+树可用,而且该索引是主索引(聚集索引)时,则在 B+树索引中找到相应的叶结点,其中包含了指向满足该等值条件的记录的一个或多个指针(满足条件的记录在一个块或相邻的多个块中),按照指针的指示去访问相应的磁盘块读取满足选择条件的元组。运算的执行代价(磁盘 I/O 次数)等于 B+树的高度,加上包含具有搜索码值的记录的磁盘块数。

当选择条件为等值比较 $\sigma_{A=v}(r)$,且在选择条件上有有序索引 B+树可用,但该索引是辅助索引时,则在 B+树索引中找到相应的叶结点,其中包含指向满足该等值条件的记录的一个或多个指针(满足条件的记录可能在不相邻的多个块中),按照指针的指示去访问相应的磁盘块读取满足选择条件的元组。运算的执行代价(磁盘 I/O 次数)等于 B+树的高度,加上检索到的记录数目。

当选择条件为等值比较 $\sigma_{A=v}(r)$,且在选择条件上有无序的散列索引时,则通过计算散列函数找到相应的桶,在桶中检索到满足该等值条件的一条或多条记录。运算的执行代价(磁盘 I/O 次数)等于到桶的定位,加上存储桶所包含的块数。

当选择条件为非等值比较选择 $\sigma_{A>v}(r)$,且在选择条件上有有序索引 B+树可用,而且该索引是主索引(聚集索引)时,则在 B+树索引中查找 v 值以检索出满足条件 $A=v$ 的首条记录。从该元组开始到文件尾进行文件扫描返回所有满足该条件的元组。运算的执行代价(磁盘 I/O 次数)等于 B+树的高度,加上包含满足搜索条件的记录的磁盘块数。

当选择条件为非等值比较选择 $\sigma_{A>v}(r)$,且在选择条件上有有序索引 B+树可用,但该索引是辅助索引时,则在 B+树索引中查找 v 值以检索出满足条件 $A=v$ 的首个索引条目,从该索引条目直至最大值索引条目提供了指向满足条件的记录的指针,根据指针逐个取实际记录。运算的执行代价(磁盘 I/O 次数)等于 B+树的高度,加上满足搜索条件的 B+树叶结点数,加上满足搜索条件的记录数目。

总的说来,采用索引扫描方法执行选择运算,其执行代价(磁盘 I/O 次数)为访问索引所读取的磁盘块数加上访问满足选择条件的记录所读取的磁盘块数。一般说来,索引扫描的执行代价小于全表扫描的执行代价,如果所利用的索引为聚集索引,那么由于索引项所指向的满足选择条件的数据记录物理上都聚集存储在同一个或相邻的若干个磁盘块中,还可以大大减少磁盘块的 I/O 次数。但是如果没有合适的索引可利用,就无法采用索引扫描算法来实现选择运算。

2. 连接运算

再来看看在关系查询中非常重要的连接运算,它的最简单的实现算法是嵌套循环连接。

图 7.13 给出了一个计算关系 r 和 s 的 θ 连接 $r \bowtie_{\theta} s$ 的嵌套循环连接算法。

```
for each 元组 tr in r do begin
    for each 元组 ts in s do begin
        测试元组对(tr, ts)是否满足连接条件 θ
        如果满足,把 tr · ts加到结果中
    end
end
```

图 7.13　嵌套循环连接

该算法主要由两个嵌套的 for 循环构成。由于算法中有关 r 的循环包含了有关 s 的循环,因而关系 r 称为连接的外层关系,而 s 称为连接的内层关系。算法使用了 $t_r \cdot t_s$ 这个记号,其中 t_r 和 t_s 表示 r、s 的元组,$t_r \cdot t_s$ 表示将 t_r 和 t_s 元组的属性值拼接而成的一个元组。

与选择运算的全表扫描方法类似,嵌套循环连接算法不要求有索引,并且不管连接条件是什么,该算法均可使用。对此算法进行扩展来计算自然连接也是简单明了的,因为自然连接可表示为在一个 θ 连接的基础上做去掉重复属性的投影运算。唯一需要的修改是在将 $t_r \cdot t_s$ 放入结果集之前删除 $t_r \cdot t_s$ 的重复属性。

嵌套循环连接算法的代价很大,因为该算法逐一检查两个关系中每一对元组。算法所需考

虑的元组对数目是 $n_r \times n_s$，这里 n_r 为 r 中的元组数，n_s 为 s 中的元组数。对于关系 r 中的每一条记录，必须对 s 做一次完整的扫描。最坏的情况下，缓冲区只能容纳每个关系的一个数据块，这时共需 $n_r \times b_s + b_r$ 次块传输，这里 b_r 和 b_s 分别为包含关系 r 和 s 中元组的磁盘块数。最好的情况下，内存有足够空间同时容纳两个关系，此时每一数据块只需读一次，从而只需 $b_r + b_s$ 次块传输。

如果其中一个关系能完全放在内存中，那么把这个关系作为内层关系来处理是有好处的。因为这样内层循环关系只需读一次。所以，如果 s 足够小到可以装入内存，那么此策略只需 $b_r + b_s$ 次块传输，其代价与两个关系能同时装入内存的情形相同。

可以对嵌套循环连接算法加以改进，以块的方式而不是以元组的方式处理关系，就可以省去不少块读写次数，这称为块嵌套循环连接。图 7.14 所示是块嵌套循环连接的过程。

```
for each 块 B_r of r do begin
    for each 块 B_s of s do begin
        for each 元组 t_r in B_r do begin
            for each 元组 t_s in B_s do begin
            begin
                测试元组对(t_r,t_s)是否满足连接条件
                如果满足，把 t_r · t_s 加到结果中
            end
        end
    end
end
```

图 7.14 块嵌套循环连接

其中内层关系的每一块与外层关系的每一块形成一对。每个块对中，一个块中的每一个元组与另一块的每一元组形成元组对，得到全体元组对。和前面一样，满足连接条件的所有元组对被添加到结果中去。

块嵌套循环连接与基本的嵌套循环连接算法代价的主要差别在于：最坏的情况下，对于外层关系中的每一个块，内层关系 s 的每一块只需读一次，而不是对外层关系的每一个元组读一次。因此，最坏的情况下共需 $b_r \times b_s + b_r$ 次块传输，这里 b_r 和 b_s 分别代表含有关系 r 和 s 中元组的磁盘块数。显然，如果内存不能容纳任何一个关系，使用较小的关系作为外层关系更有效。最好的情况下内存能够容纳整个内层关系，需要 $b_r + b_s$ 次块传输。

嵌套循环与块嵌套循环算法的性能可以进一步改进。例如，若参加连接的其中一个关系在连接属性上有索引，则可以把它作为循环的内层关系，从而在内层循环中用更有效的索引查找法替代文件扫描法，对于外层关系 r 的每一个元组 t_r，可以利用索引查找 s 中和元组 t_r 满足连接条件的元组，这样的连接方法称为索引嵌套循环连接。

此外，连接运算的实现算法还有排序—归并连接、散列连接等，这已经超出了本书的范围，在此不作介绍。

7.3.3 查询优化

对一个给定的查询，尤其是复杂查询，通常会有许多种可能的处理策略，查询优化就是从这

许多策略中找出最有效的查询执行计划的一种处理过程。不能期望用户去写出一个能被高效处理的查询,而是期望系统能够构造一个能最小化查询执行代价的查询执行计划。这正是查询优化起作用的地方。

优化一方面在关系代数级别发生,即系统尝试找出一个与给出的表达式等价但执行起来更为高效的表达式;另一方面是为处理查询选择一个详细的策略,比如对一个操作的执行选择所用的算法,选择使用特定的索引,等等。

一个好的查询策略和一个差的查询策略在执行代价上通常会有相当大的区别。因此,即使查询只执行一次,系统花费一定量的时间为处理查询选择一个好的策略是完全值得的。

前面已经讲过,查询优化包括逻辑查询计划选择和物理查询计划选择两个主要步骤。下面分别来看一看这两个步骤。

1. 逻辑查询计划选择

一个查询可以表示成多种不同的形式,各自具有不同的执行代价。在进行逻辑查询计划选择时,不仅仅要考虑初始的由语法分析树转换成的关系代数表达式,还需要考虑其他可选的等价表达式。

如果两个关系代数表达式产生的结果关系具有相同的属性集和相同的元组集,则称它们是等价的。当两个表达式等价时,就可以用其中一种形式的表达式代替另一种。

表达式转换的等价规则是将一个关系代数表达式转换为与之等价的另一个关系代数表达式的规则。查询优化器利用等价规则将一个表达式转换成逻辑上等价但执行效率更高的另一个表达式。

下面列出一些常用的关系代数表达式转换的等价规则。用 θ、θ_1、θ_2 等表示谓词,L_1、L_2、L_3 等表示属性列表,E、E_1、E_2 等表示关系代数表达式。关系名 r 是关系代数表达式的特例,在 E 出现的地方它都可以出现。

① 合取选择运算可分解为单个选择运算的序列。该变换称为 σ 的级联:

$\sigma_{\theta_1 \wedge \theta_2}(E) = \sigma_{\theta_1}(\sigma_{\theta_2}(E))$

② 选择运算满足交换律:

$\sigma_{\theta_1}(\sigma_{\theta_2}(E)) = \sigma_{\theta_2}(\sigma_{\theta_1}(E))$

③ 一系列投影运算中只有最后一个运算是必需的,其余的可省略。该转换也称为 π 的级联:

$\pi_{L_1}(\pi_{L_2}(\cdots(\pi_{L_n}(E))\cdots)) = \pi_{L_1}(E)$

④ 选择操作可与笛卡儿积相结合:

$\sigma_{\theta}(E_1 \times E_2) = E_1 \bowtie_{\theta} E_2$

实际上该表达式就是 θ 连接的定义。

⑤ 自然连接运算满足交换律:

$E_1 \bowtie E_2 = E_2 \bowtie E_1$

⑥ 自然连接运算满足结合律:

$(E_1 \bowtie E_2) \bowtie E_3 = E_1 \bowtie (E_2 \bowtie E_3)$

⑦ 选择运算对自然连接运算具有分配律:

$\sigma_{\theta_1 \wedge \theta_2}(E_1 \bowtie E_2) = (\sigma_{\theta_1}(E_1)) \bowtie (\sigma_{\theta_2}(E_1))$

(假设选择条件 θ_1 只涉及 E_1 的属性,选择条件 θ_2 只涉及 E_2 的属性)

⑧ 投影运算对自然连接运算具有分配律：

$\pi_{L_1 \cup L_2}(E_1 \bowtie E_2) = (\pi_{L_1 \cup L_3}(E_1)) \bowtie (\pi_{L_2 \cup L_3}(E_2))$

（假设 L_1、L_2 分别为 E_1、E_2 中的属性，L_3是 E_1 和 E_2 的公共属性）

⑨ 集合的并与交满足交换律：

$E_1 \cup E_2 = E_2 \cup E_1$

$E_1 \cap E_2 = E_2 \cap E_1$

⑩ 集合的并与交满足结合律：

$(E_1 \cup E_2) \cup E_3 = E_1 \cup (E_2 \cup E_3)$

$(E_1 \cap E_2) \cap E_3 = E_1 \cap (E_2 \cap E_3)$

⑪ 选择运算对并、交、差运算具有分配律：

$\sigma_P(E_1 \cup E_2) = \sigma_P(E_1) \cup \sigma_P(E_2)$

$\sigma_P(E_1 \cap E_2) = \sigma_P(E_1) \cap \sigma_P(E_2)$

$\sigma_P(E_1 - E_2) = \sigma_P(E_1) - \sigma_P(E_2)$

⑫ 投影运算对并运算具有分配律：

$\pi_L(E_1 \cup E_2) = (\pi_L(E_1)) \cup (\pi_L(E_2))$

以上列出的只是等价规则的一部分。实际的查询优化系统中还会用到许多其他的等价规则。以上等价规则也并不说明总是等号左边的表达式执行效率更高，或总是等号右边的表达式执行效率更高。

查询优化系统在进行表达式转换时常常使用一些启发式规则。下面给出一些常用的启发式规则。

- 尽可能深地将选择推入表达式树中。如果一个选择条件是多个条件的 AND，则可以把该条件分解并分别将每个条件下推。这很可能是最有效的一个策略。
- 尽可能深地将投影下推到树中，可以加入新的投影。有选择时下推投影应当小心。
- 重复消除有时可以消去，或移到树中更方便的位置。
- 某些选择可以与其下面的笛卡儿积相结合以便把运算对转换成连接。

此外，多个关系的连接次序对效率影响也很大，不再详细讨论。

2. 物理查询计划选择

在将逻辑查询计划转换成物理查询计划时，需要给出查询如何被执行的具体细节，即不仅指明要执行的操作，而且指明这些操作执行的顺序、执行每步所用的算法、获得所存储数据的方式、数据从一个操作传递给另一个操作的方式等。

系统通常采用基于代价的查询计划选择方法，即由选定的逻辑查询计划派生出多个不同的物理查询计划并对每个物理查询计划进行评价，估计其执行代价，然后选择其中代价最小或接近最小的物理查询计划。在实践中，系统常常采用启发式选择的方法来选择执行代价最小的物理查询计划，例如，

- 如果逻辑查询计划需要选择$\sigma_{A=c}(R)$，且关系 R 在属性 A 上有索引，则采用索引扫描的方法来获得 A 值等于 c 的 R 的元组；
- 如果选择涉及 A=c 条件和其他条件，且关系 R 在属性 A 上有索引，则可以先进行索引扫描，然后对元组做进一步选择；

- 如果连接的一个参数在连接属性上有索引，则采用索引嵌套循环连接，该关系放在内层循环中；
- 如果连接的一个参数是排好序的，则采用排序连接比用散列连接好，尽管未必比用索引嵌套循环连接好（如果可能的话）；
- 当计算三个或多个关系的并或交时，先对最小关系进行组合。

7.4 事务管理

提供对事务概念的支持和事务的管理能力是数据库系统的重要特点之一，数据库管理系统中的一个重要成分——事务管理器提供对事务管理的支持。本节中首先介绍事务的概念和特性，然后分别讨论事务管理器中的故障恢复机制和并发控制机制。

7.4.1 事务的概念和特性

从数据库用户的观点看，数据库中某些特定操作的集合需要被认为是一个独立单元。例如，顾客认为从支票账户到储蓄账户的资金转账是一个操作单元，尽管在数据库系统中这是由对支票账户资金余额的修改、对储蓄账户资金余额的修改以及对本次交易的登记等几个操作组成的。显然，必须要求这些操作要么全都发生，要么由于出错而全不发生。保证这一点非常重要。无论从系统的观点还是从用户的观点，都不愿意看到资金从支票账户支出而未转入储蓄账户的情况发生。

事务是构成单一逻辑工作单元的操作集合。不论有无故障，数据库系统必须保证事务的正确执行，即该事务的整个操作集合完全被执行，或属于该事务的操作一个也不执行。此外，数据库系统必须以一种能避免引入不一致性的方式来管理事务的并发执行。下面再来看一看资金转账的例子，假设系统中有一个资金转账事务，将一笔资金从支票账户转到储蓄账户中，假设还有一个事务是计算顾客总金额，它和上述资金转账的事务在系统中并发地执行。如果计算顾客总金额的事务在资金转账事务从支票账户支出金额之前查看支票账户余额，而在资金存入储蓄账户之后查看储蓄账户余额，并对它们进行求和，该事务就会得到不正确的结果，因为同一笔资金被重复计算了两次。

为了保证事务的正确执行，维护数据库的完整性，要求数据库系统维护以下事务特性。

(1) 原子性(Atomicity)：事务的所有操作在数据库中要么全部正确反映出来，要么全部不反映。

(2) 一致性(Consistency)：事务的隔离执行（即没有并发执行的其他事务），保持数据库的一致性。

(3) 隔离性(Isolation)：尽管多个事务可以并发执行，但系统必须保证，对任一对事务 T_i 和 T_j，在 T_i 看来，T_j 或者在 T_i 开始之前已经停止执行，或者在 T_i 完成之后开始执行。这样，每个事务都感觉不到系统中有其他事务在并发地执行。

(4) 持久性(Durability)：一个事务成功完成后，它对数据库的改变必须是永久的，即使系统可能出现故障。

以上特性统称为 ACID 特性。

成功完成执行的事务称为已提交事务。已提交事务使数据库进入一个新的一致状态。未能成功完成的事务称为中止事务,中止事务必须对数据库的状态不造成影响。即,中止事务对数据库所做的任何改变必须撤销。一旦中止事务造成的变更被撤销,就说事务已回滚。

为了加深对 ACID 性质及其必要性的理解,以及简单说明数据库管理系统对于事务 ACID 特性的支持机制,现考虑一个简化的银行系统,这个系统中有若干账户,运行对这些账户进行访问、更新的一组事务。

设 T_i是从账户 A 转账 50 元到账户 B 的事务。这个事务可以被定义为

```
Ti:read(A);
   A:=A-50;
   write(A);
   read(B);
   B:=B+50;
   write(B).
```

现在分别考虑 ACID 要求中的每一个特性(为便于讲解,下面不按 A、C、I、D 的次序来讲述)。

① 一致性:事务的隔离执行保持数据库的一致性。在这个例子中,一致性要求事务 T_i的执行不改变 A、B 之和。假设事务执行前,账户 A 和账户 B 分别有 1 000 元和 2 000 元,A+B 之和为 3 000 元。那么要求当系统中只有 T_i一个事务执行时,保证事务提交后 A+B 之和仍为 3 000 元。如果没有一致性要求,事务就会创造出钱来,或使某些钱消失!如果数据库在事务执行前是一致的,那么事务执行后仍将保持数据库的一致性。

确保单个事务的一致性是对该事务进行编码的应用程序员的责任。DBMS 的查询处理器在进行查询编译和查询执行时对完整性约束进行自动检查,这也有助于保持一致性。

② 原子性:保证事务的所有操作在数据库中要么全部正确反映出来要么全部不反映。在这个例子中,事务 T_i执行前账户 A 和账户 B 分别有 1 000 元和 2 000 元,A+B 之和为 3 000 元;假设在事务 T_i执行时,系统出现了电源故障、硬件故障或软件错误等故障,导致 T_i的执行没有成功完成;再假设故障发生在 write(A)操作执行之后,write(B)操作执行之前。这种情况下,数据库反映出来的是账户 A 有 950 元而账户 B 有 2 000 元,A+B 的总和变成了 2 950 元。故障的结果造成 50 元消失了,这当然不是所希望的结果。

上面例子中的情况是,由于系统故障,系统的状态不再反映数据库应当描述的现实世界的真实状态。这种状态称为不一致状态。必须保证数据库用户不会看到事务中的某些操作被执行了,而某些操作没有执行这种不一致的状态。也就是说要保证事务的原子性。

这里需要说明的是,在事务执行的过程中,系统很可能会在某些时刻处于不一致状态。即使事务 T_i 能执行完,仍然会存在某一时刻账户 A 的金额是 950 元而账户 B 的金额是 2 000 元这样的不一致状态,但这样的状态最终会被账户 A 的金额是 950 元且账户 B 的金额是 2 050 元这个一致的状态代替。

保证原子性是 DBMS 的事务管理器中故障恢复机制的责任。

③ 持久性:事务成功完成后,它对数据库的改变必须是永久的,即使系统可能出现故障。在这个例子中,一旦这个事务成功地完成执行,并且发起事务的用户已经被告知资金转账已经完

成,系统就必须保证任何系统故障都不会引起与这次转账相关的数据的丢失。即使转账事务完成后系统立即发生故障,待系统从故障中恢复后,用户所看到的应该是账户 A 的金额是 950 元,账户 B 的金额是 2 050 元这样一个转账事务完成后的状态。

确保持久性也是 DBMS 的事务管理器中故障恢复机制的责任。

④ 隔离性:多个事务并发执行时,每个事务都应该感觉不到其他事务的存在,就像系统中只有它一个事务在运行一样,从而得到正确的结果。而实际的情况是,即使每个事务都能确保一致性和原子性,但如果几个事务并发执行,它们的操作可能会以人们所不希望的某种方式交叉执行,这也会导致不一致的状态。

还是来看上面的例子,正如前面已经谈到的,在 A 至 B 的资金转账事务执行过程中,当 A 中总金额已被减去转账额并已写回 A,而 B 中总金额被加上转账额后还未被写回时,数据库暂时是不一致的。如果另一个并发运行的事务在这个中间时刻读取 A 和 B 的值并计算 A+B,它将会得到不一致的值。此外,如果第二个事务基于它读取的不一致值对 A 和 B 进行更新,即使两个事务都完成后,数据库仍可能处于不一致状态。

解决事务并发执行问题的一种方法是串行地执行事务,即一个接一个地执行。但这样性能较低,事务并发执行能显著地改善性能。因此 DBMS 的事务管理器中有一个并发控制部件,它保证事务隔离性,即确保事务并发执行后的系统状态与这些事务以某种次序一个接一个地执行后的状态是等价的。

最后简单介绍一下 SQL 语言对事务概念的支持。在很多 SQL 实现中,缺省方式下每个 SQL 语句自成一个事务,且一执行完就提交。如果一个事务要执行多条 SQL 语句,则可以使用 SQL 中与事务有关的如下 3 个语句:

```
BEGIN TRANSACTION
COMMIT
ROLLBACK
```

来将多条 SQL 语句包括在一个事务中。BEGIN TRANSACTION 显式地开启一个事务;COMMIT 提交事务,并使得已对数据库做的所有修改成为永久的;ROLLBACK 结束事务,并撤销事务对数据库所做的所有修改。

7.4.2 故障恢复

计算机系统与其他任何设备一样可能发生故障。故障的原因多种多样,包括磁盘故障、电源故障、软件错误、机房失火甚至人为破坏。这些情况一旦发生,就可能会丢失信息。因此,数据库系统必须采取措施,以保证即使发生故障,也可以对数据库进行恢复,保持事务的原子性和持久性。

1. 故障类型和系统对策

系统可能发生的主要故障类型如下。

(1) 事务故障

有两种错误可能造成事务执行失败:

① 逻辑错误:事务由于某些内部条件而无法继续正常执行,这样的内部条件如非法输入、找不到数据、溢出或超出资源限制。

② 系统错误：系统进入一种不良状态（例如死锁），结果事务无法继续正常执行。但该事务可以在以后的某个时间重新执行。

事务故障意味着事务没有达到预期的终点，因此数据库可能处于不一致状态。恢复子系统需要强行回滚该事务，即撤销该事务对数据库已做的所有的修改，这称作事务的撤销或回滚（UNDO）。

（2）系统故障

硬件故障，或者数据库软件或操作系统的漏洞，导致系统停止运行，主存储器内容丢失，而外存储器仍完好无损。

发生系统故障时，可能有些未完成事务所做的数据库修改已经写入到外存的数据库中，因此数据库可能处于不一致状态。为保证一致性，在系统重新启动时必须强行撤销由于系统故障而非正常终止的事务。另外，发生系统故障时，可能有些已完成事务所做的数据库修改仍部分或全部留在系统缓冲区，尚未写入到外存的数据库中，这也会使数据库处于不一致状态。在系统重新启动时恢复子系统必须重做（REDO）所有已提交的事务，以保证事务的持久性和数据库的一致性。

（3）磁盘故障

由于数据传送操作过程中的磁头损坏或磁盘的局部故障造成磁盘块上的内容丢失。这类故障比前两类故障发生的可能性小，但它会永久地破坏数据库中的数据，所以危害大。

发生磁盘故障时，可以利用其他磁盘上的数据备份，或磁带上的备份来进行恢复。

2. 基于日志的恢复

保证在故障发生后仍保持数据库一致性以及事务的原子性的算法称为恢复算法，它包括两部分：

（1）在正常事务处理时采取措施，记录数据库中的更新活动，保证有足够的信息可用于故障恢复。

（2）故障发生后采取措施，将数据库内容恢复到某个保证数据库一致性、事务原子性及持久性的状态。

使用最为广泛的记录数据库中更新活动的结构是日志。日志是日志记录的序列，它记录了数据库中的所有更新活动。下面首先讨论正常事务处理时对日志的登记，然后再讨论发生故障后如何利用日志中记录的信息来将数据库恢复到一致性状态。

日志记录主要有以下几种，用于记录数据库的写操作和事务处理过程中的重要事件。

① 事务开始日志记录：$<T_i\ \text{start}>$，表示事务 T_i 开始。

② 更新日志记录：$<T_i, X_j, V_1, V_2>$，表示事务 T_i 对数据项 X_j 执行修改操作。X_j 的改前值是 V_1，改后值是 V_2。

③ 事务提交日志记录：$<T_i\ \text{commit}>$，表示事务 T_i 提交。

④ 事务中止日志记录：$<T_i\ \text{abort}>$，事务 T_i 中止。

日志文件在数据库恢复中起着非常重要的作用，它能够很好地支持事务故障的恢复和系统故障的恢复。利用更新日志记录中的改前值可以进行 UNDO 操作，撤销已做的修改操作，将数据项恢复到修改以前的旧值；利用更新日志记录中的改后值可以进行 REDO 操作，重做已完成的操作，将数据项置为修改后的新值。

为保证对故障恢复的支持，登记日志记录时必须遵循以下原则：登记的顺序严格按照事务的并发执行中各操作发生的实际顺序；必须先把日志记录写到外存的日志文件中，再把相应的数据库修改写到外存的数据库中。这称为先写日志的原则,是为了发生故障后保持数据库的原子性和持久性所必须遵循的原则。这样做的原因是,把日志记录写到外存的日志文件中和把数据库修改写到外存的数据库中是两个不同的写操作,有可能在这两个操作之间发生故障,即这两个写操作只完成了一个。如果先写了数据库修改,而在日志文件中没有对这个修改的记录,就没有办法进行 UNDO 操作了。而如果先写日志记录,但没有修改数据库,那么就既可以进行 UNDO 操作,也可以进行 REDO 操作。

由于系统在正常事务处理时登记日志,对数据库中的更新活动进行了必要的记录,因此当发生故障时就可以利用日志文件中的信息进行故障恢复。

事务故障恢复的步骤是:

① 反向扫描日志文件,查找该事务的更新操作。

② 对该事务的每一个更新操作执行 UNDO 操作,即将日志记录中的改前值写入数据库。

③ 如此处理下去,直至读到该事务的开始日志,则事务故障恢复结束。

系统故障恢复的步骤是:

① 从后往前扫描日志,构造 undo-list 和 redo-list:

对每一个形如<Ti commit>的记录,将 Ti 加入 redo-list。

对每一个形如<Ti start>的记录,如果 Ti 不属于 redo-list,则将 Ti 加入 undo-list。

② 从后往前重新扫描日志,对 undo-list 中的每个事务 Ti 的每一个日志记录执行 UNDO 操作。

③ 从前往后重新扫描日志,并且对 redo-list 中每个事务 Ti 的每一个日志记录执行 REDO 操作。

如上所述的系统故障恢复原则上需要检查整个日志,这样的日志扫描过程太耗时,而且得到的 redo-list 中的大多数事务其更新事实上已经写入了数据库中,尽管对它们重做不会造成不良后果,但会使恢复过程变得很长。解决这个问题的方法是周期性地对日志做检查点,以避免故障恢复时检查整个日志。检查点的做法是:

1) 写入日志记录<START CKPT(T_1,…,T_k)>,其中 T_1,…,T_k 是所有的活跃事务,并刷新日志。

2) 将所有脏缓冲区写到磁盘,脏缓冲区即包含一个或多个修改过的数据库元素的缓冲区。

3) 写入日志记录<END CKPT>并刷新日志。

使用带检查点的日志的系统故障恢复过程为:从后往前扫描日志,直至找到一个<END CKPT>检查点记录,并继续扫描到它对应的<START CKPT (T1,…,Tn)>记录。现在只需关心该<START CKPT (T1,…,Tn)>中提到的和在该检查点之后开始的事务,这些事务中已经提交者进入 redo-list,这些事务中尚未提交者进入 undo-list。

最后再简单地说一下介质故障。介质故障的恢复需要有 DBA 介入,装入最新的数据库后备副本,和有关的日志文件副本,然后由系统进行恢复工作。

7.4.3 并发控制

1. 事务并发执行可能出现的问题

如前所述,在事务处理系统中,如果事务串行执行,即一次执行一个事务,每个事务仅当前一事务执行完后才开始,则事情很简单。而如果允许多个事务并发更新数据则会引起许多数据一致性的问题。然而,在数据库系统中通常允许多个事务并发执行,理由如下。

(1) 一个事务由多个步骤组成。一些步骤涉及 I/O 活动,而另一些涉及 CPU 活动。计算机系统中 CPU 与磁盘可以并行运作。因此,I/O 活动可以与 CPU 处理并行进行。利用 CPU 与 I/O 系统的并行性,多个事务可并行执行。当一个事务在一个磁盘上进行读写时,另一个事务可在 CPU 上运行,第三个事务又可在另一磁盘上进行读写。从而系统的吞吐量增加——即给定时间内执行的事务数增加。相应地,处理器与磁盘利用率也提高,换句话说,处理器与磁盘空闲时间较少。

(2) 系统中可能运行着各种各样的事务,一些较短,一些较长。如果事务串行执行,短事务可能需要等待它前面的长事务完成,这可能导致难以预测的延迟。如果各事务是针对数据库的不同部分进行操作,事务并发执行会取得更好的效果,各事务可以共享 CPU 周期与磁盘存取。并发执行可以减少不可预测的事务执行延迟。此外,并发执行也可缩短平均响应时间,即一个事务从开始到完成所需的平均时间。

在数据库中使用并发执行的动机本质上与操作系统中使用多道程序的动机是一样的。

当多个事务并发执行时,即使每个事务各自都正确地执行,数据库的一致性也可能被破坏。下面是事务的并发执行中可能出现的三个主要问题。

① 丢失更新

设有两个事务 T_i 和 T_j 在系统中并发地执行,T_i 读取了数据项 A,然后 T_j 也读取了数据项 A,它们读到的是相同的值。随后事务 T_i 对数据项 A 进行更新,在刚才读取的值的基础上对 A 的值减 3,并将结果写回到数据库中。然后事务 T_j 也对数据项 A 进行更新,在刚才读取的值的基础上对 A 的值减 1,并将结果写回到数据库中。当事务 T_j 对数据项 A 进行更新时,事务 T_i 所做的更新丢失,被事务 T_j 所做的更新覆盖。如果这是一个飞机订票系统,事务 T_i 和事务 T_j 都读取了航班 A 的当前剩余票数。事务 T_i 售出 3 张票并对剩余票数进行更新,然后事务 T_j 售出 1 张票并且也对剩余票数进行更新。但事务 T_i 所做的更新丢失了,反映到数据库中的只是事务 T_j 售出了 1 张票。显然这不是所希望的执行结果。

② 对未提交更新的依赖

如果允许事务 T_i 检索,甚至更新已被另一个尚未提交的事务 T_j 更新过的数据项,就会引起对未提交更新的依赖问题。未提交事务 T_j 的执行结果有可能是提交,也有可能是中止。如果由于故障或其他原因事务 T_j 中止,那么它所做的所有更新都必须回滚,恢复到更新前的值,于是事务 T_i 所读取的是一个数据库中并不存在的值,事务 T_i 基于这样的值所进行的进一步操作将是不正确的。

③ 不一致的分析

如果事务 T_i 对所有账户的存款余额求和,在事务 T_i 已读取账户 1 的存款余额之后,事务 T_j 进行转账操作,从账户 1 转移 100 元到账户 5,然后事务 T_j 提交。这时事务 T_i 继续执行,它读取账户 5 的存款余额,并累加到总数中。显然事务 T_i 计算出的总数是不正确的,事务 T_j 从账户 1 转移到账户 5 的 100 元被计算了两次。这就是不一致的分析。请注意,这和前面所讲对未提交更新的依赖问题不是一回事,事务 T_i 并未读取未提交的更新,在它读取账户 5 的存款余额时,事务 T_j 已经提交了。

上面这些问题是由于并发事务的执行未能受到正确的控制所引起的。下面先来看看并发事务在系统中的调度情况,然后讨论什么样的并发执行是正确可接受的,最后讨论对事务的并发执行进行控制以保证数据库一致性的方法。

2. 并发事务的调度

以前面所述的简化了的银行系统为例,来具体考察一下并发的事务在系统中的调度情况。

设系统中有多个账户以及存取、更新这些账户的一组事务。设 T_1、T_2 是将资金从一个账户转移到另一个账户的两个事务。事务 T_1 从账户 A 转账 50 元到账户 B,这个事务定义为

```
T1:read(A);
   A:=A-50;
   write(A);
   read(B);
   B:=B+50;
   write(B).
```

事务 T_2 从账户 A 转账 10%的存款余额到账户 B,这个事务定义为

```
T2:read(A);
   temp:=A*0.1;
   A:=A-temp;
   write(A);
   read(B);
   B:=B+temp;
   write(B).
```

设账户 A 和账户 B 当前分别有 1 000 元和 2 000 元。假设两个事务串行地执行,先执行 T_1,然后执行 T_2。该执行顺序如图 7.15 所示。图中,指令序列自顶向下按时间顺序排列,T_1 的指令出现在左栏,T_2 的指令出现在右栏。按图 7.15 的顺序执行后,账户 A 与 B 中最终的值分别为 855 元与 2 145 元。因此,账户 A 与 B 的资金总数(即 A+B 之和)在两个事务执行后保持不变。

类似地,如果事务串行地执行,先执行 T_2,然后执行 T_1,那么相应的执行顺序如图 7.16 所示。正如所预期的那样,A 与 B 之和仍维持不变。账户 A 与 B 中最终的值分别为 850 元与2 150 元。

T_1	T_2
read(A);	
A:=A-50;	
write(A);	
read(B);	
B:=B+50;	
write(B).	
	read(A);
	temp:=A*0.1;
	A:=A-temp;
	write(A);
	read(B);
	B:=B+temp;
	write(B).

图 7.15 调度 1——一个串行调度,T_2 跟在 T_1 之后

T_1	T_2
	read(A);
	temp:=A*0.1;
	A:=A-temp;
	write(A);
	read(B);
	B:=B+temp;
	write(B)
read(A);	
A:=A-50;	
write(A);	
read(B);	
B:=B+50;	
write(B).	

图 7.16 调度 2——一个串行调度,T_1 跟在 T_2 之后

前面所说的执行顺序称为调度，它表示指令在系统中执行的时间顺序。显然，一组事务的一个调度必须包含这一组事务的全部指令，并且必须保持指令在各个事务中出现的顺序。例如，在任何一个有效的调度中，事务 T_1 中的指令 write(A)必须在指令 read(B)之前出现。在下面的讨论中，称第一种执行顺序为调度 1(T_2 跟在 T_1 之后)，称第二种执行顺序为调度 2(T_1 跟在 T_2 之后)。

以上两个调度都是串行调度。串行调度由来自各事务的指令序列组成，其中属于同一事务的指令在调度中紧挨在一起。

当多个事务并发执行时，相应的调度不一定是串行的。若有两个并发执行的事务，操作系统可能先选其中的一个事务执行一小段时间，然后切换到第二个事务执行一段时间，接着又切换到第一个事务执行一段时间，如此下去。执行顺序可能会有多种，因为来自两个事务的各条指令可以交叉执行。

回到前面的例子，假设两个事务并发执行，一种可能的调度如图 7.17 所示。

执行完成后，得到的状态与先执行 T_1 后执行 T_2 的串行调度一样。A 与 B 之和保持不变。

不是所有的并发执行都能得到正确的结果。考虑如图 7.18 所示的调度，该调度执行后，到达的状态是账户 A 与 B 中最终的值分别为 950 元与 2 100 元。这个最终状态是一个不一致状态，两个事务执行后 A 与 B 之和未能保持不变，在并发执行过程中多出了 50 元。

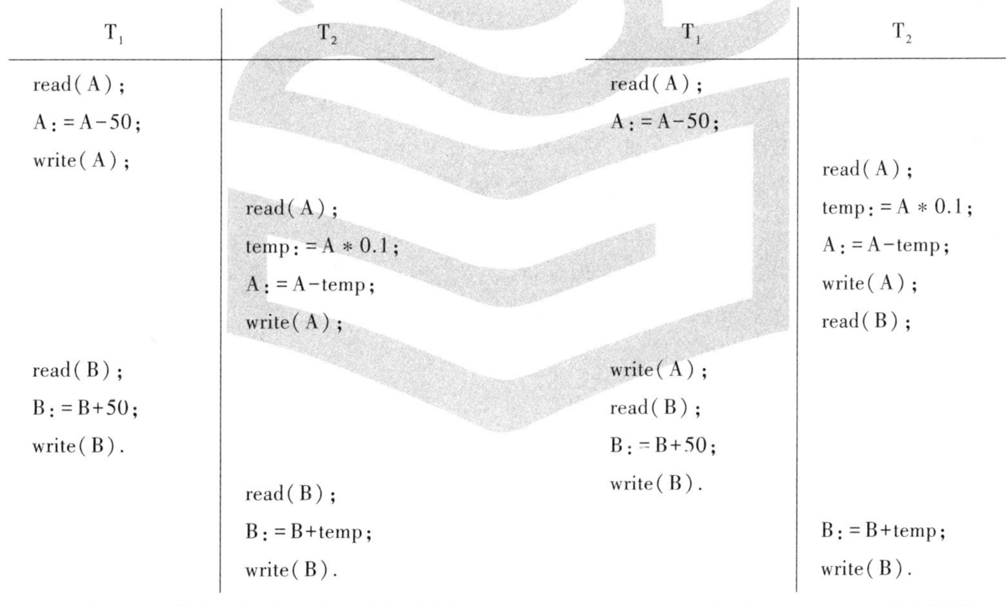

T_1	T_2
read(A);	
A:=A-50;	
write(A);	
	read(A);
	temp:=A*0.1;
	A:=A-temp;
	write(A);
read(B);	
B:=B+50;	
write(B).	
	read(B);
	B:=B+temp;
	write(B).

图 7.17 调度 3——等价于调度 1 的一个并发调度

T_1	T_2
read(A);	
A:=A-50;	
	read(A);
	temp:=A*0.1;
	A:=A-temp;
	write(A);
	read(B);
write(A);	
read(B);	
B:=B+50;	
write(B).	
	B:=B+temp;
	write(B).

图 7.18 调度 4 —— 一个并发调度

如果并发执行的控制完全由操作系统负责，许多调度都是可能的，包括上述调度那样使数据库处于不一致状态的调度。保证事务的并发调度执行后数据库总处于一致状态是数据库系统的职责。数据库系统中完成此任务的部件是并发控制部件。

3. 可串行化

如果多个事务在某个调度下的执行结果与这些事务在某个串行调度下的执行结果相同，则称这个调度为可串行化的调度。

下面详细探讨这个问题。

为简单起见,仅考虑事务中的 read 与 write 这两种操作。在数据项 Q 上的 read(Q)和 write(Q)指令之间,事务可以对驻留在事务局部缓冲中的 Q 的备份执行任意操作序列。所以,从调度与数据库的关系来看,事务仅有的重要操作是 read 与 write 指令。因此,调度中通常只显示 read 与 write 指令。

考虑两个调度 S 与 S′,参与两个调度的事务集是相同的。若调度 S 与 S′ 满足下面三个条件,则称它们是等价的。

① 对于每个数据项 Q,若事务 T_i在调度 S 中读取了 Q 的初始值,那么在调度 S′中 T_i也必须读取 Q 的初始值。

② 对于每个数据项 Q,若事务 T_i在调度 S 中执行了 read(Q)并且读取的值是由 T_j产生的,则在调度 S′中 T_i读取的值也必须是由 T_j产生的。

③ 对于每个数据项 Q,若在调度 S 中有事务执行了最后的 write(Q)操作,则在调度 S′中该事务也必须执行最后的 write(Q)操作。

条件①与条件②保证了在两个调度中的每个事务都读取相同的值,从而进行相同的计算。条件③与条件①、条件②一起保证两个调度得到相同的最终系统状态。

回到前面的例子,请注意调度 1 与调度 2 不等价,因为在调度 1 中,T_2 读取的账户 A 的值是由 T_1 产生的,而在调度 2 中 T_2 读取的是账户 A 的初始值。同样的,调度 4 与调度 1、调度 2、调度 3 中的任何一个都不等价。然而,调度 1 与调度 3 是等价的,因为在两个调度中,事务 T_1 读取的账户 A 与账户 B 的值都是初始值,事务 T_2 读取的账户 A 与账户 B 的值都是由 T_1 产生的,并且在这两个调度中都是由 T_2 执行了对 A 和 B 的最后 write 操作。

下面用等价的概念来定义可串行化的概念。如果某个调度等价于一个串行调度,则说这个调度是可串行化的。

并发调度 3 等价于串行调度 1,因此调度 3 是一个可串行化的调度。

可串行化是多个事务并发执行的正确性准则。多个事务在某个调度下的执行是正确的,是能保证数据库一致性的,当且仅当该调度是可串行化的。

4. 可恢复性

上面在假定无事务故障的前提下,从数据库一致性的观点出发,对什么样的调度可以接受进行了研究。现在讨论在并发执行过程中事务故障所产生的影响。

如果事务 T_i由于某种原因而失败了,则必须撤销该事务的影响以确保其原子性。在允许并发执行的系统中,还必须确保依赖于 T_i的任何事务 T_j(即 T_j读取了 T_i写的数据)也中止。为确保这一点,需要对系统所允许的调度类型做一些限制。

下面根据以上观点讨论什么样的调度是可接受的。

首先讨论可恢复的调度。考虑图 7.19 所示的调度 5,其中事务 T_4读取了由 T_3写入的数据项 A。现在假定 T_4先于 T_3成功提交了,又假定 T_3在提交前发生故障,系统对它进行了回滚。由于 T_3的回滚造成 T_4读入的数据项 A 是不正确的值,所以必须中止 T_4以保证事务执行的正确性。但 T_4已提交,不能再中止。这样就出现了 T_3发生故障后不能正确恢复的情形。

大多数数据库系统要求所有调度都是可恢复的。可恢复调度应满足:对于每对事务 T_i 和 T_j,如果 T_j读取了由 T_i所写的数据项,则 T_i先于 T_j提交。

下面再讨论无级联的调度。即使一个调度是可恢复调度，要从事务 T_i 的故障中正确恢复，可能需要回滚若干事务。当其他事务读取了由事务 T_i 所写数据项时就会发生这种情形。举一个例子，考虑图 7.20 所示的部分调度。事务 T_5 写入 A，事务 T_6 读取了 A。事务 T_6 写入 A，事务 T_7 读取了 A。假定此时事务 T_5 失败，T_5 必须回滚。由于 T_6 依赖于 T_5，则事务 T_6 必须回滚。由于 T_7 依赖于 T_6，T_7 也必须回滚。这种因一个事务故障导致一系列事务回滚的现象称为级联回滚。

T_3	T_4
read(A);	
write(A);	
	read(A);
	⋮
	提交
read(B);	
故障	

图 7.19 调度 5

T_5	T_6	T_7
read(A)		
read(B)		
write(A)		
	read(A)	
	write(A)	
		read(A)

图 7.20 调度 6

由于级联回滚导致撤销大量工作，所以不希望发生级联回滚。我们希望对调度加以限制，避免级联回滚发生。这样的调度称为无级联调度。无级联调度应满足：对于每对事务 T_i 和 T_j，如果 T_j 读取了由 T_i 所写的数据项，则 T_i 必须在 T_j 这一读取前提交。容易验证无级联调度总是可恢复的。

现在，我们已经知道一个调度应具有什么样的特性才能保证数据库处于一致状态，保证事务故障得以安全处理。具体来说，可串行化且无级联的调度是所需要的调度。

5. 基于封锁的并发控制

数据库管理系统对事务的并发执行进行控制，以保证数据库一致性，最常用的方法是封锁的方法。即，当一个事务访问某个数据项时，以一定的方式锁住该数据项，从而限制其他事务对该数据项的访问。

给数据项加锁的方式有多种，下面只考虑最基本的两种。

① 共享锁：如果事务 T_i 获得了数据项 Q 上的共享型锁（记为 S），则 T_i 可读 Q 但不能写 Q。

② 排他锁：如果事务 T_i 获得了数据项 Q 上的排他型锁（记为 X），则 T_i 既可读 Q 又可写 Q。

要求每个事务都根据自己将对数据项 Q 进行的操作类型申请适当的锁。该请求是发送给并发控制管理器的。只有在并发控制管理器授予其所需锁后，事务才能继续其操作。

并发控制管理器根据事务申请在数据项 Q 上加的锁类型与数据项 Q 上已存在的锁类型是否相容来决定是否将锁授予申请锁的事务。上述两类锁的相容关系由图 7.21 所示的矩阵给出。

	S	X
S	true	false
X	false	false

图 7.21 锁相容矩阵

共享锁与共享锁相容,而与排他锁不相容。任何时候,一个具体的数据项上可同时有多个(被不同事务拥有的)共享锁。此后的排他锁请求必须一直等到该数据项上的所有共享锁释放。

事务通过执行 lock-S(Q)指令来申请数据项 Q 上的共享锁。类似地,排他锁通过执行 lock-X(Q)指令来申请。数据项 Q 上的锁通过 unlock(Q)指令来释放。

要访问一个数据项,事务必须首先给该数据项加锁。如果该数据项已被另一事务加上了不相容类型的锁,则在所有不相容类型锁被释放之前,并发控制管理器不会将锁授予申请锁的事务。因此,该事务必须等待,直到所有不相容类型锁被释放。事务可以在适当的时候释放先前加在某个数据项上的锁。

要求在系统中的每一个事务遵从称为封锁协议的一组规则,这些规则规定事务何时对各数据项进行加锁、解锁。封锁协议限制了可能的调度数目。

保证可串行性的一个协议是两阶段封锁协议。该协议要求每个事务分两个阶段提出加锁和解锁申请。

① 增长阶段:事务可以获得锁,但不能释放锁。

② 缩减阶段:事务可以释放锁,但不能获得新锁。

一开始,事务处于增长阶段。事务根据需要获得锁。一旦该事务释放了锁,它就进入了缩减阶段,不能再发出加锁请求。

两阶段封锁协议保证可串行性。对于任何事务,在调度中该事务获得其最后加锁的时刻(增长阶段结束点)称为事务的封锁点。将多个事务根据它们的封锁点进行排序,这个顺序就是事务的一个可串行化次序。

可以通过将两阶段封锁增强为严格两阶段封锁协议来避免级联回滚。严格两阶段封锁协议除了要求封锁是两阶段的之外,还要求事务持有的所有排他锁必须在事务提交后方可释放。这个要求保证未提交事务所写的任何数据在该事务提交之前均以排他方式加锁,防止了其他事务读这些数据。

两阶段封锁的另一个变体是强两阶段封锁协议,它要求事务提交之前不得释放任何锁。很容易验证在强两阶段封锁条件下,事务可以按其提交的顺序串行化。大部分数据库系统要么采用严格两阶段封锁,要么采用强两阶段封锁。

不幸的是封锁自身也会引发问题,主要的问题是死锁。死锁指的是两个或更多的事务同时处于等待状态,每个事务都在等待其他的事务释放锁使其可继续执行。

图 7.22 是一个死锁的例子。由于事务 T_8 在 B 上拥有排他锁,而事务 T_9 正在申请 B 上的共享锁,所以 T_9 等待 T_8 释放 B 上的锁。同时,由于 T_9 在 A 上拥有共享锁,而 T_8 正在申请 A 上的排他锁,所以 T_8 等待 T_9 释放 A 上的锁。于是,系统进入了哪个事务都不能继续执行的死锁状态。

两阶段封锁并不保证不会发生死锁。发生死锁时系统必须能检测并解除它。检测死锁就是检测等待图中的环,解除死锁就是选出一个陷入死锁的事务,将之回滚,从而释放其拥有的锁使得其他一些事务可以执行下去。

在数据库系统中,一般是由系统自动进行加锁和解锁,而不是由应用程序员在程序中进行。当事务需要对数据项进行操作时,系统首先产生一个相应的封锁指令,后接操作指令;当事务提交或回滚后,系统自动释放该事务持有的所有的锁。

T_8	T_9
lock-X(B)	
read(B)	
B:=B-50	
write(B)	
	lock-S(A)
	read(A)
	lock-S(B)
lock-X(A)	

图 7.22　死锁的例子

7.5　小结

数据库管理系统是对数据库进行统一管理和控制的一个复杂的功能强大的系统软件,本章讲述了数据库管理系统的相关概念、工作原理和实现技术。

本章首先简单介绍了数据库管理系统的基本概念和主要功能,以及数据库管理系统的框架、主要成分和工作流程,然后对数据库管理系统的三个主要部件的原理和实现机制分别进行了阐述。

关于存储管理器,首先介绍了计算机物理存储介质的层次结构,并重点介绍了磁盘存储器的物理特性,读者对这些硬件基础的了解是进一步掌握存储管理器工作原理的基础。然后阐述了存储管理器中的数据存储组织、缓冲区管理、数据字典、索引结构的基本概念和相关的数据结构,重点讨论了两种主要的索引结构:B+树索引和散列索引,读者应掌握它们的构造和查询方法并能实际应用。

关于查询处理器,介绍了它的主要成分和查询处理的基本步骤。对于查询执行引擎的基本动作,主要介绍了选择和连接这两种重要的关系代数运算的几种最基本的实现算法;对于查询编译器,主要介绍了它的核心——查询优化,重点是逻辑查询计划选择中的关系代数表达式转换的等价规则,以及进行表达式转换时使用的一些启发式规则。读者应能将这些规则实际应用到关系代数表达式的等价转换中。

关于事务处理器,首先重点阐述了事务概念和事务的 ACID 特性,读者应深入理解这些概念和特性,以及事务管理器中保证这些特性的机制。对于事务处理器中的两个主要成分故障恢复和并发控制分别进行了介绍:关于故障恢复,介绍了主要的故障类型,阐述了基于日志的故障恢复的基本思想;关于并发控制,介绍了事务并发执行时可能出现的问题,以及可串行化调度、可恢复调度和无级联调度等重要概念,阐述了基于封锁的并发控制机制。读者应能将这些概念和机制应用到实际的例子中。

习题

一、单选题

1. 数据库管理系统的三个主要成分是

A）存储管理器、查询处理器和恢复管理器

B）存储管理器、缓冲区管理器和事务管理器

C）存储管理器、查询处理器和事务管理器

D）缓冲区管理器、查询处理器和并发控制管理器

2. 下列关于索引的叙述中，哪一条是错误的？

A）顺序索引能有效地支持点查询

B）顺序索引能有效地支持范围查询

C）散列索引能有效地支持点查询

D）散列索引能有效地支持范围查询

3. 下列关于B+树的叙述中，哪一条是错误的？

A）B+树的叶结点均出现在同一层次

B）B+树的所有关键码都在叶结点中出现

C）m 阶B+树的每个非叶结点至少有$\left\lceil \frac{m}{2} \right\rceil$个子女

D）m 阶B+树的每个结点至多有 m 个子女

4. 下列关于关系代数表达式等价转换规则的叙述中，哪一条是错误的？

A）选择运算满足交换律：$\sigma_{\theta_1}(\sigma_{\theta_2}(E)) = \sigma_{\theta_2}(\sigma_{\theta_1}(E))$

B）投影运算满足交换律：$\pi_{L_1}(\pi_{L_2}(E)) = \pi_{L_2}(\pi_{L_1}(E))$

C）自然连接运算满足交换律：$E_1 \bowtie E_2 = E_2 \bowtie E_1$

D）集合的交运算满足交换律：$E_1 \cap E_2 = E_2 \cap E_1$

5. 事务的ACID特性中，C的含义是

A）一致性（Consistency）

B）邻接性（Contiguity）

C）连续性（Continuity）

D）并发性（Concurrency）

6. 下述哪一种情况不属于故障恢复系统的处理范围？

A）由于逻辑错误造成的事务失败

B）由于恶意访问造成数据不一致

C）由于电源故障导致系统停止运行，从而数据库处于不一致状态

D）由于磁头损坏或故障造成磁盘块上的内容丢失

7. 如果有两个事务，同时对数据库中同一数据进行操作，不可能引起冲突的操作是

A）其中有一个是DELETE

B）一个是SELECT，另一个是UPDATE

C）两个都是SELECT

D）两个都是UPDATE

二、多选题

8. 下列哪些是易失性存储设备？

A）高速缓冲存储器

B）快闪存储器

C）主存储器

D）磁盘存储器

E）光盘存储器

9. 下列关于查询处理的叙述中,哪些是正确的?
   A) 查询处理是指从数据库中查找数据时涉及的一系列活动
   B) 查询处理器中最主要的模块是查询编译器和查询执行引擎
   C) 每个关系代数运算都可以用多种不同的算法来执行
   D) 选择逻辑查询计划和选择物理查询计划的步骤通称为查询优化
   E) 查询处理的代价可以通过该查询对各种资源的使用情况进行度量

10. 下列关于基于封锁的并发控制的叙述中,哪些是正确的?
   A) 给数据项加锁的方式只有两种,即共享锁和排他锁
   B) 共享锁与共享锁相容
   C) 排他锁与排他锁相容
   D) 共享锁与排他锁不相容
   E) 封锁协议是一组规则,这些规则规定事务何时对各数据项进行加锁、解锁

参考答案

一、单选题

1. C　2. D　3. C　4. B　5. A　6. B　7. C

二、多选题

8. AC　9. ABCDE　10. BDE

第8章　分布式、对象-关系、NOSQL数据库

随着计算机技术和网络技术的发展，数据库系统已经从一个紧密集成的单机系统，发展到了客户机/服务器结构的分布式系统。当前的云计算环境由成百上千的大型服务器组成，管理着Web上的大量的数据。本章将首先阐述分布式数据库系统的体系结构，在此基础上介绍一种典型的分布式数据库系统：客户机/服务器数据库体系结构。然后介绍新一代数据库系统：对象-关系系统，以及非常重要的NOSQL数据库系统概念。最后对本章进行小结并给出习题。

本章的考核目标是：

- 理解和掌握分布式数据库系统的主要特点，以及分布式数据库的设计技术和查询处理、并发控制和恢复技术；
- 了解客户机/服务器数据库体系结构的特点，理解面向Web应用的软件开发方法；
- 了解对象的基本概念，掌握数据库标准模型和ODL以及OQL语言，掌握SQL中对对象-关系数据库模型的支持；
- 了解NOSQL的基本概念，掌握CAP的基本原理，理解NOSQL系统的分类。

8.1　分布式数据库系统

在20世纪80年代后期，数据库的发展趋势更多地转向了分散化和处理的自治性，分布式数据库系统就是在数据库技术以及网络与数据通信技术的发展推动下出现和发展的。一个分布式数据库系统包含一个节点的集合，每一个节点是一个独立的数据库系统节点。一个数据库之所以称为分布的，至少需要满足下面几点：

- 数据库节点需要通过某种类型的网络相连在一起。存在多个称为节点或站点的计算机系统，这些节点必须通过网络连接起来以传输数据和命令。
- 互连的数据库是逻辑上相关的。不同数据库节点上的信息是相关的，这是分布式数据库系统基本的要求。
- 相互连接的节点可能是异构的。所有的节点并不要求一定具有相同的数据、硬件和软件。

这里可以把分布式数据库(Distributed Database，DDB)定义为一个分布于计算机网络上的、逻辑上相关的若干数据库的集合；将分布式数据库管理系统(Distributed Database Management Systems，DDBMS)定义为一个管理分布式数据库的软件系统，它使得“分布”对用户来说是透明的。对于用户来讲，分布式系统必须看起来完全像一个非分布式系统一样。换句话说，分布式系统的用户的操作与非分布式系统是完全相同的。分布式数据库系统中的节点协调系统使得任何一个节点上的用户都可以对网络上的任何数据进行访问，就如同这些数据都存储在用户自己所

在的节点上一样。分布式系统的所有问题是(或应当是)内部的、实现级别的问题,而不是外部的、用户级别的问题。

在早期,分布式数据库系统主要研究的是数据分布、数据复制、分布式查询和事务处理、分布式元数据管理等问题。最近,很多新的技术与分布式以及数据库技术相结合,用于处理大数据的存储、分析、挖掘,常常被称为大数据技术。大数据技术来源于分布式系统、数据库技术,以及数据挖掘和机器学习算法,用于从巨量数据中抽取有用的知识。

8.1.1 分布式数据库系统的主要特点

分布式数据库的出现有多种原因。从组织上的分散性和处理的经济性,到更高的自治性等,都推动了分布式数据库系统的出现和发展。与集中式数据库系统相比较,其主要的优点包括:

(1) 不同透明度层次的分布式数据管理

一个理想化的 DBMS 在隐藏诸如每个文件(表或关系)在系统中的物理存储位置之类的细节问题上应当是具有分布透明性(Distribution Transparent)的。

- 分布透明性或网络透明性:这是指用户能够从网络的操作细节中解脱出来,它可以分为位置透明性和命名透明性。位置透明性(Location Transparency)是指用于执行任务的命令对于数据的位置和发出命令的系统的位置来说是独立的。命名透明性(Naming Transparency)意味着对象一旦被命名,就可以在没有附加说明的情况下无二义性地存取该命名对象。
- 复制透明性(Replication Transparency):为了获得更好的可用性、更高的性能和可靠性,数据的副本会存储在多个网络站点上。复制透明性使用户不知道有副本的存在。
- 分片透明性:有两种可能的分片类型。水平分片(Horizontal Fragmentation)将关系分割成元组(行)的子关系,这也就是新的大数据和云计算系统中的分区(Sharding)。垂直分片(Vertical Fragmentation)将关系分割成子关系,每个子关系被定义成原来关系的列的子集。用户的一个全局查询必须转换成几个片段查询。分片透明性使得用户不必知道分片和片段的存在。
- 其他透明性包括设计透明性和执行透明性,分别是指不需要知道分布式数据库是怎么样设计的,以及事务是在哪里执行的。

(2) 增加了可靠性和可用性

这是对分布式数据库而言最为普遍的两种潜在优势。可靠性(Reliability)被广泛定义为系统在某个时间点正常运行(没有故障)的可能性,而可用性(Availability)是指一个时间段内系统连续可用的可能性。

(3) 提高了性能

分布式 DBMS 通过将数据存储在最靠近它且频繁使用的地方的方法来对数据库进行分片。大型数据库分布在多个站点上,而使每个站点上都存在较小型的数据库,这样本地查询和仅在单个站点上存取数据的事务,会有较高的执行效率。此外,在每个站点上执行的事务数量要比把所有事务都提交到单个集中式数据库的事务数量要小。而且,可以通过将多个查询放在不同站点上分别执行,或将一个查询分解成一组可以并行执行的子查询,来实现网间查询和网内查询的并行性。这对性能的提高有很大的作用。

(4) 更容易扩展

扩展性是指系统能够扩充其能力,而系统能够不间断地运行。在分布式环境中,涉及诸如增加更多的数据、扩展数据库规模或增加更多的处理器之类的系统扩展应该会比集中式系统(非分布式系统)变得更加容易。有两种形式的扩展:

- 水平扩展:扩充分布式系统中节点的数量。节点数量的增加,可以将一些数据和处理负载从现在的节点分布到新的节点上。
- 垂直扩展:是指对系统中的单个节点的能力进行扩充,比如存储能力和处理能力。

随着节点数量的扩展,连接节点的网络可能会出现故障,导致节点被分区成一些群组。在每个分区内的节点可以通过子网络继续连接,但是分区之间会无法通信。分隔容忍性(Partition Tolerance)指的就是当网络被分区后,系统应该能够继续运行。

分布式系统也存在一些不利的方面,其中最主要的一点就是分布式系统太复杂,至少从技术的角度看是这样的。为了获得分布式数据库潜在的优势,DDBMS软件必须能够提供以下集中式DBMS功能之外的附加功能:数据跟踪、分布式查询处理、分布式事务管理、复制数据的管理、分布式数据库恢复、安全性、分布式目录管理等。

8.1.2 分布式数据库的设计技术

在分布式数据库中可将数据库分割成被称为片段(Fragment)的逻辑单位,片段可以被分配到不同站点上进行存储。数据复制就是把某些数据存储在多个站点中,以及将片段或片段的副本分配在不同站点上存储的过程。这些技术将在分布式数据库设计的过程中使用。有关数据分片、分配和副本的信息存储在全局目录中,该目录在需要时可以被DDBS应用访问。

1. 数据分片

在分布式数据库系统中,片段划分是一种非常重要的问题,它直接影响数据的分配,进而影响到系统的运行效率和可靠性。分布式数据库系统中的事务通常并不是存取关系中的所有数据,而是存取关系的子集。因此,分布式数据库系统就存在数据的划分问题,即数据的逻辑分片问题,通过将关系中的数据划分成若干个不相交的子集,可以减少事务的存取代价。分布式数据库系统设计的主要目标之一就是数据处理的本地化,即将关系中的数据分成若干互不重叠的子集(垂直分片的主键除外),然后再按照一定的分配策略将各个分段分配到相应的站点上,数据尽可能存放在对它们有存取要求的事务所在的站点上,从而减少远程访问所需的通信代价,并且通过分片和分配可以并发地执行事务。

(1) 水平分片(Horizontal Fragmentation)

按一定的条件把全局关系的所有元组划分成若干不相交的子集,每个子集为关系的一个片段。水平分片将一个关系水平地进行分组,以创建元组的子集,每个子集都有特定的逻辑含义。然后这些片段被分配到分布式数据库系统中的不同站点上。

导出水平分片将对基本关系的分片借助于其他辅助关系中的属性,这些辅助关系与基本关系通过外码进行联系。这样,在基本关系和辅助关系之间的相关数据以相同的方式被分片。需要注意,关系R上的每一个水平分片可以用关系代数中$\sigma_{Ci}(R)$(选择)操作表示。一组条件为C_1、C_2、…、C_n的水平分片的集合包含了R中的所有元组,也就是说,R中每个元组满足(C_1 OR C_2 OR … OR C_n),这被称为R的完备水平分片(Complete Horizontal Fragmentation)。在许多情况下,一组完备水平分片是不相交的(Disjoint),即对于任何$i \neq j$,R中元组没有满足(C_i AND C_j)的。为了从一个完备的水平分片重构关系R,需要在这些片段上使用并(UNION)操作。

(2) 垂直分片(Vertical Fragmentation)

每个站点也许不需要一个关系的所有属性,这就表明需要不同的分片类型。垂直分片将一个关系以列为单位“垂直地”分割。关系的垂直片段只保留关系的某些属性,且每一个垂直分片都包含该关系的主键,这样可以通过对这些分片执行连接操作来恢复该全局关系。

关系 R 的垂直分片可通过关系代数中的 $\pi_{Li}(R)$ 操作来表示。投影列表 L_1、L_2、…、L_n 是关系 R 的垂直分片的集合,如果该投影列表包含了 R 中的所有属性,并且仅仅是 R 中的主码属性被共享则称该垂直分片为完备垂直分片。在这种情况下,投影列表满足下面两个条件:

- $L_1 \cup L_2 \cup \cdots \cup L_n = ATTRS(R)$
- $L_i \cap L_j = PK(R)\ (i \neq j)$

其中,ATTRS(R)是 R 的属性集合,PK(R)是 R 的主码。

为了从一个完备垂直分片重构 R,需要在垂直分片上使用外部并(OUTER UNION)(假设没有使用水平分片)操作。注意,即使应用了水平分片对完备垂直分片也可以使用外连接(OUTER JOIN)操作得到相同的结果。

(3) 混合分片(Mixed Fragmentation)

还可以将两种类型的分片混合,生成混合分片。例如可将垂直分片和水平分片相结合,组成混合分片,在这种情况下,可以以适当的顺序使用并(UNION)和外部并(OUTER UNION)(或外连接 OUTER JOIN)等操作来重构原来的关系。

总之,关系 R 的片段可以通过选择-投影操作的组合 $\pi_L(\sigma_C(R))$ 来说明。如果 C = TRUE (即,所有元组都被选中)且 L≠ATTRS(R),则可以得到一个垂直片段;如果 C≠TURE 且 L=ATTRS(R),则可以得到一个水平片段;最后,C≠TRUE 且 L≠ATTRS(R),可以得到一个混合片段。注意,关系自身可以看作是一个 C=TRUE 且 L=ATTRS(R)的片段。

无论是水平分片还是垂直分片,都需要遵循一定原则:

① 完备性原则:必须把全局关系的所有数据映射到片段中,绝不允许有属于全局关系的数据却不属于它的任何一个片段。

② 可重构原则:必须保证能够由同一个全局关系的各个片段来重建该全局关系。

③ 不相交原则:要求一个全局关系被分割后所得的各个数据片段互不重叠(对垂直分片的主键除外)。

2. 数据复制和分配

复制对于增强数据的可用性是很有用的。最极端的情况是在分布式数据库系统中的每个站点上都复制了整个数据库,因此就创建了一个全复制分布式数据库(Fully Replicated Distributed Database)。这样可以显著地提高系统的可用性,也改善了对全局查询的检索性能。全复制的不利之处在于它会急剧地降低更新操作效率,因为为了保持副本的一致性,对单个副本的逻辑更新都必须在数据库的每个副本上执行同样的更新。

与全复制对应的另一个极端是无复制,即每个片段恰好只存储在一个站点上。在这种情况下,除了垂直(或混合)片段中有主码重复外,所有的片段都必须是不相交的。这也称为无冗余分配。

介于这两种极端情况之间有一种广泛使用的情况,即数据部分复制,即复制数据库中的一些片段而其余的片段则不复制。在分布式数据库系统中每个片段副本的数量可以从一个到系统中所有站点的数目。

每个片段或片段的每个副本,必须分配到分布式数据库系统的特定站点,这个过程称为数据分布(Data Distribution)或数据分配(Data Allocation)。站点选择和复制的程度取决于系统的性能和可用性目标,以及每个站点上提交事务的类型和频率。例如,如果要求高可用性且事务可在任何一个站点上提交,并且大部分事务只是执行检索,那么全复制数据库是一个合适的选择。然而,如果那些访问数据库特定部分的特定事务主要是在特定站点上提交,那么相应的片段集合应分配在那个特定的站点上。对于要被多个站点访问的数据,应该在那些站点上都被复制。如果要执行许多更新,则有限的复制是很有用的。对于分布式数据的分配,寻找一个最佳的、有效的方案是一个复杂的优化问题。

8.1.3 分布式数据库中的查询处理

在分布式数据库系统中,查询处理是比较复杂的。首先是在网络上传输数据的代价。这些数据包含中间文件,这些中间文件是为了进一步处理而需要传输到其他站点上的,也包含最终的结果文件,它们必须要传输到需要查询结果的站点上。尽管这些站点通过高性能的局域网连接所花代价可能不会太高,但它们在其他类型的网络中就会变得非常可观了。因此,DDBMS查询优化算法在选择分布式查询执行策略时,将以减少传输的数据量作为优化目标。

在执行分布式查询的各种策略中,有一种策略在很多情况下比较有效,它基于一个称为半连接(Semi Join)的操作。使用半连接操作的分布式查询处理的思想,就是将关系从一个站点传输到另一个站点之前减少该关系中元组的数量。直观地看,其思想是将一个关系R的连接列(Joining Column)传输到另一个关系S所在的站点;然后将这些列与S连接。由此,再将连接属性和结果中要求的属性投影出来,并且传回到初始站点与R做连接。

半连接操作可以比较形式地描述为:半连接操作 $R \ltimes_{A=B} S$,其中A和B分别是R和S中域相容的属性,产生与关系代数表达式 $\pi_R(R \bowtie_{A=B} S)$ 相同的结果。在分布式环境下,R和S分布在不同的站点,半连接的典型实现是首先将 $F=\pi_B(S)$ 传输到R所在的站点,然后在那里连接F和R,从而产生了在这里论述的策略。

注意半连接操作是不可交换的,即,$R \ltimes S \neq S \ltimes R$。

8.1.4 分布式数据库系统的并发控制

对于并发控制和恢复,分布式DBMS环境中会出现大量的在集中式DBMS环境中碰不到的问题。主要包括:

• 处理数据项的多个副本:并发控制方法负责维护数据项的多个副本之间的一致性。恢复方法负责在存储该副本的站点发生故障时生成一个与其他副本一致的副本,以便恢复时使用。

• 分布式提交:当提交一个访问存储在多个站点上数据库的事务时,如果某些站点在提交过程中发生故障,就会产生问题。两阶段提交协议经常用于处理这类问题。

• 分布式死锁:死锁可能会在多个站点间发生,所以必须要扩展处理死锁的技术以便处理这种情况。

其他问题包括:单个站点的故障、通信链路故障等。分布式并发控制和恢复技术必须能够处理这些问题以及其他问题。

1. 基于识别数据项副本的分布式并发控制

为了处理分布式数据库中的复制数据项,人们提出了大量的并发控制方法,这些方法扩展了集中式数据库的并发控制技术。比如,可以为每个数据项指定一个特定的副本作为该数据项的识别副本(Distinguished Copy)。对数据项的加锁与该数据项的识别副本相关,并且所有的加锁和解锁请求都被传输到包含那个副本的站点上。

许多不同的方法都是基于这一思想的,但是这些方法的区别在于对识别副本的选择。在主站点技术(Primary Site Technique)中,所有的识别副本都被保留在相同的站点上。对这种方法的一种改进是主站点带有一个备份站点(Backup Site)。另一个方法是主副本(Primary Copy)方法,对于这种方法,各种数据项的识别副本可以被存储在不同的站点上。在并发控制中,存储数据项识别副本的站点基本上都起着数据项的协调者站点的作用。

(1) 主站点技术

在这种方法中,单个主站点(Primary Site)被指派为所有数据库项的协调者站点。因此,所有的锁都保留在那个站点上,并且所有的加锁和解锁请求都被传输到那里。因此,这种方式是集中式加锁方案的扩展。例如,如果所有的事务都遵守两阶段加锁协议,那么就可以保证可串行化。这种方法的好处就是它是集中式方案的简单扩展,因此不太复杂。然而,它也有某些固有的缺点:其一是所有的加锁请求都被送到单个站点上,可能会使那个站点超负荷并且导致系统瓶颈;其二是主站点的故障会使整个系统瘫痪,因为所有的加锁信息都保存在那个站点上。这样会制约系统的可靠性和可用性。

尽管所有的锁都在主站点上存取,但数据项本身可以在它们所在的任何站点上存取。例如,一旦事务从主站点获得了一个数据项的读锁(Read_lock),它便可以访问该数据项的任何一个副本。然而,一旦事务获得了一个数据项的写锁(Write_lock),并且更新了数据项,DDBMS 要负责在释放锁之前更新该数据项的所有副本。

(2) 带有备份站点的主站点

这种方法通过指派第二个站点为备份站点来解决主站点方法的第二个缺点。所有的加锁信息都在主站点和备份站点上保留。主站点万一发生故障,备份站点将接管它而成为主站点,同时新的备份站点被选出,加锁的状态信息将被拷贝到新的备份站点上。这样就简化了主站点的故障恢复过程,但是,这会减慢请求加锁的过程,因为在请求事务得到响应之前,所有的加锁请求和锁的授予信息都必须记录在主站点和备份站点上。主站点和备份站点可能会因为大量请求而超负荷,并且使得系统运行速度变慢,这类问题现在仍不能得到很好的解决。

(3) 主副本技术

这种方法试图把各个站点之间锁协调的负载进行分布,它通过将不同数据项的识别副本存储在不同站点上来实现。一个站点的故障只会影响需要存取主副本存储在该故障站点上的数据项锁的事务,而其他的事务不会受到影响。这种方法也可以采用备份站点来提高可靠性和可用性。

(4) 发生故障时选择一个新的协调者站点

在前面的任何一种技术中,每当协调者站点发生故障时,其他站点若要继续运行,则必须选择一个新的协调者站点。在主站点方法没有备份站点的情况下,所有正在执行的事务都必须被终止,并且要在一个冗长的恢复过程后重启。部分恢复过程包含选择新的主站点,并创建一个锁管理器进程和在那个站点上所有加锁信息的记录。对于采用备份站点的方法，指派备份站点为新的主站点，并且选出新的备份站点，同时将所有加锁信息的副本从新的主站点传输到新的备份站点时，事务处理是要被挂起的。

如果备份站点X将要成为新的主站点，X可以从系统正在运行的其他站点中选择新的备份站点。然而，如果不存在备份站点，或主站点和备份站点都有故障，可以按下述方法选择新的协调者站点：任意站点Y，它试图不断地与协调者站点联系而总是失败，它就可以假设协调者站点已失效，并且向所有运行站点发出消息，提议Y成为新的协调者。一旦Y收到大多数赞成票，Y就可以宣布自己成为新的协调者站点。

2. 基于投票方法的分布式并发控制

前面讨论的基于复制项的并发控制方法都采用了维护数据项锁的识别副本思想。在投票方法(voting method)中，没有识别副本；相反地，加锁请求被发送到所有包含该数据项副本的站点上。每个副本维护它自己的锁，并且可以授予或拒绝对它的加锁请求。如果一个请求加锁的事务被大多数的副本授予锁，它将持有该锁，并告知所有的副本它已经被授予了锁。如果一个事务在特定的超时周期中没有收到大多数授予它锁的投票，它将取消它的请求并把取消决定告知所有的站点。

投票方法被认为是真正的分布式并发控制方法，因为决策的职责在于所有涉及的站点。模拟研究表明投票方法在站点间产生的信息通信量比识别副本方法产生的要高。如果算法考虑投票过程中可能的站点故障，它就会变得极端复杂了。

8.1.5 分布式恢复

分布式数据库中的恢复过程相当复杂。在此这里只给出一些简要概念。在某些情况下，不通过与其他站点交换大量信息就确定该站点是否会失效是非常困难的。例如，站点X发送一条消息给站点Y，并且期待从Y来的响应，但是没有收到。有以下几种可能的解释：

- 由于通信故障，消息没有传输到Y。
- 站点Y失效而不能响应。
- 站点Y在运行并且发出了响应，但响应没有传输到站点X。

如果没有发送另外的信息或附加消息，很难判断实际上发生了什么。

另一个与分布式恢复有关的问题是分布式提交。当一个事务更新在多个站点上的数据时，直到它确认每个站点上的事务都有结果且没有丢失时才能够提交。这就意味着每个站点首先将事务执行的局部结果永久地记录在本地站点磁盘的日志上。前面已讨论过的两阶段提交协议通常用于确保分布式提交的正确性。

8.1.6 客户机/服务器数据库体系结构简介

到目前为止，能够支持上述所有功能的完全的分布式数据库管理系统还没有开发出来，但是基于客户机/服务器结构下的分布式数据库系统得到了广泛的应用，如二层的客户机/服务器结构。目前使用的基本上都是三层结构，特别是在Web应用系统中更是如此。这种体系结构可用图8.1表示。

通常的客户机/服务器系统，简写为C/S系统。基于Web的数据库应用是一种典型的C/S

三层结构,也称为浏览器/服务器(B/S)三层结构。B/S 与 C/S 结构相比,应用系统更加简化、效率更高、规模伸缩性更大、安全保密更加灵活。B/S 系统主要是通过浏览器以超文本的形式向 Web 服务器提出访问数据库请求,Web 服务器接受客户请求后,激活对应的应用程序,将浏览器的请求转化为数据库操作请求,并将这个请求结果交给数据库,数据库服务器得到这个请求后,验证其合法性,并进行数据处理,然后将处理结果返回给应用程序,应用程序再将结果转化为超文本格式,并由服务器转发给请求方的浏览器。

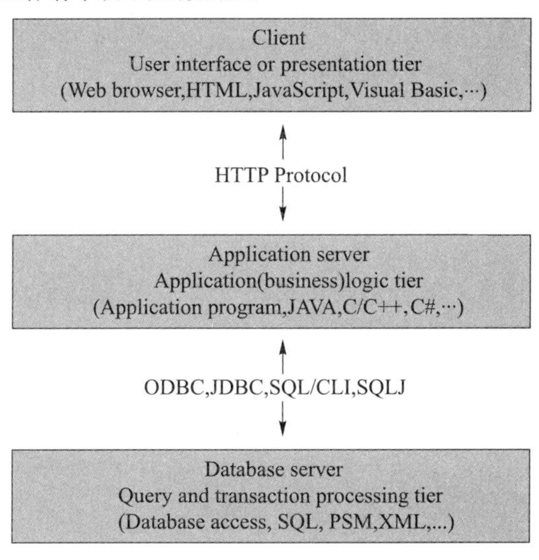

图 8.1 三层客户机/服务器体系结构

1. 三层客户机/服务器体系结构介绍

在三层客户机/服务器体系结构中,各层次功能如下:

(1) 表示层(客户层)

这一层提供了用户界面并同用户进行交互。这一层的程序为用户提供了 Web 界面或表单,以便客户与应用交互。常用的是 Web 浏览器,使用的语言包括 HTML、JAVA、JavaScript、PERL、Visual Basic 等。表示层通过接受用户命令并向用户显示其需要的信息,以此处理用户输入、输出以及导航,向用户显示的信息通常以静态或动态 Web 页面的形式。当用户交互包括数据库访问时,通常采用后者。当使用 Web 界面时,表示层一般通过 HTTP 协议与应用层进行通信。

(2) 应用层(业务逻辑层)

该层对应用逻辑进行编程。例如,基于来自客户端的用户输入可以将查询形式化,或者查询结果可以被格式化表示并发送到客户端。在这一层还可以处理附加的应用功能,例如安全检查、身份验证以及其他功能。需要时,应用层可以与一个或多个数据库或数据源进行交互,这通过开放数据库互连 ODBC(Open Database Connectivity)、面向 JAVA 的数据库访问接口 JDBC(Java Database Connectivity)、调用层接口 SQL/CLI(Call Level Interface)或其他的数据库访问技术连接数据库来实现。

(3) 数据库服务器层

这一层处理来自应用层的查询与更新请求,处理请求并发送结果。如果是关系或者对象—

关系数据库,通常使用SQL来访问数据库,还可能调用数据库存储过程。查询结果(包括查询本身)在应用服务器和数据库服务器之间传输时可以格式化为XML形式。

在客户机、应用服务器以及数据服务器之间如何确切地划分DBMS的功能可能会变化不定。通常的方法是将集中式DBMS的功能包含在数据库服务器层上。许多关系DBMS产品都已采用了这种方案,它们为客户机提供了一个SQL服务器。这样,应用服务器必须形式化为合适的SQL查询,并在需要时连接数据库服务器。客户端提供用户界面交互的处理。由于SQL是关系数据库语言的标准,所以不同厂商提供的各种SQL服务器都可以通过ODBC、JDBC、SQL/CLI等标准接受SQL命令。

在这种体系结构中,应用服务器也可以引用数据字典,数据字典包含了在各种SQL服务器中的数据分布信息,还可以引用一些功能模块,这些功能模块把全局查询分解为可以在不同的站点上执行的若干个局部查询。在处理SQL查询的过程中,应用服务器和数据服务器之间的交互可以按如下步骤进行:

① 应用服务器基于客户层的输入形式化用户查询,并将其分解成为若干个独立站点的子查询。然后把每个站点的查询发送到适当的数据库服务器站点。

② 每个数据库服务器处理局部查询并将结果关系发送到应用服务器站点。目前,XML已逐渐成为数据交换的标准,所以在把查询结果发送到应用服务器之前,数据库服务器可能会把查询结果格式化为XML形式。

③ 应用服务器把子查询结果合并为初始请求的查询结果,并将其格式化为HTML或其他客户端能够接受的形式,然后发送到客户端站点显示。

应用服务器负责为多站点查询或事务生成一个分布式执行计划,并通过向服务器发送命令监督分布式执行。这些命令包括将要执行的局部查询和事务,也包括向其他客户机或服务器传输数据的命令。应用服务器的另一个功能是通过使用分布式(或全局)并发控制技术,来确保数据项复制副本的一致性。当某个站点失效时,应用服务器必须通过执行全局恢复来确保全局事务的原子性。

如果DDBMS能够隐藏应用服务器的数据分布细节,即具有分布透明性,那么它就使得应用服务器执行全局查询和事务时如同一个集中式数据库,而不必指定查询或者事务引用数据的所在站点。有些DDBMS不提供分布透明性,而是要求应用必须了解数据分布的细节。

2. B/S结构数据库应用系统的几种开发模式简介

B/S结构的软件开发是当前数据库应用系统主要的开发模式,而且出现了大量的相关开发工具,下面简单介绍几种常用的B/S结构开发模式。

1) 以Web服务器为中心

以Web服务器为中心的软件结构是早期Web数据库应用开发最主要的方式,它来自传统的Web应用程序结构。在这种软件结构中,核心是Web服务器,所有的数据库应用逻辑都在Web服务器端的服务器扩展程序中执行。服务器扩展程序是使用CGI或Web API在Web服务器端编写的数据库应用程序。服务器扩展程序通过标准的数据库访问中间件(如基于ODBC/JDBC的程序等)完成和数据库的交互,生成HTML文档,通过HTTP协议发送到客户端浏览器中显示。以Web服务器为中心的软件结构如图8.2所示。

CGI(Common Gateway Interface,公共网关接口)是Web上最早使用的也是使用最广泛的数

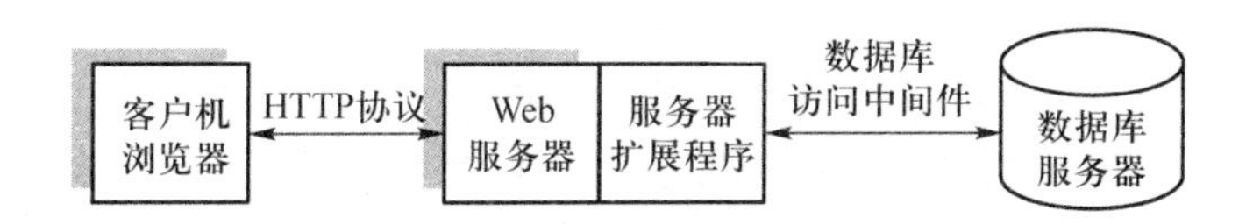

图 8.2 以 Web 服务器为中心的软件结构

据库应用技术。Web 服务器使用环境变量传输有关的请求信息到 CGI 程序,CGI 应用程序从数据库中获得数据,然后格式化并生成 HTML 文档返回浏览器。CGI 是作为一个独立的进程在 Web 服务器上运行的,进程的创建和关闭都会严重消耗系统的资源,这是 CGI 最显著的缺陷。

在 CGI 之后,出现了 Web API(Web Application Programming Interface),它是 Web 服务器应用编程接口的统称。Web API 的运行方式和 CGI 类似,但是在执行时是动态加载到 Web 服务器进程内,相比 CGI 而言运行效率有所提高。

上述两种编程接口与传统的客户机/服务器结构相比,在用户界面、事务处理以及系统的运行效率等方面还存在着很大的不足。其主要原因如下。

(1) 用户界面受 HTML 语言的限制

(2) Web 服务器负载过重

(3) HTTP 协议的效率低

2) 以应用服务器为中心

以应用服务器为中心的软件结构是 Web 服务器和三层客户机/服务器结合的成果。

这种软件结构可分为四部分:客户机浏览器、Web 服务器、应用服务器、数据库服务器。对于客户端的表现逻辑,存在两种不同的解决方式:一种是基于构件的方式,如图 8.3 所示;另一种是基于脚本的方式,如图 8.4 所示。

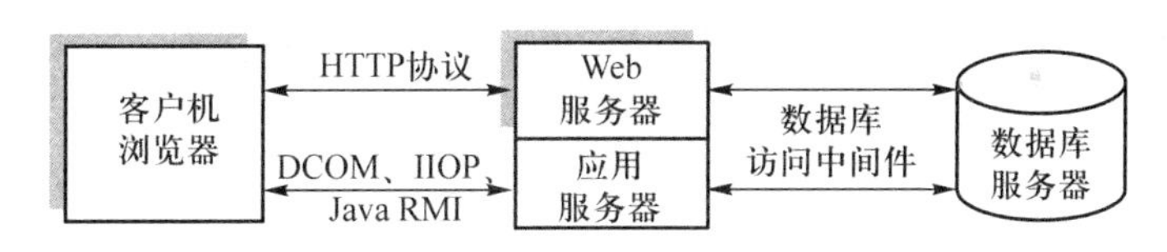

图 8.3 以应用服务器为中心——基于构件的方式

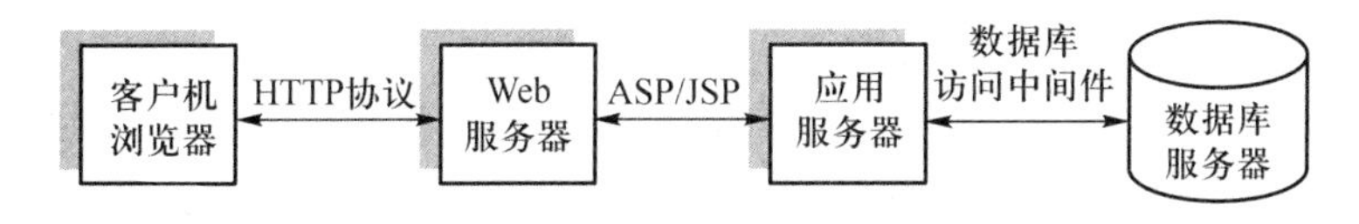

图 8.4 以应用服务器为中心——基于脚本的方式

(1) 基于构件的方式

在这种方式中,Web 服务器端接受客户端的请求后,将相应的客户端构件(如 Java Applet 或 ActiveX 控件)同时下载到客户端。客户端构件再通过远程构件访问标准方法向应用服务器上的应用构件发出请求,并获取处理结果。

这种方式的优点是大大降低了 Web 服务器的负载,从而提高了整个系统的响应速度。

（2）基于脚本的方式

在这种方式中，服务器端程序（如ASP、JSP等）由Web服务器端动态解释执行，这些程序可以调用应用服务器上的应用构件，并获取处理结果，最终Web服务器将依据执行结果生成适当的HTML返回给客户端浏览器。

基于脚本的方式优点在于跨平台特性好，客户端只需要安装浏览器即可。

3）以数据库服务器为中心

以数据库服务器为中心的软件结构主要来自数据库管理的需求。这种软件结构的核心是数据库服务器。数据库服务器中包含了HTTP服务器，它能够接受客户端的HTTP请求，并返回HTTP应答。以数据库服务器为中心的软件结构如图8.5所示。

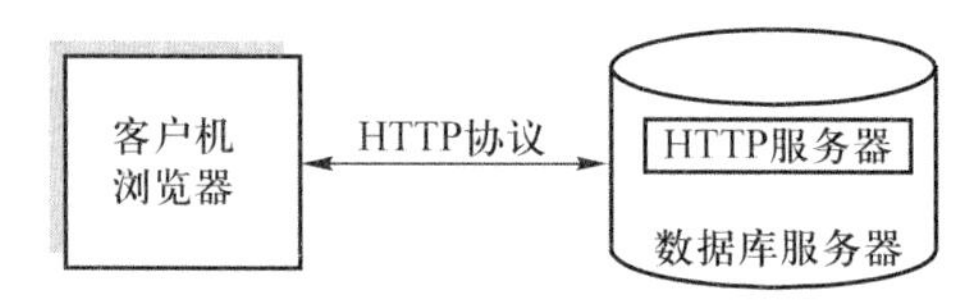

图8.5　以数据库服务器为中心的软件结构

这种软件结构将数据库服务器和HTTP服务器紧密地结合起来，它提供了统一的界面，即Internet浏览器的方式来访问数据库，这使得通过Web浏览器就可以开发、管理和监视Web站点和应用程序，并提供了统一访问方式，而且使得开发地点十分自由，所以生产效率大大提高。而且还能够获得数据库服务器的所有强大功能，并缩短Web开发过程。

8.2　对象及对象-关系数据库

数据库技术的进步和数据库应用的发展是一个相互推动、相互促进的过程。基于关系数据库系统、以数据处理为主的传统的数据库应用具有以下共同特征：

（1）结构统一。有大量结构相似的数据项，每个数据项都具有相同的字节数。

（2）面向记录。基本的数据项由固定长度的记录组成。

（3）数据项小。每条记录都很短，很少超过几百个字节。

（4）原子字段。一个记录内的各个字段都很短并且是定长的，字段内部是无结构的，换句话说，符合第一范式。

虽然关系数据模型和系统已经在传统的商业数据库应用领域取得了巨大的成功，但是在一些更复杂的数据库应用领域，关系数据模型却暴露出了一定的局限性，比如计算机辅助设计（CAD）和计算机辅助软件工程（CASE）、超文本数据库等应用领域。这些新的应用具有与传统商业应用不同的要求和特色。比如，对象的结构更复杂，事务持续时间更长，需要存储图像或大文本项等新数据类型，以及需要定义非标准的特殊应用操作。为了满足这些复杂的应用需求，有人提出了面向对象的数据库。面向对象的方法为处理这些应用需求提供了很大的灵活性，使人们摆脱了传统数据库系统对数据类型和查询语言的限制。面向对象数据库的一个关键特征是：它不但能让设计者定义复杂对象的结构，还能让设计者定义可以应用于这些对象的操作。

创建面向对象数据库的另一个原因是：人们在开发软件应用时，越来越多地使用面向对象的程序设计语言。现在,数据库已经成为许多软件系统的基本组成部分,但是如果用 C++、Smalltalk 或 Java 这样的面向对象编程语言开发软件,很难把传统数据库嵌入到这种面向对象的应用软件中。所以人们设计出面向对象的数据库,这样就可以把数据库和用面向对象编程语言开发的软件直接或无缝地集成在一起。

基于对象数据模型的数据库系统开始的时候称为面向对象数据库(OODBs),现在一般指的是对象数据库(Object DataBases: ODBs)。在过去的几年中,人们已经创建了许多面向对象数据库的实验原型和商业系统,这些系统具有对象-关系 DBMS 或扩展关系 DBMS 的特征,它们能够对出现的新应用领域提供必要支持。因此,将面向对象技术与数据库技术相结合引起了数据库研究机构和数据库厂商的极大兴趣,已成为一个重要研究方向。

8.2.1 面向对象数据库基本概念

"面向对象"(OO)起源于面向对象的程序设计语言(Object-Oriented Programming Language, OOPL),目前已被广泛应用于数据库、软件工程、知识库、人工智能和计算机系统等领域。

一个典型的对象(Object)有两个组成部分:状态(值)和行为(操作)。因此,在某种程度上它很类似于程序设计语言中的程序变量,只不过对象通常有复杂的数据结构以及程序员定义的特定操作。OOPL 中的对象只在程序执行过程中存在,所以称为临时对象,而 OO 数据库可以延长对象的存在,把对象持久地存储起来,因此对象在程序结束之后仍然持续存在,并且能够在以后由其他程序获取并共享。换句话说,OO 数据库永远在二级存储器中存储持久的对象,并允许多个程序和应用共享这些对象。这需要结合数据库管理系统的其他已知特性,例如索引机制、并发控制和恢复机制等。一个 OO 数据库系统必须具有与一种或多种 OO 编程语言交互的接口,以便提供使对象持久化和共享对象的功能。

请注意传统数据库模型和 OO 数据库在这方面的区别。在传统关系模型中,所有的对象都被假设是持久的,但是 ODBs 并不会永久存储所有的对象,只保存持久对象,在程序终止后仍然存在。对于临时对象一旦程序终止就会消失。使一个对象具有持久性的典型机制是命名(Naming)和可达性(Reachability)。

命名机制(Naming Mechanism)就是给对象一个唯一的、永久的名字,创建这个对象的程序和其他程序可以通过这个名字检索这个对象。可以通过程序中专用的语句或操作给出持久的对象名。大型数据库中的对象可能成千上万,对大型数据库中的所有对象进行命名是不现实的。所以通常采用称为可达性(Reachability)的第二种机制,以使大多数对象具有持久性。可达性机制指的是从一些持久对象出发可以到达某个对象。如果在对象连接图中有一系列从对象 A 到对象 B 的引用,就说对象 B 是从对象 A 可以达到的。如果使 A 具有持久性,则 B 也就具有了持久性。

对象涉及下面一些概念。

1. 对象标识

ODB 的一个目标就是维持现实世界和数据库对象之间的直接对应关系,从而使对象不会丢失其完整性和标识,可以很容易地识别并对其操作。因此,ODB 为存储在数据库中每一个独立的对象提供一个唯一的、由系统生成的对象标识符(Object Identifier, OID)。OID 的值对于外部用户来说是不可见的,但是系统会在内部用这个值唯一地标识每个对象,并用于创建和管理内部对象之间的引用,在需要时,可以把 OID 指定为适当类型的程序变量。

OID 必须具备的主要特性是永远不变性(Immutable)。因此,ODB 必须具有生成 OID 并维护 OID 永远不变性的机制,而且要求每个 OID 只被使用一次;也就是说,即使从数据库中删除了一个对象,也不应该把这个对象的 OID 再赋给另外一个对象。这两个性质意味着 OID 不应该依赖于对象的任何属性值,因为属性值可能会被修改或纠正。

2. 对象结构

面向对象数据库的另一个特点是:对象可以具有任意复杂度的对象结构,这使得对象能够包含所有描述该对象的必要信息。与此不同,在传统的数据库系统中,复杂对象的信息常常分散在多个关系或记录中,从而丧失了真实世界对象与其数据库表示之间的直接对应关系。

在 ODB 中,一个复杂的对象可以通过类型构造器(Type Constructors)的嵌套,由别的类型得到。一般的数据模型通常都会包括若干种类型构造器,类型构造器就是关于如何构造对象状态的说明。三种最基本的构造器是:原子(Atom)、结构(Struct)或元组(Tuple),以及汇集(Collection)。

原子构造器包括对象模型内置的基本数据类型,与很多程序设计语言中的数据类型一样,如整数、串、浮点数、枚举类型、布尔类型等。这些类型称为单值或原子类型。结构类型构造器可以创建标准的结构化类型,如基本关系模型中的元组。结构化类型由几个部分组成,有时也称为复合类型。由于元组(Tuple)类型构造器对应于 C 和 C++编程语言中的 struct 结构,所以通常被称为结构化类型(Structured Type)。原子和结构构造器是基本关系模型中使用的类型构造器。

汇集(多值)类型构造器包括集合(set)、列表(list)、包(bag)、数组(array)和字典(dictionary)等。汇集类型的主要特点是其对象或值必须是相同类型的对象或值,汇集对象的状态是其他对象的汇集,这些对象可以是有序的(如 set 和 bag),也可以是无序的(如 list 和 array)。数组和列表的主要区别是:列表可以有任意多个元素,而数组有最大长度限制。集合与包的主要区别是:一个集合中所有元素必须是不同的,但是一个包中可以有重复的元素。

3. 封装

封装是一种信息隐藏技术,它是 OO 语言和 ODB 系统的主要特征之一。在传统的数据库模型和数据库系统中,因为数据库对象的结构对用户和外部程序来说通常是可见的,所以并没有使用封装这个概念。在传统数据模型中,一些标准的数据库操作可以应用于所有类型的对象。以关系模型为例,选择、插入、删除和修改元组这样的操作具有普遍性,可以应用于数据库中的任何关系。对于用户和通过这些操作访问关系的外部程序来说,关系和它的属性都是可见的。

封装提供了一种保证数据和操作之间独立性的形式。封装的主要思想是:基于操作来定义对象类型的行为,而这些操作可以从外部作用于这种类型的对象。对象的内部结构被隐藏起来,只有通过一些预先定义过的操作才能访问对象。有些操作可以用来创建(插入)对象或删除(销毁)对象;有些操作可以更新对象的状态;还有一些操作可以用来检索对象的内部状态或执行某些运算。一般情况下,通用的编程语言提供了定义操作的灵活性和能力,可以用这种语言指明操作的实现(Implementation)。

对象的外部用户只能看到对象类型的接口(Interface),接口定义了每个操作的名称和变元(参数),操作的实现对外部用户来说是隐藏的,操作的实现包括对象内部数据结构的定义和访问这些结构的操作的实现方法。在 OO 术语中,每个操作的接口部分称为签名(Signature),而操作的实现部分称为方法(Method)。典型的情况是通过给对象发送消息(Message)来调用方法。

对数据库应用来说,对所有对象都进行完全封装的要求过于严格。放宽这个要求的一种方法是把对象的结构划分为可见(Visible)属性和隐藏(Hidden)属性。可见属性可以直接访问,以供外部操作符或高级查询语言读取。而对象的隐藏属性却被完全封装起来,只有通过预先定义的操作才能访问对象的隐藏属性。大多数 ODBMS 允许高级查询语言访问可见属性。对象查询语言 OQL(Object Query Language)是 ODB 提供的一种标准查询语言。

4. 类型、类层次和继承

类型和类的层次与继承是 ODB 系统中重要的概念,这允许新类型(或类)可以继承以前所定义类型(或类)的大部分结构和操作。本节采用了一种简化的面向对象模型,属性和操作都可以被继承,所以该模型将属性和操作同等对待。而后面的 ODMG 标准的继承模型与此不同。

对类型的定义是首先给出类型的名字,然后为其定义一些属性和操作。在本节的简化模型中,属性和操作统一称为函数。当用户需要创建一个新的类型,而且新的类型与预先定义好的类型相似但却又不完全相同的时候,会产生类型的继承问题。预先定义好的类型称为超类型,子类型会继承超类型的所有函数。子类型只需定义和实现那些子类型专用的或局部的、而在超类型中没有实现的函数。这样可以生成类型层次。

在大多数数据库应用中,有许多属于同一个类型或类的对象。因此,ODB 数据库必须提供某种功能,从而能够基于对象类型对其分类。如果某个子类型 T 是两个(或更多)类型的子类型,并且继承了两个超类型的函数(属性和方法),这就是类型层次中的多重继承(Multiple Inheritance)。多重继承的一般规则是:如果从某个超类型那里继承了函数,那就只继承一次,这种情况下没有二义性;只有当两个超类型中的同名函数不相同时才会发生二义性。

在多重继承里有多种处理二义性的方案。一种方案是在创建子类型时检查是否有二义性,如果有就让用户明确选择继承哪一个实现。另一种方案是由系统默认选择一种函数实现。第三种方案是如果出现了函数名的二义性,就不允许多重继承。实际上,一些面向对象系统根本不允许多重继承。

如果子类型只继承了超类型中的一部分函数,其他函数并没有被继承,就称为选择性继承(Selective Inheritance)。只要在列出超类型的函数时使用 EXCEPT 子句,子类型就不会继承这样的函数了。一般,在 ODB 数据库系统中并不提供选择性继承。

5. 复杂对象

开发 ODB 系统的一个主要原因是为了能够表示复杂对象。复杂对象主要分为两类:结构化的和非结构化的。结构化复杂对象由组件组成,通过以各种方式递归地使用类型构造器就可以定义结构化的复杂对象。非结构化的复杂对象通常是需要大量存储空间的数据类型,例如表示图像或大文本对象的数据类型。

非结构化复杂对象允许存储和检索数据库应用所需的大对象。典型的大对象就是位图图像和长文本串(如文档),这些大对象被称为二进制大对象(Binary Large Object,BLOB)。字符串也称为字符型大对象(Character Large Object,CLOB)。由于 DBMS 不知道这些 BLOB 的结构,所以说它们是非结构化的。

DBMS 软件不能直接处理对于这些对象的值的选择条件及其他操作,除非应用提供了必要的代码来完成选择所需的比较操作。在面向对象 DBMS 中,可以通过为无法解释的对象定义一个新的抽象数据类型,并提供选择、比较和显示这种对象的方法来实现上述情形。

结构化复杂对象(Structured Complex Object)与非结构化复杂对象的区别在于,结构化复杂对象的结构是通过重复应用 OODBMS 提供的类型构造器定义的。因此,对于面向对象 DBMS 来说,对象结构已定义且已知。结构化的复杂对象一般可以看作是一种层次的结构,每一层的复杂对象和它的组件之间都存在着两种引用语义。第一种语义称为属主语义(Ownership Semantics),指的是复杂对象的子对象被封装在复杂对象中,并被看作是复杂对象的组成部分。第二种语义称为引用语义(Reference Semantics),指的是复杂对象的组件本身可能既是独立的对象,又是对复杂对象的引用。第一种语义也称为 is-part-of 或 is-component 联系;第二种语义描述的是两个独立对象之间的平等联系,所以也称为 is-associate-of 联系。

6. 操作符重载

操作符重载(Operator Overloading)是面向对象系统的另一个重要的概念,操作符重载指的是一个操作符可以被应用于不同对象类型的能力;在这种情况下,同一个操作符名可能对应于好几个不同的操作实现,这取决于它所应用的对象类型。这个特征也称为多态性(Polymorphism)。

8.2.2 对象数据库标准、语言和设计

1. 对象数据库标准

和传统的数据库管理系统一样,面向对象数据库管理系统也需要制定一套相应的标准。商业的关系型数据库管理系统(RDBMS)成功的一个原因在于 SQL 标准。针对对象数据库管理系统的标准,对象数据管理组织(Object Data Management Group,ODMG)曾经提出一种标准,即 ODMG-93 或者 ODMG 1.0 标准,后修订为 ODMG 2.0 以及 ODMG 3.0。该标准主要包括对象模型(Object Model)、对象定义语言(Object Definition Language,ODL)、对象查询语言(Object Query Language,OQL)以及面向对象编程语言的绑定(Binding)等几部分。语言绑定主要涉及 C++、Smalltalk 和 Java 等面向对象的编程语言。一些软件商只提供特定的语言绑定,不提供 ODL 和 OQL 的全部能力。

(1) ODMG 对象模型

ODMG 对象模型是对象定义语言(ODL)和对象查询语言(OQL)的基础。如同 SQL 描述了关系数据库的标准数据库模型一样,ODMG 为对象数据库建立了标准数据模型。这里主要介绍 ODMG 模型与 SQL 模型不同的地方。

对象和文字是对象模型的基本构件(Building Blocks),对象和文字的主要区别是对象具有对象标识符和状态(或当前值),而文字只有值(状态)而没有对象标识符。无论哪种情况,值都可以具有复杂的结构。对象的状态可以通过对象值的变化而随时间变化。文字基本上来说是常量,尽管它可能具有复杂的结构,但是不会变化。

在 ODMG 中对象可以用五个方面来描述:标识符、名称、生存期、结构和创建(Creation)。对象标识符是该对象在系统范围内的唯一标识(或者叫作对象_ID)。每个对象必须有一个对象标识符。除了对象_ID 外,一些对象在特定的数据库中可以(可选地)有一个唯一的名称(Name),用来在一个程序中表示该对象,并且系统应该可以通过给定的名称定位到该对象。对象的生存期确定了该对象是一个持久对象(也就是数据库对象),还是一个临时对象。对象的结构指定该对象是如何使用类型构造器构造出来的。它确定了该对象是原子对象还是非原子对象。一个原

子对象是指遵循某个用户定义的类型的对象。如果一个对象不是原子的,则它是其他对象的复合。在 ODMG 模型中,原子对象是指任何用户已定义的对象,是指任何非汇集对象的对象,所以也包括使用结构构造器建立的结构化对象。创建是对象可以创建的方法,通常可以通过 new 来创建。

在对象模型中,文字虽然是指没有对象标识的一个值,但是,这个值可以有一个简单的结构,也可以有一个复杂的结构。文字存在三种类型:原子文字、汇集文字、和结构化文字。原子文字(atomic literal)对应于基本数据类型的值,并且是预定义的。对象模型的基本数据类型包括长整型(Long)、短整型(Short)、无符号整型(Unsigned Long 与 Unsigned Short)、单精度浮点型(Float)、双精度浮点型(Double)、布尔型(Boolean)、字符型(Char)、字符串型(String)以及枚举类型(Enum)——括号中的英文单词是在 ODL 中表示对应类型的关键字。结构化文字(structured literal)大致对应于使用元组构造器构造的值。它们包括日期(Date)、区间(Interval)、时间(Time)以及时间戳(Timestamp),还包括每个应用程序所需要的任何用户定义的类型结构。汇集文字(Collection literal)是指这样的值,该值是对象或者值的汇集,但是汇集本身没有对象_ID。对象模型中的汇集有集合、包、列表以及数组等。

ODMG 的标记方法使用了三个概念:接口、文字和类。遵循 ODMG 的术语,这里使用行为(Behavior)表示操作,状态(State)表示特性(属性和联系)。接口是对一个对象类型的行为的详细说明,是不可实例化的(Noninstantiable),也就是说,对于一个接口的定义,不能创建该接口的对象。类是对一个对象类型的行为(操作)和状态(属性)的详细说明,并且类是可实例化的(instantiable)。也就是说,对应于一个类定义,可以创建单独的对象实例。因此,数据库和应用程序对象可根据用户给出的类的说明来创建,该类的说明形成数据库模式。文字说明定义了状态,但是没有行为。因此文字实例具有结构化的值,该值可以是简单的结构,也可以是复杂的结构,但是该值既没有对象标识符,也不包括封装操作。

在 ODMG 中,有两类继承:行为继承以及行为加状态继承。行为继承即是 ISA 继承或者接口继承,通过冒号(:)表示。因此在 ODMG 对象模型中,行为继承需要超类是接口,而子类或者是类或者是另一个接口。其他的继承称为 EXTENDS 继承,使用关键字 extends 表示。它用于类之间的继承状态和行为,因此其超类和子类都是类。通过 extends 的继承不允许多重继承,通过冒号(:)表示继承允许多重行为继承。因此,一个接口可以从其他几个接口继承行为;类可以通过冒号(:)从几个接口继承行为,可以通过 extends 至多从一个类继承行为和状态。

(2) 对象定义语言 ODL

ODL 被设计成支持 ODMG 对象模型的语义结构,并且独立于任何特定的编程语言。它的主要用途是创建对象说明,也就是类和接口。因此 ODL 并不是一个编程语言。用户可以独立于任何编程语言在 ODL 中指定一种数据库模式,然后使用特定的语言绑定来指明如何将 ODL 结构映射到特定编程语言中的结构,比如 C++、Smalltalk 以及 Java。

(3) 对象查询语言 OQL

对象查询语言(OQL)是专门为 ODMG 对象模型定制的查询语言。OQL 在设计时要与编程语言紧密配合使用,这些编程语言在 ODMG 中定义了绑定,比如 C++、Smalltalk 以及 Java。这样,嵌入某种编程语言的一个 OQL 查询,可以返回与那种语言的类型系统相匹配的对象。另外,一个 ODMG 模式中类操作的实现可以通过这些编程语言来编写它们的代码。对于查询,OQL 语法和关系型标准查询语言 SQL 的语法相似，只是增加了有关 ODMG 概念的特征，比如对象标识、复杂对象、操作、继承、多态性以及联系。

2. 对象数据库与关系数据库概念设计的区别

对象数据库（ODB）设计与关系数据库（RDB）设计之间一个最主要的区别是如何处理联系。在对象数据库中，联系典型地是通过使用联系特性或者包括相关对象的 OID 的参照属性来处理。这可以认为是相关对象的 OID 参照。在关系数据库中，元组（记录）中的联系是通过匹配值的属性来指定的。这可以认为是通过外码来指定的值参照，它是重复出现在参照关系元组中的主码属性的值。

对象数据库设计与关系数据库设计的另一个重要的区别在于如何处理继承。在对象数据库中，这些结构内建在模型中，因此通过使用继承机制来获得映射。在关系型的设计中，由于在基本的联系模型中不存在内建的机制，所以有几种可以选择的方案。重要的是，对象-关系系统和扩展的关系系统都增加了一些特点，可以直接建立这些机制，也可以包括抽象数据类型中的操作描述。

两者的第三个主要区别是，在对象数据库设计中，有必要在设计时尽早指定操作，因为它们是类描述中的一部分。尽管对于所有类型的数据库，在设计阶段确定操作都是重要的，但是在关系数据库设计中却可以延迟，因为在 RDB 中直到实现阶段它才被严格要求。

8.2.3 对象-关系数据库对 SQL 的扩展

对象-关系数据库系统是从关系模型和它的查询语言 SQL 出发进行扩展而建立起来的。它以关系数据模型为基础，它的数据库模式最顶层仍然是命名的关系（表）的集合，又进行了面向对象的扩充，支持面向对象的模型，因此表中的对象可以很丰富，表已不再是传统意义下符合第一范式的简单的二维表。对象-关系数据库系统支持传统数据库系统的所有数据库特征，包括一个强有力的查询语言 SQL 的超集。对象数据库的面向对象扩充是在 SQL 环境中进行的，因此易于被传统的数据库用户所接受。

SQL 最早于 1974 提出，并于 1989 年和 1992 年有所改进。SQL 语言演变为 SQL3，SQL3 的一个子集，称为 SQL99，已经成为标准。从 SQL3 开始，对象数据库的一些特征逐渐纳入 SQL 标准中。最初这些扩展称为 SQL Object，后来这些扩展被纳入成为 SQL 的主要成分，在 SQL 2008 中称为 SQL Foundation。在 2003—2006 年对 SQL 特性的增加，还包括了与 XML 有关的内容。

下面是 SQL 中包含的对象-关系数据库部分特性。

（1）增加了一些类型构造器来指定复杂对象

这包括行类型（Row Type），它对应于元组（或结构）构造器；数组类型（Array Type）用于指定汇集。行和数组类型构造器用于指定复杂类型，也称为用户自定义类型。其他的汇集类型构造器，如 set、list 和 bag 构造器，并不包含在 SQL99 最初的 SQL Object 规范中，在 SQL 2008 成为标准。

（2）包括了一种利用引用类型来指定对象标识的机制

用户自定义类型可以用作属性类型，也可用来指定表的行类型。

元组的组件属性可能是另一个（也可以是同一个）表的元组的引用（使用关键字 REF 指定）。

（3）用户自定义类型可将操作作为声明的一部分，通过该机制可支持操作的封装

这有些类似于某些程序设计语言中的抽象数据类型。SQL 提供了类似于类定义的构造，用户可以通过该构造创建命名的用户自定义类型，除了指定属性外，通过指定方法（或操作），用户自定义类型可以有自己的行为规范。

（4）提供了继承机制

SQL 提供了一些规则来处理继承（通过关键字 UNDER 来指定）。与继承关联的是函数实现的重载规则，以及函数名的解析规则。这些规则可以总结如下：

- 所有属性都可以继承。
- Under 子句中超类型的顺序决定了继承的层次体系。
- 在使用超类型实例的任何环境中都可以使用子类型的实例。
- 只要签名相同，子类型可以重定义超类型中所定义的任何函数。
- 在调用函数时，要基于所有参数类型选择最佳匹配。
- 对于动态链接，要考虑参数的运行时类型。

8.3 NOSQL 数据库简介

持续增长的海量数据，催生了 NOSQL 数据库的出现、发展和成长。NOSQL（NOSQL = Not Only SQL），意即“不仅仅是 SQL”，泛指非关系型的数据库。随着互联网、云计算、Web2.0 的兴起，传统的关系数据库在很多方面，特别是面对超大规模和高并发的 SNS（社会网络服务）类型的网站时已经显得力不从心，暴露了很多难以克服的问题，而非关系型的数据库则由于其本身的特点得到了非常迅速的发展。由于需要处理的数据量越来越大，必须以商用服务器集群来构建大型应用平台，因此 NOSQL 就应运而生了，其目的就是为了解决大规模数据集合、多重数据种类带来的挑战，尤其是大数据应用难题。

8.3.1 NOSQL 系统介绍

1. 为什么使用 NOSQL

关系数据库是性能非常高的系统，但是它毕竟是通用型的系统，也有一些问题难于处理，比如：

- 大量数据的写入处理。
- 为数据更新的表做索引或表模式变更。
- 字段不固定时的应用。
- 对简单查询需要快速返回结果的处理。

同时，关系型数据库系统的很多主要特性在 Web 2.0 或云计算应用中却往往无用武之地，例如：数据库事务一致性、数据库的写实时性和读实时性、复杂的 SQL 查询特别是多表关联查询。因此，传统的关系型数据库已经无法独立应付 Web 2.0 时代、云计算时代的各种应用。

另外，在数据库系统应用中，开发者常常会遇到的问题是，关系型模型和内存中数据结构之间存在的差异。这种现象称为“阻抗失谐”。关系模型把数据组成“表”和“行”，更确切地说应该是“关系”和“元组”。SQL 操作所使用和返回的数据都是“关系”，于是就形成了一种数学上

看似十分优雅的关系代数。然而,这样却产生了一些局限,特别是"关系元组"中的值必须很简单才行,不能包含"嵌套记录"或"列表"等记录。而内存中的数据结构则无此限制,它可以使用的数据组织形式比"关系"更丰富。这样一来,如在内存中使用了较丰富的数据结构,那么要把它保存到磁盘之前,必须要先将其转换为"关系"形式,于是就发生了"阻抗失谐":需要在两种不同的表示形式之间转换。

RDBMS构建在这样的先决条件上,即数据的属性可以预先定义好,它们之间的相互关系非常稳固。它还假定定义在数据上的索引能保持一致性,能统一应用以提高查询的速度。不幸的是,一旦这些假设无法成立,RDBMS就立刻暴露出问题。当然,RDBMS可以容忍一定程度的不规律和结构缺乏,但在松散结构的海量稀疏数据面前,RDBMS就显得勉为其难了。在大规模数据面前,传统存储机制和访问方法捉襟见肘。NOSQL缓解了RDBMS引发的问题并降低了处理海量稀疏数据的难度,但是反过来也被夺去了事务完整性的力量和灵活的索引及查询能力。关系数据库应用广泛,能进行事务处理和连接操作等复杂处理,而NOSQL数据库一般只适应于特定的领域,基本上不进行复杂的处理。

Name	Age	Gender	Birthday
A	20	M	1997-8-3
B	21	F	1996-4-23
C	22	M	1995-10-1
…	…	…	…

关系数据库

Name:A	Age:20	Gender: M	Birthday:1997-8-3	Hobby:Travel
Name:B	Age:21	Birthday:1996-4-23	Tel:12345678900	
Name:C	Age:22	Gender:M		
…	…	…	…	

NOSQL数据库

在商业应用方面,选用NOSQL数据库的原因大致有下面两个原因:

① 应用程序的开发效率。在很多应用程序的开发过程中,大量精力和时间都放在了内存数据结构和关系数据库之间的映射方面。NOSQL数据库可以提供一种更加符合应用程序需求的数据模型,从而简化了数据交互,减少了所需编写、调试和修改的代码量。

② 大规模的数据。企业所重视的是数据库要能快速获取并处理数据。他们发现,即使关系数据库能达成这一目标,其成本也很高。主要原因在于关系型数据库是为独立运行的计算机设计的,但是现在大家通常使用由更小、更廉价的计算机所组成的集群来计算数据,这样更实惠。许多NOSQL数据库正是为集群环境而设计的,因此它们更适合于大数据量的应用场景。

2. NOSQL的特点

RDBMS假定数据的结构已明确定义,数据是致密的,并且很大程度上是一致的。NOSQL数据库强调的是可用性、可扩展性和高性能。NOSQL 与分布式数据库和分布式系统相比较，它具有下面的一些特点：

(1) 可扩展性

在分布式系统中，可扩展性一般可以通过两种方式实现，一是配置一个大而强的资源来满足额外的需求，二是依靠由普通机器组成的集群。使用大而强的机器通常属于垂直可扩展性。典型的垂直扩展方案是使用配有大量 CPU 内核且直接挂载大量存储的超级计算机。这类超级计算机通常极其昂贵，属于专有设备。替代垂直扩展的是水平扩展。水平扩展使用商业系统集群，集群随负载的增加而扩展。水平扩展通常需要添加额外的节点来应付额外的负载。

在基于 Web 的架构当中，数据库是很难进行水平扩展的，当一个应用系统的用户量和访问量与日俱增的时候，传统的关系型数据库却没有办法像 Web Server 那样简单地通过添加更多的硬件和服务节点来扩展性能和负载能力。对于很多需要提供不间断服务的网站来说，对数据库系统进行升级和扩展是非常痛苦的事情，往往需要停机维护和数据迁移，因此迫切需要关系型数据库也能够通过不断添加服务器节点来实现扩展。

在 NOSQL 系统中，常常使用水平扩展，随着数据量的增长增加更多的节点来存储和处理数据。在 NOSQL 中，可以在不停机的情况下进行水平扩展，需要能够在不停机的情况下对已存在的数据重新进行分配。

(2) 可用性和最终一致性

使用 NOSQL 的很多系统都需要提供连续的可用性，为此需要在两个或多个节点间进行透明地复制，当一个节点出现故障时，还可以在其他节点上访问数据。复制可以改进数据的可用性，也可以改进数据的读性能。写操作性能会降低很多，如果再要求可串行化一致性时，性能会更加不堪。很多 NOSQL 应用并不需要可串行化一致性，这样可使用放松形式的一致性要求：最终一致性(Eventual Consistency)。

(3) 复制模型

NOSQL 存在两种复制模型：主-从(Master-Slave)和主-主(Master-Master)复制。主-从复制需要一个复制为主复制，所有的写操作都必须是对主复制的，然后再复制到其他的从节点，这通常使用的是最终一致性(从节点最终会和主节点相同)。对于读操作，主-从模式可以有不同的配置方法。一种配置方法是所有的读都是读的主复制，这就如同分布式并发控制系统的主站点或主复制方法类似，具有相类似的优缺点。另一种配置是允许读从复制数据，这样就有可能读到的数据不一定是最新版本。主-主复制允许读和写都可以在任意的复制节点进行，但是这可能无法保证从存有不同复制的节点读到相同的值。不同用户可能会在系统不同的站点上对相同的数据项并发地执行写操作，这样该数据项的值有可能暂时不一致。因此，主-主复制方法必须能够解决这种不一致问题。

(4) 文件的共享

在很多 NOSQL 应用中，数据文件可能有数百万甚至更大量的记录，而且可能会被大量用户并发地访问。因此把整个文件都存储在一个节点不是好的解决方案，在 NOSQL 中常常采用文件记录的共享(或水平分区)方式，这可以把文件记录的访问负担分布到多个节点上。

(5) 高性能的数据访问

数据量达到一定规模时，由于关系型数据库的系统逻辑非常复杂，使得其非常容易发生死锁等并发问题,导致其读写速度下降非常严重。

例如,Web 2.0网站要根据用户个性化信息来实时生成动态页面、提供动态信息,所以基本上无法使用动态页面静态化技术,因此数据库并发负载非常高,往往要达到每秒上万次读写请求。关系型数据库勉强可以应付上万次SQL查询,硬盘I/O往往无法承担上万次的SQL写数据请求。而对于类似Facebook、Twitter这样的SNS网站,用户每天产生海量的用户动态,每月会产生几亿条用户动态,对于关系型数据库来说,在一张数亿条记录的表里面进行SQL查询,效率是极其低下乃至不可忍受的。

在NOSQL中,为了能够高性能地访问数据,很多系统采用的是对对象的主码进行哈希(Hashing)或范围分区(Range Partitioning)方法,通过使用主码值而不是复杂的查询条件来访问数据对象。在哈希方法中,对主码k计算其哈希值h(k),并对主码k的对象定位。在范围分区中,通过主码值对范围进行定位。

与数据模型和数据查询语言相比较,NOSQL更强调建立强大和复杂查询的性能和灵活性,它具有下面一些特点:

(1) 不需要模式

在很多NOSQL系统中支持半结构化、自描述的数据,这样可以实现无需模式,提高系统的灵活性。没有模式,就可以自由添加字段了,这在处理不规则数据和自定义字段时非常有用。

在有些系统中,用户可以定义部分模式以改进系统的存储效率,但是在大多数NOSQL系统中并不必须有模式。因为可能没有模式来说明一些约束,这样对数据的任何约束都需要用程序设计语言来编写。有很多语言都可以描述半结构化的数据,如JSON(JavaScript Object Notation)和XML(Extensible Markup Language)。

(2) 不是特别强大的查询语言

很多基于NOSQL系统的应用并不需要类似SQL那样强大的查询语言,因为在这些系统中,搜索(读)查询常常基于关键字在单个文件系统中进行查找定位。通常NOSQL系统会提供类似于API的一些函数和操作,程序员可以调用这些函数和操作完成数据对象的读和写。在很多情况下,这些操作称为CRUD操作,即Create、Read、Update和Delete。在其他情况下,称为SCRUD,即增加了Search (或Find)操作。有些NOSQL系统具有高级查询语言,但是一般只是SQL查询能力的一个子集,尤其是很多NOSQL系统不支持Join(连接)操作,Jion操作需要在应用程序中实现。

(3) 版本控制

某些NOSQL系统支持保存数据项的多个版本,当数据被创建的时候增加时间戳属性。

8.3.2 CAP原理

1. CAP原理

在分布式数据库系统并发控制中,分布式数据库系统要求并发执行的事务遵守ACID特性。在具有数据库副本或数据复制的系统中,由于每个数据项可能有多个副本,并发控制会变得更加复杂。所以如果对一个复制进行更新,则必须对所有其他的复制进行更新,以保证一致性。

在分布式数据库系统中,分布式并发控制方法不允许同一数据项的不同复制之间出现不一致,采用的技术包括强制串行化、事务隔离特性等。然而,这些技术常常伴随着高额的负荷,这就无法达到在分布式数据库系统中,特别是 NOSQL 系统中,通过创建多个复制提高系统性能和可用性的目的。在分布式系统中,对复制数据项之间有不同层次的一致性,从弱一致性到强一致性。强制串行化被认为是最强形式的一致性,但是负荷会很大,会降低读、写操作的性能,因此影响系统的性能。

CAP 代表了具有数据项副本的分布式系统的三个需求:数据项副本之间的一致性(Consistency)、系统读和写操作的可用性(Availability),以及由于网络故障系统中节点被分区的分区容忍性(Partition Tolerance)。可用性指的是对数据项的每个读或写请求或者是执行成功,或者是返回一个操作不能完成的消息。分区容忍性是指如果连接节点的网络出现了故障而导致网络分成两个或多个分区的情况下系统仍然能够继续运行,其中每个分区中的节点只能相互之间通信。一致性指的是对每个事务可见的数据项副本,在每个节点中都具有相同的复制。

CAP 原理可对带有数据项副本的分布式数据库进行设计时做出指导。CAP 原理,又被称作布鲁尔定理(Brewer's theorem),它指出对于一个分布式计算系统来说,不可能同时满足一致性,可用性和分区容忍性这三个需求,最多只能同时满足两个。

该理论首先是在 2000 年由计算机科学家 Eric Brewer(University of California, Berkeley)提出猜想。Brewer 认为在分布式的环境下设计和部署系统时,一致性、可用性与分区容忍性这三个核心需求是以一种特殊的关系存在。在当前应用系统越来越 Web 的情况下,要获得高可用性,确保数据一致性是无法做到的。到 2002 年,麻省理工学院的 Seth Gilbert 和 Nancy Lynch 对此猜想做出了理论上的证明,从而成为 CAP 理论。

由于一个分布式系统不可能同时很好地满足 CAP 这三个需求,最多只能同时较好地满足两个。这也给分布式系统的设计者一个忠告:不要将精力浪费在如何设计能满足三者的完美的分布式系统,而是应该进行取舍。

一般认为,在很多传统 SQL 应用中,保证一致性是很重要的。另一方面,在 NOSQL 分布式数据存储系统中,对于分布式数据系统,分区容忍性是基本要求,否则就失去了价值。因此设计分布式数据系统,就是在一致性和可用性之间取一个平衡。同时相对较弱的一致性常常也是可以接受的。同样,对于大多数 Web 应用,其实并不需要强一致性,因此可牺牲一致性而换取高可用性,是大多数 Web 产品的方向。当然,牺牲一致性,并不是完全不管数据的一致性,否则数据是混乱的,那么系统可用性再高、分布式再好也没有了价值。牺牲一致性,只是不再要求关系型数据库中的强一致性,而是只要系统能达到最终一致性即可。因此,在 NOSQL 常常用弱一致性代替可串行化。特别是在 NOSQL 系统中常常采用的是最终一致性。

2. BASE

BASE 是 Basically Available(基本可用)、Soft state(软状态)和 Eventually consistent(最终一致性)三个短语的简写。BASE 是对 CAP 中一致性和可用性权衡的结果,其来源于对大规模互联网系统分布式实践的总结,是基于 CAP 定理逐步演化而来的,其核心思想是即使无法做到强一致性(Strong consistency),但每个应用都可以根据自身的业务特点,采用适当的方式来使系统达到最终一致性(Eventual consistency)。

符合 BASE 原理的场景设计有以下情况:

(1) 基本可用

基本可用是指分布式系统在出现不可预知故障的时候,允许损失部分可用性——但请注意,这绝不等价于系统不可用。以下两个就是“基本可用”的典型例子。

响应时间上的损失:正常情况下,一个在线搜索引擎需要在0.5 s之内返回给用户相应的查询结果,但由于出现故障(比如系统部分机房发生断电或断网故障),查询结果的响应时间增加到了1~2 s。

功能上的损失:正常情况下,在一个电子商务网站上进行购物,消费者几乎能够顺利地完成每一笔订单,但是在一些节日大促购物高峰的时候,由于消费者的购物行为激增,为了保护购物系统的稳定性,部分消费者可能会被引导到一个降级页面。

(2) 弱状态

弱状态也称为软状态,和硬状态相对,是指允许系统中的数据存在中间状态,并认为该中间状态的存在不会影响系统的整体可用性,即允许系统在不同节点的数据副本之间进行数据同步的过程存在延时。

(3) 最终一致性

最终一致性强调的是系统中所有的数据副本,在经过一段时间的同步后,最终能够达到一个一致的状态。因此,最终一致性的本质是需要系统保证最终数据能够达到一致,而不需要实时保证系统数据的强一致性。

对于关系型数据库,要求更新过的数据能被后续的访问都能看到,这是强一致性。如果能容忍后续的部分或者全部访问都看不到更新后的数据,则是弱一致性。如果经过一段时间后要求能访问到更新后的数据,则是最终一致性。

8.3.3 NOSQL 系统分类

目前,主流的NOSQL数据库包括BigTable、HBase、Cassandra、SimpleDB、CouchDB、MongoDB以及Redis等。NOSQL技术与传统的关系型数据库相比,一个最明显的转变就是采用了非关系模型。每种NOSQL系统都有自己的模型解决方案,一般把NOSQL所采用的模型分为四类:键值、文档、列和图。据此,可将NOSQL分为相应的四类。

1. 键/值(Key-Value)存储数据库

这一类数据库主要会使用到一个哈希表,这个表中有一个特定的键和一个指针指向特定的值,该值可以是一个记录、一个对象或一个文档,甚至是一个复杂的结构。

哈希表是可以容纳键/值对的一种最简数据结构,但是它能提供非常快的查询速度、大的数据存放量和高并发操作,访问数据的时间复杂度为$O(1)$,非常适合通过主键对数据进行查询和修改等操作,虽然不支持复杂的操作,但是可以通过上层的开发来弥补这个缺陷。

键/值存储主要特点是高性能、高可用性以及高可扩展性,所使用的数据模型相对简单,并且在很多这类系统中没有查询语言,只是有一些语言查询可以使用的操作。键是与数据项关联的唯一标识,并可用于快速定位该数据项。值是数据项本身,对不同的键/值存储系统可以有不同的格式。有的系统中,值可以只是串或数组;有的系统中,可以是一些格式化数据,如类似关系数据的结构化数据行(元组),或者是用JSON描述的半结构化数据。不同的键/值存储系统可以存储非结构化、半结构化或者结构化的数据,其主要特点是每个值(数据项)必须只能有唯一的键,并且通过键检索值的过程必须非常快。

DynamoDB、Voldemort 是著名的键/值 NOSQL 系统。

Voldemort 是一款采用 Java 语言开发的分布式键/值系统，它基于 Amazon 的 DynamoDB 系统，其主要目标是高性能和水平扩展性，并设计高效的复制和分片方法以提高读、写的反应时间。所有的这些特性（复制、分片和水平扩展）都基于一种技术实现：在分布式集群的节点之间分布键值对，这种分布技术即是一致性哈希（consistent hashing）。Voldemort 已用于 LinkedIn 的数据存储。

在分布式集群中，对机器的添加删除，或者机器故障后自动脱离集群这些操作是分布式集群管理最基本的功能。如果采用常用的 Hash(object)%N 算法，那么在有机器添加或者删除后，映射公式变为 Hash(object)%(N+1)，或者 hash(object)%(N-1)，很多原有的数据就无法找到了，这样会产生非常严重的问题。一致性哈希算法就是解决这个问题一种方法。

一致性哈希最早由 MIT 的 Karger 于 1997 年提出，主要用于解决易变的分布式 Web 系统中，由于宕机和扩容导致的服务震荡。与常规的 Hash 算法思路不同，只是对要存储数据的 key 进行 Hash 计算，分配到不同节点存储。一致性 Hash 算法是对要存储数据的服务器进行 Hash 计算，进而确认每个 key 的存储位置。

2. 列存储（Column-oriented）数据库

顾名思义，是按列存储数据的。这类系统按列将一张表分为列族（Column Families）（一种垂直分片方法），每个列族存储在自己的文件中。面向列的存储能高效地存储数据，如果列值不存在就不存储，这样一来遇到 NULL 值时就能避免浪费空间。

这类数据库通常是用来应对分布式存储的海量数据，通常不支持类似 Join 这样多表的操作，它的主要特点是在存储数据时，主要围绕着“列（Column）”，而不是像传统的关系型数据库那样根据“行（Row）”进行存储。这样做的好处是，对于很多类似数据仓库这样的应用，虽然每次查询都会处理很多数据，但是每次所涉及的列并没有很多。使用列式数据库，将会节省大量 I/O，并且大多数列式数据库都支持这个特性，能将多个列并为一个小组。这样做的好处是能将相似列放在一起存储，提高这些列的存储和查询效率。总体而言，这种数据模型的优点是比较适合汇总和数据仓库这类应用。

Google 的大数据分布式存储系统 BigTable 是著名的列存储 NOSQL 系统，并已用于很多需要大量数据存储的 Google 应用系统中，如 Gmail。Apache Hbase 是一个与 Google 的 BigTable 类似的开源系统，但是它一般使用 HDFS（Hadoop Distributed File System）进行数据存储。HDFS 已用于很多云计算应用中。Hbase 也可以使用亚马逊的简单存储系统（即 S3）存储数据。另一个著名的系统是 Cassandra，不过它也可以归类为键/值存储系统。

3. 文档型（Document）数据库

基于文档或面向文档的 NOSQL 系统通常将数据存储为相似文档的集合，这类系统有时也称为文档库。每个文档类似于复杂对象，或 XML 文档。文档通过文档的 ID 来访问，但是也可以使用其他索引技术快速访问。基于文档的系统与对象或对象-关系系统的关键区别是不需要说明模式，文档被定义为自描述的数据。在一个集合中的文档是相似的，它们可以具有不同的元素（属性），新的文档中可以包含在其他文档中都没有出现的新元素。系统一般会从自描述文档中获取数据元素的名称，用户也可以在某些数据元素上建立索引。文档可以用各种格式进行表示，比如XML。JSON是对NOSQL中文档进行说明的一种非常流行的语言。

文档数据库中的文档一词意指文档中松散结构的键/值对集合。因此,在结构上,文档和键/值对非常相似的,也是一个键对应一个值,但是这个值主要以JSON或者XML等格式的文档来进行存储。文档数据库把文档当作一个整体,不会将文档分割成多个键/值对,并且与键/值不太一样的是,文档关心文档的内部结构,文档数据库一般可以对值来创建二级索引以方便上层的应用,而这点是普通键/值数据库所无法支持的。文档型数据库可以看作是键/值数据库的升级版,允许嵌套键值。而且文档型数据库比键/值数据库的查询效率更高。

当今为数不多的开源文档数据库中,最著名的是MongoDB和CouchDB。

4. 图形(Graph)数据库

图形结构的数据库同其他行、列结构的SQL数据库不同,它是使用灵活的图形模型,并且能够扩展到多个服务器上。数据表示为图形,图形由节点和边组成。节点和边可以加上标识表示它们所代表的实体和关系的类型,通过使用遍历边可以找到相关的节点。

Neo4j是开源图形数据库系统,用Java实现。

还有其他一些分类方法,增加了另外一些类型的NOSQL数据库,比如混合NOSQL数据库(具有多种类型数据库的特点)、对象数据库、XML数据库等。这些数据库要么难于归类到上述四类中,要么是在术语NOSQL被广泛接受之前就是已经存在的数据库。

一般来说,NOSQL数据库在以下的这几种情况下比较适用:(1)数据模型比较简单;(2)需要灵活性更强的IT系统;(3)对数据库性能要求较高;(4)不需要高度的数据一致性;(5)对于给定key,比较容易映射到复杂值。

8.4　小结

本章主要介绍了分布式数据库系统以及对象-关系数据库系统和NOSQL数据库系统,这些都是内容非常广泛的主题。本章只讨论了分布式数据库的一些基本概念和技术,首先讨论了使用分布式的原因和分布式数据库相对于集中式数据库的潜在优势,定义了分布透明性的概念,之后阐述了关系的水平分片和垂直分片思想。本章还介绍了数据库并发控制,包括基于识别数据项副本和基于投票的方法。然后介绍客户机/服务器数据库体系结构,这可以看作是分布式数据库系统的一种典型实现。

对于对象-关系数据库系统,首先介绍了与数据库相关的面向对象的概念,这些概念的提出是为了满足复杂数据库应用的需求,也是为了把数据库功能加入面向对象编程语言中。这里主要从三个方面介绍了对象-关系数据库:面向对象数据库中的对象概念、对象数据库相关的标准、支持语言等,以及对象-关系数据库对SQL的扩展。

最后本章介绍了应用越来越广泛的NOSQL数据库,首先介绍NOSQL的概念和特点,然后阐述了NOSQL的基本理论:CAP原理和BASE思想,一个分布式系统不可能同时很好地满足CAP三个需求,最多只能同时较好地满足两个。因此,在设计分布式系统的时候,应该对这三个需求进行取舍。最后,对目前NOSQL的四类模型进行了简单的介绍。

习题

一、单选题

1. 下列关于分布式数据库系统的叙述中,哪些是错误的?

   A) 在分布式数据库系统中,每个结点都是一个独立的数据库系统

   B) 分布式数据库系统的用户操作和非分布式数据库系统是完全相同的

   C) 分布式数据库系统的所有问题都是外部的问题

   D) 分布式数据库系统一般具有存储位置透明性的特点

2. 下列关于分布式数据库系统分片技术的叙述中,不正确的是

   A) 数据分片基本类型包括水平分片和垂直分片两类

   B) 水平分片将一个关系水平地进行分组,得到元组的子集

   C) 垂直分片要求每个属性至少映射到一个垂直分片中

   D) 垂直分片的片段通过笛卡尔积可恢复原关系

3. 下列关于半连接操作的叙述中,哪一条是错误的?

   A) 半连接操作是可交换的

   B) 半连接操作是将关系从一个站点传输到另一个站点之前减少该关系中元组的数量

   C) 半连接操作可表示为 $R \ltimes_{A=B} S$,其中 A 和 B 分别是关系 R 和 S 中域相容的属性

   D) 半连接操作可产生出与关系代数表达式 $\pi_R(R \bowtie_{A=B} S)$ 相同的结果

4. 基于识别数据项副本的方法常用于

   A) 分布式恢复　　B) 分布式死锁

   C) 分布式安全　　D) 分布式并发控制

5. 下列关于对象标识符 OID 的叙述中,不正确的是

   A) OID 是由面向对象数据库为每一个对象提供的,是由系统生成的

   B) OID 的值对于外部用户来说是可见的,便于使用时引用

   C) 数据库系统要维护 OID 永远不变性的机制

   D) 每个 OID 只被使用一次

6. 下列关于对象-关系数据库管理系统的叙述中,不正确的是

   A) 数据类型不能嵌套

   B) 可以创建新的数据类型

   C) 继承性只适用于组合类型,子类继承超类的所有数据元素

   D) 可以构造复杂对象的数据类型,集合是一种类型构造器

7. 对于下面 NOSQL 数据库的解释,不正确的是

   A) NO SQL　　B) Not Only SQL

   C) 不仅仅是 SQL　　D) 泛指非关系型数据库

二、多选题

8. 理想化的分布式 DBMS 的透明性一般包括:

   A) 位置透明性　　B) 复制透明性　　C) 分片透明性　　D) 命名透明性

9. 下列类型构造器中,哪些是三种最基本的构造器?

   A) 原子　　B) 元组　　C) 数组　　D) 列表　　E) 汇集

10. NOSQL 数据库常常分为下列哪些类别?

A）键/值对　　B）文档　　C）行　　D）列　　E）图

参考答案

一、单选题

1. C　2. D　3. A　4. D　5. B　6. A　7. A

二、多选题

8. ABCD　9. ABE　10. ABDE

第9章　数据库应用及安全性

数据库系统从20世纪60年代中期产生至今,无论在技术方面还是在应用范围方面,都取得了令人瞩目的发展。许多机构或企事业单位已经产生了大量的机器可读的数据,为了处理这些数据,人们设计了支持SQL这样有效的查询语言的数据库系统。但SQL有一个问题:它是一种假设用户清楚数据库模式的结构化语言。数据仓库是区别于数据库的一种新的数据存储形式,它提供多种功能,如数据的合并、聚集、汇总等,它允许从多个维度观察同一信息。数据挖掘(Data Mining)则是指从大量的数据中根据模式或者规则来挖掘、发现新的信息。在实际应用中,数据挖掘需要在大型文件和数据库上才能有效地实现。

本章主要介绍与数据库系统密切相关的重要应用领域:数据仓库和数据挖掘,然后介绍数据库系统非常重要的概念:安全性问题。最后对本章进行小结并给出习题。

本章的考核目标是:

- 理解数据仓库的基本概念,掌握数据仓库的模型和体系结构,掌握联机分析处理OLAP的功能;
- 理解数据挖掘的主要内容,了解关联分析、分类和聚类的主要概念和方法;
- 了解数据库的安全性概念,掌握安全性的自主访问控制、强制访问控制和基于角色的访问控制,理解SQL注入、统计数据库的安全性问题以及加密问题。

9.1　数据仓库

当前的数据处理可以大致地划分为两大类:操作型处理和分析型处理。操作型处理也叫事务处理,是指对数据库联机的日常操作,通常是对一个或一组记录的查询和修改,主要是为企业的特定应用服务的,人们关心的是响应时间、数据的安全性和完整性等。数据仓库也是一种数据库,存储和管理的是分析型的数据。数据的分析处理是用于管理人员的决策分析,经常要访问大量的历史数据,但要求能够非常快速地访问大量数据,而且这些数据常常来自多个数据库。目前,在为企业或部门决策者们提供正确的细节层次信息以支持他们的决策制定方面,存在大量需求。数据仓库(Data Warehousing)技术、联机分析处理(OLAP)技术和数据挖掘(Data Mining)技术提供了这些功能。本节将对数据仓库与OLAP技术进行概要介绍。9.2节将对数据挖掘技术进行介绍。

9.1.1　数据仓库基本概念

数据处理能力的不断提高、数据分析工具和技术的不断成熟,促进了数据仓库的迅速发展。数据仓库所提供的存储能力、功能以及对查询的响应速度都超过了面向事务的数据库。数据仓库是一个信息或数据的集合,同时它也是一个支持系统。数据仓库与数据库之间存在着一个比较明显的区别:传统的数据库是事务数据库(关系数据库、面向对象数据库、网状数据库或者层次数据库),而数据仓库的突出特征是主要用于决策支持应用。数据仓库的优化是为了数据检索,而不是为了常规事务处理。

1. 数据仓库的定义

W. H. Inmon 把数据仓库描述为面向主题的、集成的、相对稳定的、反映历史变化的数据集合,用以支持管理中的决策。从该描述可以看出,数据仓库明确为决策支持服务的,而数据库是为事务处理服务的。

数据仓库支持信息的高性能查询,支持 OLAP、DSS(决策支持系统)和数据挖掘等类型的应用。OLAP 这一术语用来描述数据仓库中复杂数据的分析。OLAP 工具可以从数据仓库和数据集市中快速和直接地查询分析型数据。DSS 用来支持一个公司的主要决策制定者利用更高级的(分析)数据进行复杂和重要的决策。数据挖掘用来进行知识发现,是为发现没有预料的新知识而搜索数据的一种过程。

传统的数据库支持联机事务处理(Online Transaction Processing,OLTP),包括插入、更新、删除操作,同时也支持信息查询。如果只查询数据库中一小部分数据,或者只处理对某个关系的少量元组的插入、更新事务时,传统的关系型数据库是优化的。然而,它们对于 OLAP、DSS 或者数据挖掘来说不是优化的。相反,数据仓库是以支持高效抽取、处理、展示分析和制定决策为目的而专门设计的。与传统数据库相比较,数据仓库通常包含来自多个数据源的海量数据,这些数据源包括不同数据模型的数据库,有时还包括来自独立系统和平台的文件。

数据仓库为复杂分析、知识发现和决策制定提供数据访问。这里可以把数据仓库更一般地描述为一个决策支持技术的集合,目标是使得知识工作者(高层主管、经理、分析员)做出更好、更快的决策。图 9.1 给出了数据仓库的一般概念结构。它描述了整个数据仓库的处理过程,包括数据进入数据仓库之前可能的清洗和重新格式化,这一处理通常由行业中公认的抽取、转换和装载(Extract,Transformation 和 Loading,ETL)工具来执行。在这个过程的后端,OLAP、数据挖掘和 DSS 可以生成新的关联信息,例如规则。在图中表示的这些信息又返回到数据仓库中。图中还显示了数据源也可以是文件。

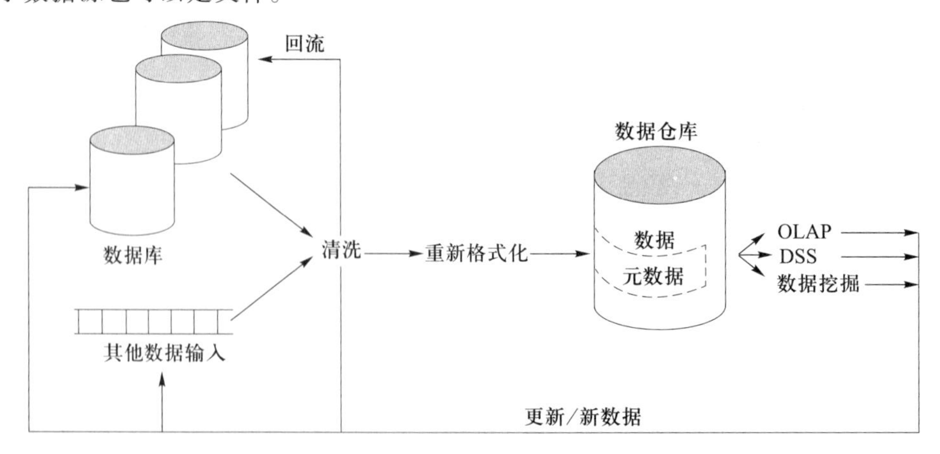

图 9.1 数据仓库的处理过程

由数据库系统发展到数据仓库主要在于:

(1) 数据太多,信息贫乏

随着数据库技术的发展,企事业单位建立了大量的数据库,数据越来越多,而辅助决策信息却很贫乏,如何将大量的数据转化为辅助决策信息成了研究热点。

(2) 异构环境数据的转换和共享

由于各类数据库产品的增加,异构环境的数据也随之增加,如何实现这些异构环境数据的转换和共享也成了研究热点。

(3) 利用数据进行事务处理转变为利用数据支持决策

数据库用于事务处理,若要达到辅助决策,则需要更多的数据。例如,如何利用历史数据的分析来进行预测。对大量数据的综合得到宏观信息等均需要大量的数据。

2. 数据仓库的特点

(1) 数据仓库是面向主题的

数据仓库中的数据是面向主题进行组织的。什么是主题呢?主题是一个抽象的概念,是在较高层次上将企业信息系统中的数据综合、归类并进行分析利用的抽象。在逻辑意义上,它是对应企业中某一宏观分析领域所涉及的分析对象。面向主题的数据组织方式,就是在较高层次上对分析对象的数据的一个完整、一致的描述,能完整、统一地刻画各个分析对象所涉及的企业的各项数据,以及数据之间的联系。所谓较高层次是相对面向应用的数据组织方式而言的,是指按照主题进行数据组织的方式具有更高的数据抽象级别。

(2) 数据仓库的数据是集成的

数据仓库的数据是从原有的分散的数据库数据中抽取来的,在数据进入数据仓库之前,必然要经过统一与综合,这一步是数据仓库建设中最关键、最复杂的一步,所要完成的工作有:

① 要统一源数据中所有矛盾之处,如字段的同名异义、异名同义、单位不统一、字长不一致,等等。

② 进行数据综合和计算。数据仓库中的数据综合工作可以在从原有数据库抽取数据时生成,但许多是在数据仓库内部生成的,即进入数据仓库以后进行综合生成的。

(3) 数据仓库的数据是相对稳定的

数据仓库的数据主要供企业决策分析之用,所涉及的数据操作主要是数据查询,一般情况下并不进行修改操作。数据仓库的数据反映的是一段相当长的时间内历史数据的内容,是不同时间点的数据库快照的集合,以及基于这些快照进行统计、综合和重组的导出数据,而不是联机处理的数据。数据库中进行联机处理的数据经过集成输入到数据仓库中,一旦数据仓库存放的数据已经超过数据仓库的数据存储期限,这些数据将从当前的数据仓库中删去。因为数据仓库只进行数据查询操作,所以数据仓库管理系统 DWMS 相比 DBMS 而言要简单得多。DBMS 中许多技术难点,如完整性保护、并发控制等等,在数据仓库的管理中几乎可以省去。但是由于数据仓库的查询数据量往往很大,所以就对数据查询提出了更高的要求,它要求采用各种复杂的索引技术;同时由于数据仓库面向的是企业的高层管理者,他们会对数据查询的界面友好性和数据表示提出更高的要求。

(4) 数据仓库数据是反映历史变化的

数据仓库中的数据相对稳定是针对应用来说的,也就是说,数据仓库的用户进行分析处理时是不进行数据更新操作的。但并不是说,在从数据集成输入数据仓库开始到最终被删除的整个数据生存周期中,所有的数据仓库数据都是永远不变的。

数据仓库的数据是反映历史变化的,这一特征表现在以下三方面:

① 数据仓库随时间变化不断增加新的数据内容。

② 数据仓库随时间变化不断删去旧的数据内容。数据仓库的数据也有存储期限,一旦超过了这一期限,过期数据就要被删除。

③ 数据仓库中包含有大量的综合数据,这些综合数据中很多跟时间有关,这些数据要随着时间的变化不断地进行重新综合。

从数据仓库的定义及特点可以看出,数据仓库包含大量的数据,通常要比源数据库大一到两个数量级,建立和维护成本常常是巨大的,而且必须从企业完整的角度对待任何一次决策分析。这样,每次决策就成为代价很高、时间较长的大工程。为此,人们提出了数据集市的概念。

数据集市(Data Marts)是一种更小、更集中的数据仓库,为公司提供分析商业数据的一条廉价途径。数据集市通常针对组织中的子集,例如一个部门,并且数据的针对性更强。数据集市不等于数据仓库,多个数据集市简单合并起来并不能成为数据仓库。因为:

- 各数据集市之间对详细数据和历史数据的存储存在大量冗余。
- 同一个问题在不同的数据集市的查询结果可能不一致,甚至相互矛盾。
- 各数据集市之间以及与源数据库系统之间关系难以管理

9.1.2 数据仓库的数据模型

数据仓库和OLAP操作都基于多维数据模型。多维数据模型包括下面的概念:

(1) 度量属性

度量属性是决策者所关心的具有实际意义的数量。例如:商品的销售量、库存量等。

(2) 维属性

维是人们观察数据的特定角度。例如,企业常常关心产品销售数据随着时间推移而产生的变化情况,这时他是从时间的角度来观察产品的销售,所以时间就是一个维(时间维)。企业也时常关心自己的产品在不同地区的销售分布情况,这时他是从地理分布的角度来观察产品的销售,所以地理分布也是一个维(地理维)。

(3) 维的层次

人们观察数据的某个特定角度(即某个维)还可以存在细节程度不同的多个描述方面,即维的层次。一个维往往具有多个层次,例如描述时间维时,可以从日期、月份、季度、年份等不同层次来描述,那么日期、月份、季度、年份等就是时间维的层次;同样,城市、地区、国家等构成了地理维的多个层次。

(4) 多维数据

能够模式化为维属性和度量属性的数据统称为多维数据。图9.2是一个多维数据模型例子。

多维模型利用了数据间内在的联系,把数据移入被称为数据立方体(Data Cube)(如果大于三维可以称为超立方体)的多维矩阵中。对于遵循维格式的数据,在多维矩阵上的查询性能比在关系数据模型上的查询性能要好得多。在数据仓库系统和OLAP中提供了多种技术来执行数

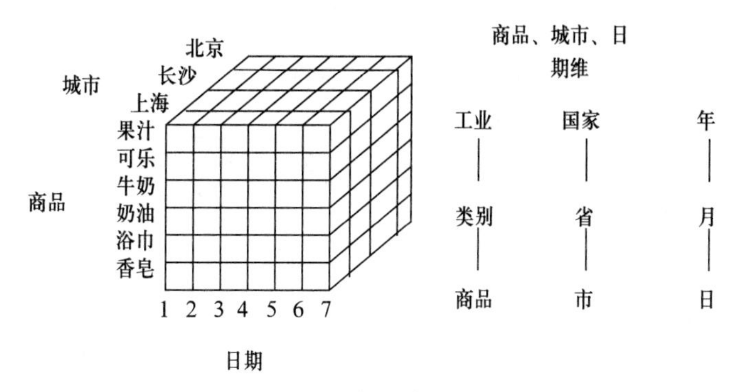

图 9.2 多维数据存储示意图

据的分析。

多维存储模型涉及两类表:维表和事实表。维表由维的属性元组组成。事实表可以看成这样的元组集合,其中一个元组对应一个已记录的事实。这个事实包含一些可以度量的或者可以观察的变量,并且通过指向维表的指针来确定它(们)。

两个常见的多维模式是星型模式和雪花模式。星型模式(Star Schema)由一个事实表和每个维对应的维表组成(参见图 9.3)。雪花模式(Snowflake Schema)是星型模式的变形,它将星型模式中的维表通过规范化组织成层次结构(参见图 9.4)。

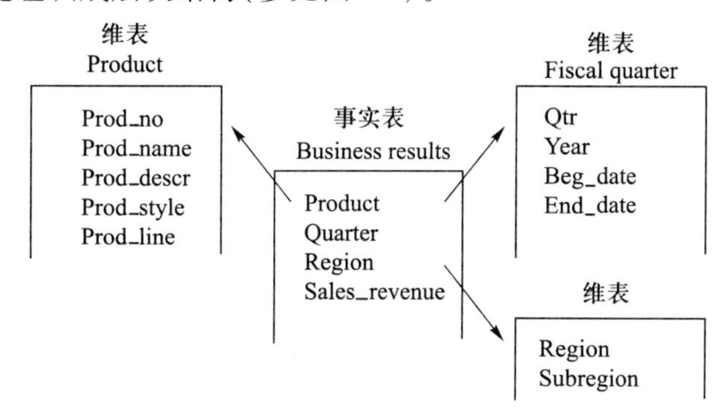

图 9.3 带有事实表与维表的星型模式

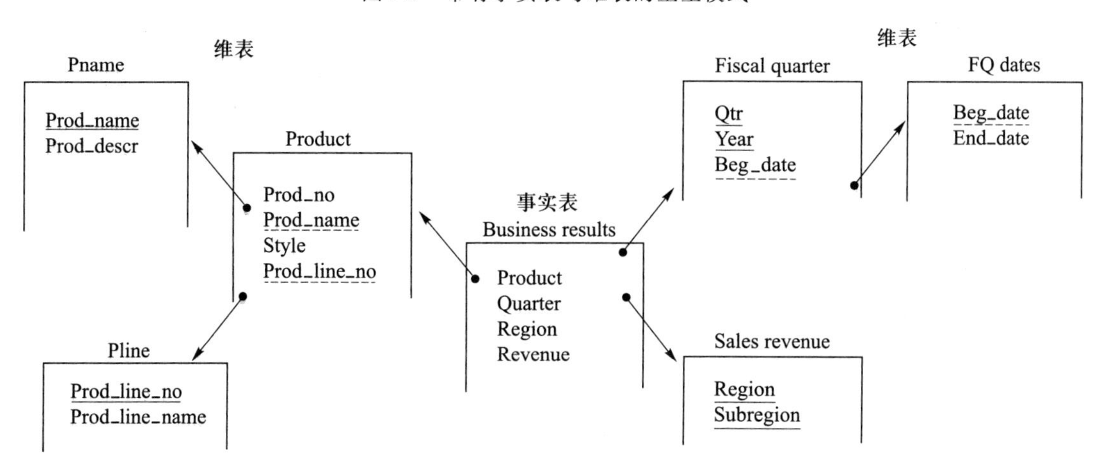

图 9.4 雪花模式

数据仓库存储也利用了索引技术来支持更高性能的访问。一种称为位图索引(Bitmap Indexing)的技术为索引域(列)中的每个值构造一个位向量。对于小基数(Low-cardinality)的域它可以工作得很好。如果第 j 行包含被索引的值,则向量的第 j 位被置为1。对于小基数的域,位图索引可以提供相当大的I/O和存储空间,这是它的优势。利用位向量,位图索引可以显著提高比较、聚集和连接方面的性能。

在星型模式中,维数据可以对事实表中的元组建立连接索引。连接索引是为了维护外码与主码之间的联系而使用的一种传统索引。它们关联了星型模式中维的值和事实表中的行。连接索引可以涉及多个维。

9.1.3 数据库仓库体系结构

数据仓库系统由数据仓库(DW)、仓库管理和分析工具三部分组成。其结构形式如图9.5所示。

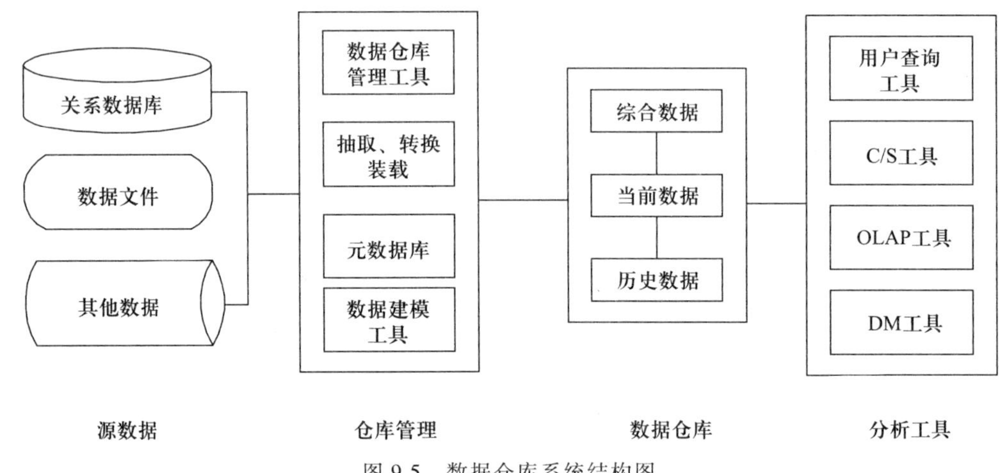

图9.5 数据仓库系统结构图

数据仓库的数据来源于多个数据源。源数据包括企业内部数据、市场调查报告以及各种文档之类的外部数据。

在确定数据仓库信息需求之后,首先进行数据建模,确定从源数据到数据仓库的数据抽取、清理和转换过程,划分维数以及确定数据仓库的物理存储结构。元数据是数据仓库的核心,它用于存储数据模型,定义数据结构、转换规划、仓库结构、控制信息等。仓库的管理包括对数据的安全、归档、备份、维护、恢复等工作,这些工作需通过数据仓库管理系统DWMS来完成。

由于数据仓库的数据量大,必须有一套功能很强的分析工具集来实现从数据仓库中提供辅助决策的信息,完成决策支持系统DSS的各种要求。

分析工具集分两类工具:

(1) 查询工具。数据仓库的查询不是指对记录级数据的查询,而是指对分析要求的查询。一般包括可视化工具、多维分析工具(OLAP 工具)等

(2) 挖掘工具。从大量数据中挖掘具有规律性的知识,需要利用数据开采(Data Mining)工具。

数据仓库应用是一个典型的客户/服务器(C/S)结构形式。数据仓库采用服务器结构,客户端所做的工作有:客户交互、格式化查询、结果显示、报表生成等。服务器端完成各种辅助决策的SQL查询、复杂的计算和各类综合功能等。现在,越来越普及的一种形式是三层C/S结构形式,即在客户与数据仓库服务器之间增加一个多维数据分析(OLAP)服务器,如图9.6所示。

图9.6 数据仓库应用的三层C/S结构

OLAP服务器的实现可以是关系型OLAP(ROLAP),即扩充的关系型DBMS,提供对多维数据的支持;也可以是多维OLAP(MOLAP),它是一种特殊的服务器,直接支持多维数据的存储和操作。OLAP服务器将加强和规范化决策支持的服务工作,集中和简化了原客户端和数据仓库服务器的部分工作,降低了系统数据传输量。这种结构形式工作效率更高。

MOLAP是基于多维数据的OLAP的存储,采用多维数据库形式,是逻辑上的多维数组形式存储,表现为"超立方"结构。由于多维数据库中信息粒度很粗,索引少,通常可常驻内存,使查询性能好。由于多维数据库以数组方式存储,数组中值的修改可以不影响索引,这样能很好地适应读写应用,缺点是多维结构的修改需要数据库整个进行重新组织。

关系数据存储与关系数据模式一致。关系数据库数据可用通用语言SQL来访问。利用关系数据存储,数据的尺寸可以非常大。通过使用索引和一些特殊的技术,可以增大存储的尺寸,以便在多维查询时获得可接受的性能。在多维存储中,数据存储的大小通常是有限的,但数据存储可利用压缩技术,例如稀疏矩阵压缩,可以在较少空间存放更多数据。

表9.1 MOLAP和ROLAP的对比表

内容	MOLAP	ROLAP
维的可变性	固定维	可变维
维交叉操作	维交叉计算	数据仓库的多维视图
计算类型	行级计算	超大型数据库
数据可变性	读-写应用	维数据变化速度快
系统对象	数据集市	数据仓库
如何生成数据	数据立方预处理	强大的SQL生成器

9.1.4 联机分析处理

联机分析处理OLAP的概念最早是由E.F.Codd于1993年提出的。当时,Codd认为随着企业数据量的急剧增加,联机事务处理OLTP已经不能满足终端用户对数据库查询分析的需要,SQL对大数据库进行的简单查询并不能满足用户分析的需求,决策分析需要对关系数据库进行大量的计算才能得到结果。因此Codd提出了多维数据库和多维分析的概念,即OLAP的概念。

OLAP是在OLTP的基础上发展起来的,OLTP是以数据库为基础的,面对的是操作人员和低层管理人员,对数据的基本操作是查询和增、删、改等操作。而OLAP是以数据仓库为基础的数据分析处理,允许分析人员观察多维数据的不同种类的汇总数据。它有两个特点:一是在线性(On Line),体现为对用户请求的快速响应和交互式操作,它的实现是由客户机/服务器这种体系结构来完成的;二是多维分析(Multi-dimension Analysis),这也是OLAP的核心所在。

1. OLAP基本特性

OLAP超越了一般查询和报表的功能,它是建立在一般事务操作之上的另外一种逻辑计算,因此,它的决策支持能力更强。近来,随着人们对OLAP理解的不断深入,人们认为联机分析处理就是共享多维信息的快速分析(Fast Analysis of Shared Multidimensional Information)。它体现了四个特征:

(1) 快速性(fast)。用户对OLAP的快速反应能力有很高的要求。系统应能在很短时间内(例如5 s内)对用户的大部分分析要求做出反应,如果终端用户长时间没有得到系统的响应,用户则会变得不耐烦,系统的分析质量也会受到影响。

(2) 可分析性(analysis)。OLAP系统应能处理与应用有关的任何逻辑分析和统计分析。尽管系统需要一些事先的编程,但并不意味着系统事先已对所有的应用都定义好了。

(3) 多维性(multidimensional)。多维性是OLAP的关键属性。系统必须提供对数据分析的多维视图和分析。

(4) 信息性(information)。不论数据量有多大,也不管数据存储在何处,OLAP系统应能及时获得信息,并且管理大容量的信息。

用于实现OLAP的技术主要包括客户机/服务器体系结构、时间序列分析、面向对象、并行处理、数据存储优化以及多线索技术等。

1993年,E. F. Codd在*Providing OLAP to User Analysts*中提出了有关OLAP的十二条准则,用来评价分析处理工具,这些准则到了今天也是可用的。如今,这十二条规则也成为大家定义OLAP的主要依据,被认为是OLAP产品应该具备的特征。同时它们也可以看作是数据仓库应具有的特点。这十二条准则如下:

(1) 多维概念视图:OLAP的概念模型应是多维的。用户可以简单、直接地操作这些多维数据模型。

(2) 透明性:OLAP在体系结构中的位置以及OLAP的数据源对用户都是透明的。

(3) 存取能力:OLAP系统应使应用只存取与指定分析有关的数据,避免多余的数据存取,而且还提供高效的存取策略。

(4) 一致稳定的报表性能:报表操作不应随维数增加而削弱,即便是用户数据模型改变时,关键数据的计算方法也无须更改。

(5) 客户/服务器体系结构:OLAP是建立在客户/服务器体系结构上的。

(6) 维的等同性:每一数据维在其结构和操作功能上必须等价。

(7) 动态稀疏矩阵处理:OLAP服务器应能提供优化的稀疏矩阵处理。当存在稀疏矩阵时,OLAP服务器应能推知数据是如何分布的,以及怎样存储才更有效。

(8) 多用户支持:OLAP工具应提供并发访问、数据完整性及安全性等功能。

(9) 非限定的跨维操作:在多维数据分析中,所有维的生成和处理都是平等的。OLAP工具应能处理维间相关计算,允许计算和数据操作跨越任意数目的数据维。

(10) 直接数据操作:OLAP操作直观易懂,易于操作。

（11）灵活的报表：报表必须能从各种可能的方面显示出从数据模型中综合出的数据和信息，充分反映数据分析模型的多维特征，并可按用户需要的方式来显示它。

（12）不受限制的维和聚类级别：OLAP 服务器应能在一通用分析模型中协调多个维（例如至少十五个维）。每一通用维应能允许有任意个用户定义的聚集，而且用户分析员可以在任意给定的综合路径上建立任意多个聚集层次。

2. OLAP 的功能

OLAP 的大部分策略都是将关系型的或普通的数据进行多维数据存储，以便于进行分析，从而达到联机分析处理的目的。这种多维数据库，也被看作超立方体。沿着各个维方向存储数据，它允许用户沿事物的轴线方便地分析数据。OLAP 中，基本的多维数据分析概念包括切片、切块、旋转等。随着 OLAP 的深入发展，OLAP 也逐渐具有了计算和智能的能力，这些能力称为广义 OLAP 操作。

（1）OLAP 的基本功能

① 切片和切块（Slice and Dice）

切片和切块是在维上做投影操作。

切片就是在多维数据上选定一个二维子集的操作，即在某两个维上取一定区间的维成员或全部维成员，而在其余的维上选定一个维成员的操作。

维是观察数据的角度，那么切片的作用或结果就是舍弃一些观察角度，使人们能在两个维上集中观察数据。因为人的空间想象能力毕竟有限，一般很难想象四维以上的空间结构。所以对于维数较多的多维数据空间，数据切片是十分有意义的。

切块可以看成是在切片的基础上进一步确定各个维成员的区间得到的片段体，也即由多个切片叠合起来。

② 钻取（Drill）

钻取有向下钻取（Drill Down）和向上钻取（Drill Up）操作。向下钻取是使用户在多层数据中展现渐增的细节层次，获得更多的细节性数据。向上钻取以渐增概括方式汇总数据（例如，从周到季度，再到年度）。

③ 旋转（Pivoting）

通过旋转可以得到不同视角的数据。旋转操作相当于平面数据将坐标轴旋转。例如，旋转可能包含了交换行和列，或是把某一个行维移到列维中去，或是把页面显示中的一个维和页面外的维进行交换（令其成为新的行或列中的一个）。

（2）广义 OLAP 功能

如上所述，切片、切块、旋转与钻取等操作是最基本的展示数据、获取数据信息的手段。从广义上讲，任何能够有助于辅助用户理解数据的技术或者操作都可以作为 OLAP 功能，这些有别于基本 OLAP 的功能被称为广义 OLAP 功能。

① 基本代理操作

“代理”是一些智能性代理，当系统处于某种特殊状态时提醒分析员。

② 计算能力

计算引擎用于特定需求的计算或某种复杂计算。

③ 模型计算

增加模型,如增加系统优化、统计分析、趋势分析等模型,以提高决策分析能力。

9.1.5 数据仓库与视图

有些人认为数据仓库是对数据库视图的扩展。在第五章中提到的物化视图是满足改善数据存取需求的一种方法,物化视图的性能增强问题也已经进行了研究。然而,视图只提供了数据仓库功能和性能的一个子集。视图与数据仓库有着相似之处:它们都是从数据库中进行只读性的数据抽取,并且都是面向主题的。但是,数据仓库在以下一些方面与视图是不同的:

- 数据仓库是持久存储的,而不像视图在查询时才物化。
- 数据仓库通常是多维的,而不是关系的。关系数据库的视图是关系的。
- 数据仓库可以通过索引来优化性能。视图不能独立于底层的数据库来进行索引。
- 数据仓库的特征是可以提供特定的功能支持,而视图则不能。
- 数据仓库提供大量的集成数据,并且这些数据通常是时态数据,而且通常不是一个数据库所能容纳的;然而,视图只是对一个数据库中数据的抽取。

9.2 数据挖掘

随着数据库的数量和规模的迅速增加,如何从大量的数据中及时有效地提取有用的信息,这几乎是所有经营管理者所面临的一个共同难题。为了解决这一课题,有关人员逐步研究开发了一系列的技术和方法,这就是数据库知识发现和数据挖掘技术,其目标就是要智能化和自动化地把数据转换为有用的信息和知识。一般认为,数据库中的知识发现是识别数据库中以前不知道的、新颖的、潜在有用的和最终可被理解的模式的非平凡过程,而数据挖掘是知识发现中的核心工作,主要研究发现知识的各种方法和技术。在实际应用中,数据挖掘一定是在大型文件和数据库上才能有效地实现。

9.2.1 数据挖掘主要内容

1. 数据挖掘与数据仓库

数据仓库的目标是使用数据来支持决策。数据挖掘可以与数据仓库结合起来,有助于实现特定类型的决策。数据挖掘可以应用于具有单独事务的操作型数据库。为了使数据挖掘更加有效,数据仓库应该具有一个聚合的或汇总的数据集合。数据挖掘可以有助于抽取有意义的新模式,这些新模式是不可能通过单纯的查询或者处理数据仓库中的数据和元数据而发现的。因此,数据挖掘应用应该尽早考虑,最好是在数据仓库设计阶段就应充分考虑。同样,数据挖掘工具应该被设计成能方便地与数据仓库连接的软件。实际上,对于拥有万亿字节(Terabyte)级数据的特大型数据库,成功地使用数据挖掘应用将首先依赖于数据仓库的构建。

2. 知识发现与数据挖掘

知识发现(KDD)被认为是从数据中发现有用知识的整个过程,通常包括比数据挖掘更大的范围。数据挖掘被认为只是 KDD 过程中的一个特定步骤,它用专门算法从数据中抽取模式(pattern)。

KDD 过程图如图 9.7 所示。

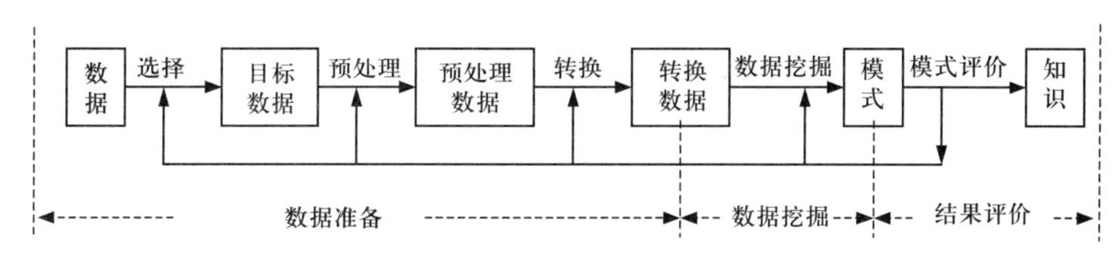

图 9.7 KDD 过程图

KDD 过程可以概括为三部分:数据准备(Data Preparation)、数据挖掘(Data Mining)及结果的解释和评估(Interpretation & Evaluation)。

数据准备阶段主要是确定发现任务的操作对象、对数据进行清洗,并进行消减数据维数,即从初始特征中找出真正有用的特征以减少数据挖掘时要考虑的特征或变量个数。

数据挖掘阶段首先要确定挖掘的任务或目的,如数据分类、聚类、关联规则发现或序列模式发现等。确定了挖掘任务后,就要决定使用什么样的挖掘算法。选择实现算法有两个考虑因素:一是不同的数据有不同的特点,因此需要用与之相关的算法来挖掘;二是用户或实际运行系统的要求,有的用户可能希望获取描述型的(Descriptive)、容易理解的知识(采用规则表示的挖掘方法显然要好于神经网络之类的方法),而有的用户只是希望获取预测准确度尽可能高的预测型(Predictive)知识。选择了挖掘算法后,就可以实施数据挖掘操作,获取有用的模式。

数据挖掘阶段发现出来的模式,经过评估,可能存在冗余或无关的模式,这时需要将其剔除;也有可能模式不满足用户要求,这时则需要回退到发现过程的前面阶段,如重新选取数据、采用新的数据变换方法、设定新的参数值,甚至换一种挖掘算法等。

影响数据挖掘质量的要素有两个:一是所采用的数据挖掘技术的有效性,二是用于挖掘数据的质量和数量(数据量的大小)。如果选择了错误的数据或不适当的属性,或对数据进行了不适当的转换,挖掘的结果则不好。

整个挖掘过程是一个不断反馈的过程。比如,用户在挖掘途中发现选择的数据不太好,或使用的挖掘技术产生不了期望的结果。这时,用户需要重复先前的过程,甚至从头重新开始。

3. 数据挖掘的目标

数据挖掘一般都会有一些最终目标或应用。广义地讲,数据挖掘的目标分为以下几类:预测、识别、分类和优化。

(1) 预测(Prediction)。数据挖掘可以展示数据的某些属性在未来将如何表现。例如通过对购买事务的分析来预测顾客在某些折扣下会购买什么?

(2) 识别(Identification)。数据模式可以用来识别一件商品、一个事件或一项活动的存在。例如,可以通过程序的执行、文件的访问以及每个会话期的 CPU 时间,来识别是否有入侵者试图破坏系统。

(3) 分类(Classification)。数据挖掘可以划分数据,这样的分类可以根据参数的组合来识别不同的类别。例如,超市的顾客可以划分为追求折扣的购买者、冲动购买者、忠实购买者、追求名牌的购买者和偶然购买者。

(4) 优化(Optimization)。数据挖掘的一个最终目标是优化有限资源的使用,例如时间、空间、金钱或者物质,并且在给定的约束条件下使输出变量最大化,例如销售额或利润。这样,数据挖掘的这个目标就像在运筹学中使用目标函数在约束条件下取得最优值一样。

数据挖掘这个术语目前的含义非常广。在某些情况下，它包括统计分析、约束优化和机器学习。没有严格的界线能把数据挖掘从这些学科中分离开来。

4. 数据挖掘过程中发现的知识类型

知识这个术语被广泛地解释为含有一定程度的智能。知识通常被分为归纳知识和演绎知识。演绎知识(Deductive Knowledge)基于对给定数据应用预先指定的逻辑演绎规则来演绎出新信息。数据挖掘致力于归纳知识(Inductive Knowledge)的处理，即从所提供的数据中发现新规则与新模式。知识可以表示为多种形式：在非结构化意义上，它可以通过规则或者命题逻辑来表示；而使用结构化形式，它可以表示为决策树、语义网络、神经网络、类层次或者框架层次。数据挖掘期间的知识发现通常有以下各种描述方式。

(1) 关联规则(Association Rules)。这些规则把一个项集的出现与另一个变量集合的值的范围相关联。例如：一个女性消费者在购买手提包时，有可能还买鞋子。

(2) 分类层次(Classification Hierarchy)。从现存事件或事务的集合中建立一个类层次。例如：可以根据以前赊购事务的历史将人们分为5个信用级别。分类的层次可以组织成分类树的形式。

(3) 序列模式(Sequential Pattern)。找到动作或事件的序列。例如：如果一个病人因为动脉阻塞和动脉瘤动过心脏旁路手术，手术后一年以内又显示出高血尿症，他或她有可能会在以后的18个月内患肾衰竭。检测序列模式等价于在具有确定的时态关系的事件中，检测它们之间的关联。

(4) 时间序列中的模式(Pattern within time series)。相似性可以在数据的时间序列位置中被发现，时间序列数据是指在相同时间间隔下获得的一个数据序列，比如日销售额或者日股票收盘价。

(5) 聚类(Clustering)。给定的事件或项的集合可以被划分(分割)成“相似”的元素集合。例如：一群用户对Web中一个文档集合(比如在数字图书馆中)的访问，可以根据文档关键字来分析，从而揭示用户的聚簇或类别。

对于大多数应用，期望得到的知识是上述类型的组合。

9.2.2 关联分析

关联规则的发现是数据挖掘中的主要技术之一。设 $I=\{i_1, i_2, \cdots, i_m\}$ 是项(Item)的集合。记D为事务(Transaction)的集合(事务数据库)，事务T是项的集合，并且 $T \subseteq I$。对每一个事务有唯一的标识，如事务号，记作TID。设A是I中一个项集，如果 $A \subseteq T$，那么称事务T包含A。

定义1：关联规则是形如 $A \rightarrow B$ 的蕴涵式，这里 $A \subset I$，$B \subset I$，并且 $A \cap B = \Phi$。

在大型数据库中，这种关联规则是很多的，需要进行筛选，一般用“支持度”和“可信度”两个阈值来淘汰那些无用的关联规则。

定义2：规则的支持度和可信度。规则 $A \rightarrow B$ 具有支持度s，表示s是D中事务包含 $A \cup B$ 的百分比，它是概率 $P(A \cup B)$，即：

$$s(A \rightarrow B) = P(A \cup B) = \frac{|A \cup B|}{|D|}$$

其中|D|表示事务数据库 D 的个数。

规则 A→B 在数据库中具有可信度 c,表示 c 是包含 A 项集的同时也包含 B 项集,这是条件概率 P(B|A),即:

$$c(A \to B)=P(B|A)=\frac{|A \cup B|}{|A|}$$

其中|A|表示数据库中包含项集 A 的事务个数。

定义 3:阈值。为了在事务数据库中找出有用的关联规则,需要由用户确定两个阈值:最小支持度阈值(Min_sup)和最小可信度阈值(Min_conf)。

定义 4:项的集合称为项集(Itemset),包含 k 个项的项集称之为 k-项集。如果项集满足最小支持度,则它称之为频繁项集(Frequent Itemset)或称大项集,反之称为小项集。

定义 5:关联规则。同时满足最小支持度阈值(Min_sup)和最小可信度阈值(Min_conf)的规则称之为关联规则,即 $s(A \to B)>$min_sup 且 $c(A \to B)>$min_conf 成立时,规则 A → B 称之为关联规则。

通过使用所有频繁项集和它们的支持度来生成规则是相对简单的。然而,如果项目集合的基数很大,发现所有的频繁项集和它们的支持度的值是一个主要问题。一个典型的超市有数千种商品,不同项集的数目是 2^m,这里 m 是商品的数量,这样对所有可能的项集支持度的计算就变成计算密集型了。为了减少组合的搜索空间,寻找关联规则的算法应具有以下性质:

(1) 一个大项集的子集也必须是大项集(也就是说,大项集的每个子集也都超过所要求的最小支持度)。

(2) 相反地,一个小项集的超集也是小项集(也就是说,没有足够的支持度)。

第一个性质指向下闭合(Downward Closure)。第二个性质称为反单调性(Antimonotonicity)性质,它有助于减少可能的解决方法的搜索空间。也就是说,一旦找到一个小项集(不是大项集),那么通过对集合增加一个或多个项,对该项集的任意扩展也都产生小项集。

关联规则的挖掘一般分为两个过程:

(1) 找出所有的频繁项集:根据定义,这些项集的频繁性至少和预定义的最小支持数目一样。

(2) 由频繁项目产生关联规则:根据定义,这些规则必须满足最小支持度和最小可信度。

这两步中,第二步是在第一步的基础上进行的,工作量非常小。挖掘关联规则的总体性能由第一步决定。关联规则挖掘的具体算法,常用的算法有 Apriori 算法、采样算法、频繁模式树算法、分区算法等。这里不再详细介绍。

9.2.3 分类和聚类

1. 分类

分类是学习一种模型的过程,该模型描述了数据的不同类别,这些类别是预先确定的。例如,在银行应用中,申请信用卡的客户可以按“高风险”“中风险”或者“低风险”进行分类。因此,这类活动也称为有监督的学习(Supervised Learning)。一旦这个模型被建立,就可以使用它来对新数据进行分类。

有监督(或有指导)的学习指的是模型的学习在被告知每个训练样本属于哪个类的“指导”

下进行,新数据使用训练数据集中得到的规则进行分类。与之对应的是无监督(或无指导)的学习,一般用于聚类分析。其基本思想是每个训练样本的类编号是未知的,要学习的类集合或数量也可能是事先未知的,通过一系列的度量、观察来建立数据中的类别。

学习模型的第一步,是通过使用已经分类的训练数据集合来实现的。训练数据中的每个记录包含一个属性,该属性称为类标号,它表明记录所属的类。被产生的模型通常是以决策树或者规则集合的形式出现。与该模型以及产生这个模型的算法相关的主要问题包括:模型预测新数据正确类别的能力、与算法相关的计算代价以及算法的可伸缩性。

可用于进行分类的算法有很多,比如决策树方法、BAYES方法、神经网络算法、支持向量机方法等等。

2. 聚类

前面的分类数据挖掘任务处理基于使用预分类的训练样本分区数据。但是在没有训练样本时,这种方法对数据分区也是有用的,这被称为无监督学习。例如,在商业业务中,确定有相似购买模式的客户群是相当重要的。或者,在医学中,确定对处方药品有相似反应的患者群也是相当重要的。聚类的目标是把记录分组,这样在同一个组中的记录彼此都是相似的,并且同其他组中的记录是不相似的。通常这些组之间是不相交的。

聚类的一个重要因素是使用相似性函数。数据为数字型时,一般使用基于距离的相似性函数。例如,可以使用欧几里得距离来测量相似性。考虑两个 n 维的数据点(记录)r_j 和 r_k。对于这两个记录,认为第 i 维的值分别为 r_{ji} 和 r_{ki}。n 维空间的点 r_j 和 r_k 之间的欧几里得距离计算公式为

$$Dis\tan ce(r_j, r_k) = \sqrt{|r_{j1} - r_{k1}|^2 + |r_{j2} - r_{k2}|^2 + \cdots + |r_{jn} - r_{kn}|^2}$$

两点之间的距离越小,就认为它们之间的相似性越大。k-均值(k-Means)算法是一个经典的聚类算法。该算法的基本思想是:首先随机选取 k 个记录,这些记录初始地代表了聚类 $C_1, \cdots, C_k$ 的中心(平均值)$m_1, \cdots, m_k$。所有记录都被放在一个给定的聚类中,这个聚类基于该记录与聚类平均值之间的距离。如果 m_i 与记录 r_j 之间的距离在所有的聚类平均值中是最小的,则把记录 r_j 放在聚类 C_i 中。一旦所有的记录都放到了聚类中,则重新计算每个聚类的平均值。重复该过程,然后再次分析每个记录,并放置到平均值最接近的聚类中。这个过程可能需要几次迭代,虽然该算法可能会在一个局部最优点终止,但是该算法是收敛的。算法的终止条件一般为一个平方误差判别标准。对于平均值为 $m_1, \cdots, m_k$ 的聚类 $C_1, \cdots, C_k$,误差定义为:

$$\text{Error} = \sum_{i=1}^{k} \sum_{\forall r_j \in C_i} Dis\tan ce(r_j, m_i)^2$$

传统的做法是聚类算法都假设整个数据集合都可以放在主存中。而研究人员已经开发了用于大规模数据库的有效的和可伸缩的(Scalable)算法。其中一个算法称为 BIRCH。BIRCH 是一个混合算法,它使用了层次聚类算法和附加的聚类方法,层次聚类算法建立数据的表示树,附加的聚类方法用于树的叶子结点。BIRCH 算法有两个输入参数:一个参数指定可用的主存容量,另一个是聚类半径的初始阈值。主存用于存储描述性聚类信息,例如聚类的中心(平均值)以及聚类的半径(假设聚类是球形的)。半径阈值影响产生的聚类数量。例如,如果聚类半径阈值很大,虽然有多个记录也会被分成很少的几个聚类。该算法试图维持聚类的数量,从而使得其半径小于半径阈值。如果可用内存不足,则要加大半径阈值。

BIRCH 算法要顺序读取数据记录，并把它们插入到内存中的一个树结构中，该结构用来保存数据的聚类结构。基于记录与聚类中心之间的距离，把记录插入到正确的叶子结点中（潜在聚类）。插入记录的叶子结点可能还要分裂，这取决于聚类更新的中心和半径以及半径阈值参数。另外，分裂时要存储额外的聚类信息，如果内存不足，则要加大半径阈值。加大半径阈值实际上可能会产生负面影响，那就是减少聚类数量，因为这样可能会合并一些结点。总体上说，BIRCH 是一个高效的聚类方法，从聚类的记录数量来说，它的计算复杂度是线性的。

9.3 数据库的安全性

数据库的安全性是指保护数据库以防止不合法的使用所造成的数据泄密、更改或破坏。计算机系统都有这个问题，在数据库系统中由于大量数据集中存放，为许多用户所共享，使得安全问题更为突出。

数据库安全研究的基本目标是研究如何利用信息安全及密码学技术，实现数据库内容的机密性、完整性与可用性保护，防止非授权的信息泄露、内容篡改以及拒绝服务。数据库安全是涉及信息安全技术领域与数据库技术领域的一个典型交叉学科，其发展历程与同时代的数据库技术、信息安全技术的发展趋势息息相关。在计算机单机时代、互联网时代以及当前的云计算时代，数据库安全需求发生了极大的变化，其内涵也更加丰富。本节只是对数据库安全问题进行简单介绍。

9.3.1 数据库安全性问题概述

1. 数据库安全性的类型和一般措施

数据库安全性是一个涵盖许多问题的广阔领域，它主要包括如下几个方面：

- 某些信息的访问关系到法律和伦理的问题。有些信息可能会认为是属于私人信息，未授权人员不能合法地对其进行访问。
- 有关政府、机构或公司层次上的政策问题，这些政策确定哪些信息不应该向公众公开。
- 与系统相关的问题。例如，系统级上应该加强哪几类安全功能，比如：一个安全功能是应该在物理硬件级上或者是在操作系统级上还是在 DBMS 级上进行实现？
- 一些组织需要把安全性问题划分为多个安全级别，并基于这些级别对数据和用户进行划分。例如：绝密、机密、秘密和无分类等。

数据库的安全性威胁会使数据库的完整性、可用性、机密性等目标削弱或丧失。

在一个多用户数据库系统中，DBMS 必须提供相应的技术以保证特定的用户或用户组只能访问数据库的指定部分，而不能访问数据库的其他部分。这一点对于同一个组织中许多不同用户共同使用一个大型集成数据库的情况来说尤其重要。典型的 DBMS 包含一个数据库安全和授权子系统，由它来负责实现一个数据库的安全性功能以避免发生未授权的访问。目前一般涉及两种类型的数据库安全性机制。

- 自主安全性机制。用于向用户授予特权，包括以指定的方式（比如：读、插入、删除或更新）访问指定的数据文件、记录或字段的能力。
- 强制安全性机制。用于对多级安全性进行控制。先将用户和数据分为多个安全类别（或安全级别),随后执行组织中适当的安全性策略。对这一机制的一个扩展是基于角色的安全性机制,它基于角色的概念来强制执行安全性策略和权限。

为了保证数据库的安全性,一般有四种控制措施:访问控制、推理控制、流控制和加密。计算机系统中常见的一种安全性问题是防止非授权人员访问系统本身,或获取信息,或在部分数据库中制造恶意的修改。DBMS 的安全性机制必须包括限制对数据库系统整体访问的规定。这个功能称为访问控制(Access Control),它的实现是由 DBMS 通过创建用户账号和口令的方式来控制登录过程。

统计数据库是用于提供基于各种标准的统计信息和值的汇总数据。例如:人口统计数据库可能会基于各年龄段、收入水平、住房面积、教育程度和其他标准提供相应的统计数据。统计数据库的安全性必须确保有关个人的信息不能被访问。有时可能仅仅从一些与用户组有关的统计信息查询中,就可以推导出与个人有关的数据。所以,这种查询也必须被禁止。这个被称为统计数据库安全性(Statistical Database Security)。相应的控制措施被称为推理控制(Inference Control)措施。

另一个安全性问题是流控制(Flow Control),它防止信息向未授权用户流动。关于流控制的概念,本节不做讨论。

最后一个控制措施是数据加密(Data Encryption)。在数据库系统中,加密可以用于为数据库的敏感部分提供额外的保护措施。使用一些编码算法可以对数据进行编码。未授权用户要存取已经编码的数据时他们将很难破译出真正的数据。但是,对于授权用户则给予了解码和解密的算法(或密钥)来破译数据。如果不知道密钥加密技术就很难解码。

数据库的安全性问题不是一个孤立的问题。当考虑数据库面对的安全问题时,需要记住的是数据库管理系统自身并不能担负起维护数据的机密性、完整性和可用性的重担,数据库只是网络服务的一部分,数据库的安全需要包括应用程序、Web 服务、防火墙、SSL、安全监控系统等部分联合行动。

2. 数据库的安全性和数据库管理员

数据库管理员(DBA)是管理数据库系统的核心人物。DBA 的职责包括:授权给需要使用系统的用户、按照组织的政策对用户和数据进行分类。DBA 在 DBMS 中有一个 DBA 账户,有时也称作系统账户或超级用户账户,这个账户提供了一般账户和用户都不能使用的强大的功能。DBA 权限命令包括向单个账户、用户或用户组授予特权和收回特权的命令,还包括执行如下类型的动作:

(1) 账户创建。这类动作为一个用户或一组用户创建一个新的账号和口令,以使得他们能够访问 DBMS。

(2) 权限授予。这类动作允许 DBA 为某个账户授予某种权限。

(3) 权限收回。这类动作允许 DBA 收回(取消)以前授予给某个账户的某种权限。

(4) 安全性级别指定。这类动作把某个适当的安全性分类级别指派给某个用户账户。

DBA 负责保证数据库系统的总体安全。上面列出的动作 1 用来控制访问整个 DBMS,动作 2 和动作 3 用于控制数据库的自主性授权,而动作 4 用于控制数据库的强制性授权。

3. 访问保护、用户账户和数据库审计

当一个人或一组人需要访问数据库系统时,这个人或这组人必须首先申请一个用户账户。

如果对数据库的访问请求是合法的,那么 DBA 将会为该用户创建一个新的账号和口令。以后每当需要对数据库进行访问的时候,该用户都必须通过输入账号和口令登录(login)到 DBMS。DBMS 检查账号和口令是否有效,如果有效,就允许该用户使用 DBMS 并访问数据库。应用程序也可以被看成是一个用户,并且也被要求提供相应的口令才能对数据库进行访问。

跟踪数据库用户以及他们的账号和口令是很简单的,只需要建立一个含有两个字段(账号和口令)的加密表或加密文件即可。DBMS 可以很容易地维护这个表。每当创建一个新的账户,就在这个表中插入一条新记录;每当删除一个账户,就从表中删除相应的一条记录。

数据库系统还必须跟踪在数据库上实施的所有操作,这些操作是用户在每次登录会话期间对数据库实施的动作。登录会话包括用户从登录到数据库的时刻开始到注销为止,这一期间内用户所执行的对数据库的全部交互操作序列。当一个用户登录后,DBMS 可以记录下该用户的账号并与这个账号有关的用户登录终端相关联。从这个终端发出的所有操作都属于这个用户的账号,直到该用户注销。记录对数据库的更新操作尤其重要,这样一旦数据库被篡改,那么 DBA 就可以发现这个篡改是由哪个用户发出的。

为了记录应用到数据库的所有更新操作和实施每个更新操作的特定用户,可以对系统日志(System Log)进行修改。系统日志包括对数据库实施的每个操作的条目(entry),当事务故障和系统崩溃发生时,就需要利用这些记录对数据库进行恢复。我们可以扩充记录每个操作的日志条目,以便它们也能包括用户账号和日志中记录的操作的在线终端 ID。如果怀疑数据库被篡改,就执行数据库审计(Database Audit),审计将扫描日志,以检查某一特定时间段内所有应用于数据库的访问和操作。当发现一个非法的或未授权的操作时,DBA 就可以确定执行这个操作的账号。数据库审计对于被多个事务和用户更新的敏感型数据库是非常重要的,例如:被多个银行出纳员更新的银行数据库。主要用于安全性目的的数据库日志有时也称为审计跟踪(Audit Trial)

9.3.2 基于授予和收回权限的自主访问控制

数据库系统中实施自主访问控制的典型方法是基于授予和收回权限(privilege)的机制。考虑到关系型 DBMS 环境中的权限,这里所要讨论的权限系统与最初开发的 SQL 语言中的权限系统有某些相似之处。当前的许多关系型 DBMS 都对这种技术进行了一定的改进。这种技术的主要思想是在查询语言中增加额外的语句,这些语句允许 DBA 和一些选定的用户向其他用户授予或者收回权限。

1. 自主权限的类型

DBMS 必须能够基于指定的账户,提供对数据库中每个关系的选择性访问。能够控制账户执行的操作,因此,没有必要让一个账户拥有 DBMS 提供的所有功能。一般情况下,使用数据库系统可以在两个级别上分配权限。

(1) 账户级:在这个级别上,DBA 可以为每个账户指定其独立持有的在数据库关系上的特定权限。

(2) 关系(表)级:在这一级别上,DBA 可以控制数据库中每个单独的关系或视图的访问权限。

在账户级上的权限可以为该账户自身提供一些能力,包括:用于创建模式或基本关系的

CREATE SCHEMA 或 CREATE TABLE 权限；用于创建视图的 CREATE VIEW 权限；用于支持在关系中增加或删除属性等模式变化的 ALTER 权限；用于删除关系或视图的 DROP 权限；用于插入、删除或更新元组的 MODIFY 权限；用于通过 SELECT 查询操作从数据库中获取信息的 SELECT 权限等。需要注意，这些账户权限通常适用于普通账户。如果某个账户没有 CREATE TABLE 权限，那么这个账户就不能创建任何关系。

第二个级别上的权限应用于关系级上，它们可以是基本关系或虚（视图）关系。关系级别上的权限用于为每个用户指定在每个单独的关系上适用哪些类型的命令。有些权限还可以作用于关系中单独的列（属性）。权限的授予和收回一般都要遵从一个自主型权限的授权模型，这种模型称为访问矩阵模型（access matrix model）。这个矩阵 M 的行表示主体（用户、账号和程序），而列表示对象（关系、记录、列、视图和操作）。矩阵中的每个位置 $M(i,j)$ 表示主体 i 持有对象 j 的权限类型（读、写和更新）。

为了控制关系权限的授予和收回，数据库中的每个关系 R 都被分配了一个属主账户（owner account），它一般是第一次创建该关系的用户使用的账户。关系的属主拥有这个关系上的所有权限。在 SQL 中，每个单独的关系 R 上可以授予如下类型的权限：

（1）关系 R 上的选择（检索或读取）权限：授予账户检索的权限。SQL 标准中，它授予账户使用 SELECT 语句从关系 R 中检索元组的权限。

（2）关系 R 上的修改权限：它授予账户更改 R 中元组的权限。SQL 标准中，这个权限被进一步划分为 UPDATE、DELETE 和 INSERT 权限，以便与 R 上的 SQL 命令相对应。另外，INSERT 和 UPDATE 权限都具有指定账户只能更新 R 上的某些属性的能力。

（3）关系 R 上的参照权限：它授予账户在指定完整性约束时参照关系 R 的能力。这个权限也可以限定在 R 的某些特定属性上。

需要注意，如果某个账户要创建一个视图，那么它必须拥有定义这个视图所涉及的所有关系上的 SELECT 权限。

2. 权限的授予和收回

（1）权限的授予

在 SQL 中，权限授予一般是使用 GRANT 语句来完成。另外视图机制也是一种重要的自主性授权机制。例如：如果关系 R 的拥有者 A 想让另一个账户 B 只能检索 R 上的某些字段，那么 A 就可以为 R 创建一个视图 V，视图中只包括那些允许 B 检索的属性，随后把视图 V 上的 SELECT 权限授予 B。用同样方式也可以限定 B 只能检索 R 上的某些元组：可以创建视图 V'，通过查询的方式只从 R 中选出那些 A 允许 B 访问的元组，这样定义的视图 V' 就可以限制 B 访问的元组了。

（2）权限收回

SQL 标准中的 REVOKE 命令可以完成对授予的权限收回的功能。

（3）使用 GRANT OPTION 选项传播权限

每当关系 R 的拥有者 A 把 R 上的一个权限授予另一个账户 B 的时候，可以给 B 授予带有 GRANT OPTION 选项和不带 GRANT OPTION 选项的特权。如果带有 GRANT OPTION 选项，表示 B 也可以把 R 上的权限授予其他账户。假定 A 授予 B 的权限带有 GRANT OPTION 选项，那么 B 就可以把 R 上的权限也同样带有 GRANT OPTION 选项授予第三个账户 C。使用这种方法，

R 上的权限就有可能在 R 的所有者不知道的情况下传播(propagate)给其他账户。如果 R 的拥有者账户 A 现在收回了授予 B 的权限,那么,系统应当自动收回 B 基于这些特权传播出去的所有权限。

一个用户有可能从两个或多个来源获得某个权限。例如:A4 可能会从 A2 和 A3 那里获得 UPDATE R 的权限。在这种情况下,如果 A2 从 A4 那里收回了那个权限,那么 A4 将仍能拥有从 A3 那里获得的这个权限。但是,如果 A3 随后也从 A4 那里收回了那个权限,那么 A4 就会完全丧失这个权限。因此,允许权限传播的 DBMS 还必须记录所有的权限是如何被授予的,以便能够正确而彻底地收回所有相关的权限。

9.3.3 多级安全性的强制访问控制

在关系上授予和收回权限的自主访问控制技术,已经发展成为关系数据库系统的主要安全机制。这种机制是一种"all-or-nothing"方法,即一个用户要么拥有该特权,要么没有该特权。但是在很多应用中,还需要另外一种安全性策略,这种策略需要在安全性级别的基础上对数据或用户进行分类。这种方法也称为强制访问控制,通常它会与自主访问控制机制混合使用。

典型的安全性级别有:绝密(Top Secret,TS)、机密(Secret,S)、秘密(Confidential,C)和无分类(Unclassified,U)。其中 TS 是最高级别而 U 是最低级别。还存在其他一些更复杂的安全性分类模式。在上述四个安全级别中,级别从高到低的次序为:TS≥S≥C≥U。通常多级安全性所使用的模型被称为 Bell-LaPadula 模型,这个模型把每个主体(用户、账户和程序)和客体(关系、元组、列、视图和操作)指派到一个安全性级别 TS、S、C 或 U 中。在数据上实施基于主体/客体安全性级别有两个限定条件:简单安全性性质和星性质(star property)。

简单安全性:安全性级别低的主体不能读取安全性级别比它高的客体。星性质:禁止主体写安全性级别比它的安全性级别低的客体。如果违反了这个规则,那么就是允许信息从较高的安全性级别流向较低的安全性级别,这就违反了多级安全性的基本原则。

为了把多级安全性的思想融入关系数据库的模型中,可以把属性值和元组也作为数据对象,这样,每个属性 A 都与模式中的一个分类属性 C 相关联,并且元组中的每个属性值也都与相应的安全性级别相关联。

自主访问控制(DAC)策略的特征是有高度的灵活性,这使得它们适用于多个应用领域。DAC 模型的主要缺点是防范恶意攻击的脆弱性,例如,嵌入在应用程序中的特洛伊木马。原因是一旦被授权用户访问之后,自主授权模型就不能对如何传播和如何使用信息进行任何控制了。相反,强制访问控制(MAC)策略可以保证更高程度的保护,在这种方法中,它们防止了信息的非法流动。因此,它们适用于需要高度保护的军事应用。然而,强制访问控制策略也有如下的缺点:它过于严格,要求将主体和客体严格地划分到安全级别中,因此仅适用于少数环境。在很多实际情况下,首选的是自主访问控制策略,因为它在安全性和应用性之间进行了较好的折中。

9.3.4 基于角色的访问控制

基于角色的访问控制(RBAC)的基本思想是把许可与角色关联起来,把适当的角色指派给用户。角色可以使用 CREATE ROLE 和 DESTROY ROLE 命令创建。可以使用 GRANT 和 REVOKE 命令为角色授予和收回权限。

RBAC对于传统的自主访问控制和强制访问控制来说,都是一个可行的选择,它确保只有授权用户才能访问特定的数据或者资源。在用户创建的会话期间,可以激活该用户所属角色的一个子集。每个会话可以指派多个角色,但是这些角色只能映射到一个用户或者一个单一主体。许多DBMS都有角色的概念,并可以为角色指派权限。

RBAC系统中的角色层次是一种组织角色,它反映了该组织中的授权和职责的自然方式。通常,随着角色层次的提高,较低层次的角色会与较高层次的角色连接起来。层次图是偏序的,所以它们是自反的、传递的和非对称的。

RBAC系统中另一个需要考虑的重要方面是角色上可能存在时态约束,如角色激活的时间和持续时间、一个角色的激活引起的另外一个角色的触发。可以指派给角色工作流任务,这样就可以为拥有与任务相关的任何角色的用户授权来执行这一任务,并且只在特定时间段内扮演特定的角色。

RBAC模型有一些令人满意的特性,例如:灵活性、策略中立性、安全管理的良好支持性以及其他一些特性,这些特性使得RBAC成为开发安全Web应用最具吸引力的选择。相对而言,DAC和MAC模型在支持Web应用的安全需求方面有所欠缺。此外,RBAC模型则既能表示传统的DAC和MAC策略,又可以表示用户自定义或者组织特定的策略。因此,RBAC是一个超集模型,可以依次模拟DAC和MAC系统的行为。而且,RBAC模型提供了一种可以解决与任务和工作流执行相关的安全性问题的自然机制。更易于在Internet上部署,这是RBAC模型成功的另一个原因。

9.3.5 SQL注入(Injection)

SQL注入是数据库系统一种非常常见的威胁。SQL注入是指攻击者通过应用程序输入一个字符串,从而改变或操纵SQL语句的执行。具体来说,它是利用现有应用程序,将恶意的SQL命令注入后台数据库服务器执行。它可以通过在Web表单中输入恶意SQL语句访问一个存在安全漏洞的网站上的数据库,使得SQL语句不是按照设计者意图去执行。SQL注入攻击对数据库可以造成很大的危害,比如未授权的用户对数据库进行操作或查询敏感数据,执行系统级的命令使得应用无法得到服务等。下面是几种常见的SQL注入攻击。

1. SQL操作(Manipulation)

操作攻击是注入攻击的一种常见形式,它是通过修改应用中的SQL命令实现的。例如,在查询的WHERE字段中增加一些条件,或者使用集合操作(如并、交等)扩展带有附加条件组件的查询。操作攻击常常会在数据库登录时发生。例如,一个简单的身份验证程序发出以下查询和检查:

SELECT * FROM users WHERE username = 'jake' and PASSWORD = 'jakespasswd';

攻击可以修改(或操作)SQL语句为:

SELECT * FROM users WHERE username = 'jake' and (PASSWORD = 'jakespasswd' or 'x' = 'x');

攻击者知道'jake'是一个有效的登录名,这样攻击者并不知道其密码但是却可以登录到数据库系统中,并且可以做'jake'可以执行的任何操作。

2. 代码注入

这类攻击是利用计算机处理无效数据时造成的错误,在 SQL 语句中增加附加的 SQL 语句或命令实现的。攻击者可以在计算机程序中注入或加入代码以改变程序执行过程。代码注入是黑客试图获取信息常用的一种技术。

3. 函数调用注入

在这种攻击中,把数据库函数或操作系统函数调用插入到脆弱的 SQL 语句中操作数据,或者执行授权的系统调用。例如,可以利用函数执行某些与网络通信有关的一些工作。另外,包含在自定义数据库包中的函数或任何自定义数据库函数可以作为 SQL 查询的一部分而被执行。因为动态 SQL 在运行时构建,因此也可能被攻击利用。

由于 SQL 注入可造成很多危害,因此人们提出了一些防护办法。可以将一定的程序设计规则应用于 Web 可访问的过程和函数中来实现对 SQL 注入攻击的防护。比如:

(1) 绑定变量(使用参数化语句)

绑定变量可防止注入攻击,并且也可以改进性能。考虑下面使用 Java 和 JDBC 的例子:

```
PreparedStatement stmt = conn.prepareStatement("SELECT * FROM
    EMPLOYEE WHERE EMPLOYEE_ID=? AND PASSWORD=?");
stmt.setString(1, employee_id);
stmt.setString(2, password);
```

不是将用户输入嵌入语句中,输入应该绑定到参数。在本例中,'1'赋予绑定变量'employee_id',输入'2'绑定变量'password'。

(2) 过滤输入(输入验证)

该技术使用 SQL 的 Replace 函数可用于从输入字符串中删除换码符(escape characters)。例如单引号(')可以用两个单引号('')代替。该技术可以阻止一些 SQL 操作攻击,因为换码符可用于注入操作攻击。然而,因为有太多的换码符,因此该方法不太可靠。

(3) 函数安全

数据库的函数,无论是标准还是定制的,都应该被限制,因为它们可能被 SQL 注入攻击利用。

9.3.6 统计数据库的安全性

统计数据库主要用于产生与各类群体有关的统计数据。数据库可能包含个体的秘密数据,这类数据应该在用户的访问过程中得到保护。但是,应该允许用户检索关于群体的统计信息,如平均值、总和、计数值、最大值、最小值以及标准差等。

统计数据库安全性技术必须能够禁止对个体数据的检索,其方法可以是禁止检索属性值的查询,只允许使用统计性聚集函数(如 COUNT、SUM、MIN、MAX、AVERAGE 等)进行查询,这样的查询有时也称为统计查询(Statistical Query)。当为用户提供有用的关于个体数据的统计求和功能时,确保个体信息的秘密性是数据库管理系统的职责。

某些情况下,可能从统计查询的结果中就可以推断出单个元组的值。尤其是一个群体中只包含很少数目的元组时,这种情况就极有可能发生。可以规定当某个选择条件所指定的群体中元组的数目低于某一阈值的时候,就不允许执行这个统计查询。这样的规定可以降低从统计查询中推断出个体信息的可能性。还有一种可以禁止检索个体信息的技术是:禁止对相同群体的元组重复地执行查询序列。还可以有意地在统计查询的结果中引入一些误差或“噪音”,这样就可以使从统计查询的结果中推断出个体信息变得很困难。另一种技术是数据库划分。划分意味着记录是以最小规模的组的形式存储。可以查询到任何一个完整的组或组的集合,但是不能查到组中的记录子集。

9.3.7 加密

前面讨论的访问控制方法,尽管是功能强大的安全控制措施,但是并不能保护数据库免受某些威胁。假设我们正在进行数据传输,但是数据却落到了某个非法用户的手中。在这种情况下,可以使用加密技术伪装消息,这样即使数据被传递到非法用户手中,消息也无法显示出来。加密技术是在不安全的环境中维持数据安全的一种方法。加密技术首先使用某个预先指定的加密密钥对数据应用加密算法,然后结果数据必须要使用解密密钥进行解密,以恢复原来的数据。

1. 数据加密标准和高级加密标准

数据加密标准(Data Encryption Standand,DES)是一个美国政府为公众开发的系统。它被美国和其他国家广泛接受为密码标准。DES 能够在发送者 A 和接收者 B 之间的信道上提供端到端的加密。DES 算法是替换和置换这两个基本加密模块精细和复杂的组合。DES 算法重复应用这两个模块共计 16 次来达到其强度。明文(消息的原始形式)被加密成 64 位的块,虽然密钥是 64 位长的,但实际上密钥可以是任意的 56 位数字。在发现对 DES 是否能满足加密需要存在疑问之后,美国国家标准委员会(National Institute of Standards,NIST)提出了高级加密标准(Advanced Encryption Standards,AES)。相对于 DES 的 56 位块,这个算法使用了 128 位的块;相对于 DES 的 56 位密钥,AES 可以使用 128、192 或者 256 位的密钥。与 DES 相比,AES 引入了更多的可能密钥,因此需要更长时间来破解。

2. 公钥加密

1976 年,Diffie 和 Hellman 提出了一种新的密码系统,称为公钥加密(public key encryption)。公钥算法是基于数学函数而不是基于位模式的操作。相对于只使用一个密钥的传统加密算法,它使用了两个独立的密钥。在机密性、密钥分发和鉴别方面,使用两个密钥有重要意义。公钥加密中使用的两个密钥分别是公钥(public key)和私钥(private key)。私钥总是保密的,它更倾向于称为私钥而不是密钥(传统加密中使用的密钥),这样可以避免与传统加密相混淆。

公钥加密模式,或者公钥加密基础设施有 6 个组成部分:

(1) 明文:明文(plaintext)是指作为算法的输入数据或者可读消息。

(2) 加密算法:在明文上执行各种转换的算法。

(3) 公钥。

(4) 私钥:公钥和私钥是一对密钥,如果一个用于加密,另一个就用于解密。加密算法实现的精确转换依赖于作为输入提供的公钥和私钥。

(5) 密文:密文(ciphertext)是指作为算法的输出所产生的零乱消息,它依赖于明文和密钥。对于一条给定的消息,两个不同的密钥会产生不同的密文。

(6) 解密算法:解密算法接收密文以及相匹配的密钥,以便产生原来的明文。

公钥是供他人公开使用的密钥,而私钥只有其拥有者才知道。通用的公钥加密算法依赖于加密密钥以及与之相关但不同的解密密钥。主要步骤如下：

（1）每个用户产生一对密钥，用于对消息加密和解密。

（2）每个用户把其中一个密钥放到公共寄存器或者其他可访问的文件中。这个密钥就是公钥，另一个密钥就是私有的。

（3）如果发送者打算发送私有消息给接收者，那么发送者可使用接收者的公钥加密消息。

（4）接收者接收到该消息时，他使用自己的私钥进行解密。其他的接收者无法解密该消息，因为只有接收者知道其私钥。

第一个公钥算法是 1978 年由 MIT 的 Ron Rivest、Adi Shamir 和 Len Adleman 提出的，并根据他们的名字命名为 RSA 模式。从此以后，RSA 模式作为公钥加密方法得到最广泛的接受和实现，并在此领域中占据主导地位。

3. 数字签名

数字签名是一个使用加密技术在电子商务应用中提供验证服务的例子。如同手写的签名那样，数字签名(digital signature)是一种使用文本块把一个标记与某个个体(人)关联起来的方法。标记应当是不可忘记的，这意味着其他人应该能够验证签名是否来自最初的签名者。

数字签名由一个符号串组成。如果一个人的数字签名对每个消息都是相同的，那么其他人就可以通过简单复制这个符号串来假冒这个签名。因此，签名对每个应用来说必须是不同的。这可以通过使每个数字签名成为其所需签名消息的函数来实现，并且带有一个时间戳。为了使数字签名对签名者和防伪证据(counterfeitproof)是唯一的，每个数字签名还必须依赖于对于签名者唯一的某个秘密数。因此，在一般情况下，防伪证据的数字签名必须依赖于该消息和该签名者的一个唯一秘密数。然而，签名的验证者并不需要知道任何的秘密数。公钥技术是创建此类特性的数字签名的最好办法。

9.3.8 可信计算机系统评估标准

早在 20 世纪 70 年代，国际上数据库技术与计算机安全研究刚刚起步之时，数据库安全问题就引发了研究者的关注，相关研究几乎同步启动。为了提供一种标准，使用户可以对其计算机系统内敏感信息安全操作的可信程度做评估，也为了给计算机行业的制造商提供一种可遵循的指导规则，使其产品能够更好地满足敏感应用的安全需求，世界各国在计算机安全技术方面逐步建立了一套可信标准。在这些标准中，影响最大的是 1985 年美国国防部(DoD)颁布的“可信计算机系统评估标准”(Trusted Computer System Evaluation Criteria,TCSEC)，又称橘皮书。1991 年美国计算机安全中心(NCSC)颁布了“可信计算机系统评估标准关于可信数据库系统的解释”(Trusted Database Management System Interpretation of the Trusted Computer Evaluation Criteria, TDI)，又称紫皮书。TDI 将 TCSEC 扩展到数据库管理系统，为了数据库管理系统的设计与实现中需满足和用以进行安全性级别评估的标准，TCSEC 将计算机系统的安全划分为 4 个等级、8 个级别。

（1）D 类安全等级。D 类是最低保护等级，即无保护级。可将一切不符合更高安全标准的系统均归于 D 组。D 类安全等级只包括 D1 一个级别。D1 的安全等级最低。D1 系统只为文件和用户提供安全保护。D1 系统最普通的形式是本地操作系统，或者是一个完全没有保护的网络，这种系统不能在多用户环境下处理敏感信息。

（2）C类安全等级。C类为自主保护级，具有一定的保护能力，主要通过身份认证、自主访问控制和审计等安全措施来保护系统。一般只适用于具有一定等级的多用户环境。C类安全等级可划分为C1和C2两类。C1是初级的自主安全保护级，能够实现对用户和数据的分离，进行自主存取控制（DAC），保护或限制用户权限的传播。C2是安全产品的最低档次，提供受控的存取保护，将C1级的DAC进一步细化，以个人身份注册负责，并实施审计和资源隔离。C2系统具有C1系统中所有的安全性特征。达到C2级的产品典型例子：Windows 2000、Oracle 7。

（3）B类安全等级。B类为强制保护级别，强制性保护意味着如果用户没有与安全等级相连，系统就不会让用户存取对象，系统中的主要数据结构必须携带敏感标记。B类安全等级可分为B1、B2和B3三类。B1级是标记安全保护级，对系统的数据加以标记，对标记的主体和客体实施强制存取控制（MAC）、审计等安全机制。B1级别的产品才认为是真正意义上的安全产品，如Trusted Oracle 7、Sybase公司的Secure SQL Server Version 11.0.6。B2级是结构化保护级，建立形式化的安全策略模型并对系统内的所有主体和客体实施DAC和MAC。经过认证的B2级以上的安全系统非常稀少。B3级是安全区域保护级，具有很强的监视委托管理访问能力和抗干扰能力。B3系统在进行任何操作前，要求用户进行身份验证；B3系统的审计能力更强。

（4）A类安全等级。A系统的安全级别最高，为验证保护级。A类的特点是使用形式化的安全验证方法保证系统的自主和强制安全控制措施，能够有效地保护系统中存储和处理的秘密信息或其他敏感信息。目前，A类安全等级包含A1级和超A1级。

A1级是验证设计级别，A1级系统在功能上和B3级系统是相同的，在提供B3级保护的同时给出系统的形式化设计说明和验证以确信各安全保护真正实现。

超A1级在A1级基础上增加的许多安全措施，超出了目前的技术发展。随着更多、更好的分析技术的出现，本级系统的要求才会变得更加明确。超A1级系统设计的范围包括系统体系结构、安全测试、形式化规约与验证、可信设计环境等，在这一级，设计环境将变得更加重要。

9.4 小结

数据库的应用领域非常广泛，触及了我们生活的方方面面，本章仅仅从数据仓库和数据挖掘等方面简单介绍了数据库技术的应用情况。数据仓库可以看作是一个过程，这个过程要求一系列前期活动，相比之下数据挖掘可以看作是一个从已有的数据仓库中抽取知识的活动。在此介绍了与数据仓库相关的重要概念，并讨论了与数据的多维视图相关的OLAP概念。关于数据挖掘，它是具有很广泛内容的研究领域，对于数据挖掘的各种技术，本章重点介绍了关联规则挖掘、分类和聚类等概念。随着数据库和数据仓库的不断应用，数据挖掘方法也会不断发展并且会更加丰富。

对于数据库安全性问题，本章阐述了数据库安全性的类型和一般防护措施，介绍了自主访问控制和强制访问控制机制，讨论了基于角色的访问控制，它指定基于用户所扮演角色的权限，还简要地讨论了对统计数据库的访问控制问题，并简单介绍了数据库系统常见的威胁SQL注入攻击的概念。本章还介绍了数据加密，包括公钥构架和数字签名。最后介绍了可信计算机系统的安全评估标准。

习题

一、单选题

1. 下列关于数据仓库的叙述中，不正确的是

A）数据仓库为复杂分析、知识发现等提供数据访问

B）数据仓库中的主题是对应企业中某一宏观分析领域所涉及的分析对象

C）数据不需要进行统一和综合就可以放入到数据仓库中

D）数据仓库需要随时间变化不断增加新的数据，删除旧的数据

2. 下列哪一项工作一般需要在数据进入数据仓库之前进行？

A）数据清洗　B）数据挖掘　C）决策支持　D）OLAP

3. 使用户在多层数据中展现渐增的细节层次，获得更多的细节性数据，是OLAP中的哪种操作？

A）上卷　B）下钻　C）切片　D）转轴

4. 下列关于数据挖掘的叙述中，不正确的是

A）数据挖掘是知识发现中的一个特定步骤

B）数据挖掘是一个从原始数据到信息再到知识的发展过程

C）数据挖掘的整个过程是不断反馈的过程

D）数据挖掘质量的好坏有两个影响要素：一是所采用技术的有效性，二是计算机环境的支持能力

5. 下列关于数字签名的叙述中，不正确的是

A）数字签名是一种使用文本块把一个标记与某个个体（人）关联起来的方法

B）数字签名是一个符号串

C）签名对每个应用来说必须是不同的

D）每个数字签名需要某个秘密数，签名的验证者需要知道这个秘密数

6. 下列关于可信计算机系统评估标准的叙述中，不正确的是

A）可信计算机系统评估标准，又称橘皮书

B）可信计算机系统评估标准关于可信数据库系统的解释，又称紫皮书

C）可信计算机系统评估标准分为4个等级，8个级别

D）D类是最高保护等级，只包括一个级别

二、多选题

7. 下列关于数据仓库的数据模型的叙述中，正确的是

A）数据仓库基于的是多维数据模型

B）维是人们观察数据的特定角度

C）多维存储模型涉及维表和存储表

D）星形模式和雪花模式是两个常见的多维模式

E）对于遵循维格式的数据，在多维矩阵上的查询性能并不比在关系数据模型上的查询性能要好

8. 下列哪些条目是数据挖掘的主要目标？

A）预测　B）识别　C）分类　D）优化　E）安全

9. 下列哪些属于公钥加密模式（或者公钥构架）的组成部分？

A）加密算法　B）公钥和私钥

C）密文　D）解密算法

E）明文

参考答案

一、单选题

1. C 2. A 3. B 4. D 5. D 6. D

二、多选题

7. ABD 8. ABCD 9. ABCDE

附录1 全国计算机等级考试四级数据库原理考试大纲(2018年版)

基本要求

1. 掌握数据库系统基本概念和主要特征。
2. 掌握数据模型的基本概念,了解各种主要数据模型。
3. 深入理解关系数据模型和关系数据库系统。
4. 深入理解和掌握关系数据语言。
5. 深入理解关系数据理论,掌握数据库设计方法,具有数据库设计能力。
6. 深入理解数据库管理的基本概念和数据库系统实现的核心技术。
7. 了解数据库技术的发展。

考试内容

一、数据库系统基本概念

1. 数据库的基本概念。
2. 数据库方法的主要特征。
3. 数据库系统的构成成分。
4. 数据库系统的一般应用领域。
5. 数据库技术的研究领域。

二、数据模型

1. 数据模型基本概念和主要成分。
2. 数据模型的抽象层次和相互关联。
3. 各抽象层次的主要数据模型。
4. 概念数据模型——ER模型。
5. 数据库系统的三级模式结构和数据独立性。

三、关系数据模型

1. 关系数据库系统基本概念。

2. 关系模型的数据结构和基本术语。
3. 关系操作的特征、关系代数。
4. 关系的完整性约束。

四、关系数据库标准语言 SQL

1. SQL 的基本概念和主要特点。
2. SQL 的数据定义功能。
3. SQL 的数据查询功能。
4. SQL 的数据修改功能。
5. SQL 的数据控制功能。
6. SQL 中视图的概念、定义、操作、意义。
7. 数据库程序设计的主要方法、应用程序与数据库连接的相关标准。
8. SQL 中存储过程、触发器、嵌入式 SQL、动态 SQL 的概念和作用。

五、关系数据理论和数据库设计

1. 关系数据库规范化理论的基本概念。
2. 函数依赖的定义和函数依赖的公理系统。
3. 第一范式、第二范式、第三范式、Boyce-Codd 范式。
4. 多值依赖的定义和第四范式。
5. 关系模式的分解,模式分解的等价标准。
6. 数据库设计的过程,各设计阶段的主要任务。

六、数据库管理系统

1. 数据库管理系统的基本功能和主要成分。
2. 数据存储组织和基本索引结构。
3. 查询处理的基本步骤和查询优化的主要方法。
4. 事务管理的基本概念,并发控制和故障恢复的主要方法。

七、数据库技术发展

1. 随着计算机技术和网络技术发展而发展的分布式数据库系统、对象-关系数据库系统以及 NOSQL 数据库系统的基本概念和相关技术。

2. 数据仓库和数据挖掘的基本概念和原理。
3. 数据库的基本安全性问题。

考试方式

上机考试,总分 50 分,考试时长 90 分钟。

包含:单选题 30 分,多选题 20 分。

附录2 全国计算机等级考试四级数据库原理样题及参考答案

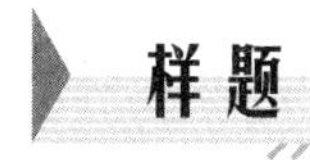

样题

选择题(每小题1分,共60分)

下列各题A)、B)、C)、D)四个选项中,只有一个选项是正确的。请将正确选项涂写在答题卡相应位置上,答在试卷上不得分。

1. 指令中如何提供操作数或操作数地址的方式称为寻址方式,在指令中直接给出操作数所在的地址的方式是

A) 立即寻址　　B) 直接寻址　　C) 寄存器直接寻址　　D) 寄存器间接寻址

2. 将Internet中的各局域网、城域网或广域网及主机互联起来的设备称为

A) 信息资源　　B) 路由器　　C) 主机　　D) 服务器

3. 标准的URL由三部分组成,以下URL:http://www.pku.edu.cn/index.html中的http给出了要使用的

A) 文件名　　B) 主机名　　C) 路径名　　D) 协议类型

4. 有些C语言编译器不进行数组边界检查,这样攻击者可以通过编写一段代码,将超过某个定长区域的字符串变量写入该区域。这种恶意攻击是

A) 特洛伊木马　　B) 逻辑炸弹　　C) 缓冲区溢出　　D) 僵尸网络

5. 下列关于加密体制的叙述中,哪一个是不正确的?

A) 加密体制分为单钥和双钥两种

B) 双钥加密体制中的加密密钥和解密密钥是相同的

C) 数据加密标准DES属于单钥加密体制

D) 公钥密码体制RSA属于双钥加密体制

6. 防火墙是网络安全策略的组成部分,下列哪些属于防火墙应具有的功能?

Ⅰ. 过滤进出网络的数据　　Ⅱ. 封堵某些禁止行为

Ⅲ. 对网络攻击进行检测和报警　　Ⅳ. 记录防火墙的活动

A) 仅Ⅰ、Ⅱ和Ⅲ　　B) 仅Ⅰ、Ⅲ和Ⅳ　　C) 仅Ⅱ、Ⅲ和Ⅳ　　D) 都是

7. 下列关于数据结构的基本概念的叙述中,哪一(些)条是不正确的?

Ⅰ. 数据是采用计算机能够识别、存储和处理的方式,对现实世界的事物进行的描述

Ⅱ. 数据元素是数据的基本单位,即数据集合中的个体

Ⅲ. 一个数据元素至少由两个数据项组成

Ⅳ. 数据项是有独立含义的数据最小单位

Ⅴ. 数据项又称作结点或记录

A) 仅Ⅰ和Ⅲ　　B) 仅Ⅱ和Ⅳ　　C) 仅Ⅴ　　D) 仅Ⅲ和Ⅴ

8. 下列关于数据的逻辑结构的叙述中，哪些是正确的？

Ⅰ. 数据的逻辑结构抽象地反映数据元素间的逻辑关系

Ⅱ. 数据的逻辑结构分为线性结构和非线性结构

Ⅲ. 数据的逻辑结构分为静态结构和动态结构

Ⅳ. 数据的逻辑结构分为内存结构和外存结构

Ⅴ. 数据运算的具体实现在数据的逻辑结构上进行

A）仅Ⅰ和Ⅱ　B）仅Ⅱ、Ⅲ和Ⅳ　C）仅Ⅰ和Ⅲ　D）仅Ⅰ、Ⅲ和Ⅴ

9. 下列与算法有关的叙述中，哪一条是不正确的？

A）算法是精确定义的一系列规则

B）算法指出怎样从给定的输入信息经过有限步骤产生所求的输出信息

C）算法的设计采用由细到粗，由具体到抽象的逐步提高的方法

D）对于算法的分析，主要分析算法所要占用的计算机资源，即时间代价和空间代价两个方面

10. 散列法的基本思想是：通过一定的散列函数，由结点的关键码值计算出结点的存储地址。下列哪一个是常用的散列函数？

A）拉链法　B）开地址法　C）起泡法　D）除余法

11. 下列关于树和二叉树的叙述中，哪些是正确的？

Ⅰ. 二叉树和树中的结点个数都不能为零

Ⅱ. 在二叉树和树中，除根结点外，每个结点都有唯一的父结点

Ⅲ. 二叉树是树的特殊情况，即每个结点的子树个数都不超过 2

Ⅳ. 按先根次序周游树等同于按前序法周游对应的二叉树

Ⅴ. 按后根次序周游树等同于按后序法周游对应的二叉树

A）仅Ⅰ和Ⅲ　B）仅Ⅱ和Ⅳ　C）仅Ⅰ、Ⅲ和Ⅴ　D）仅Ⅱ、Ⅲ和Ⅳ

12. 下列哪一条是霍夫曼算法的应用？

A）图周游算法的实现

B）堆排序算法的实现

C）数据通信的二进制编码，使得编码总长度最短

D）电梯调度算法，使得总的等待时间最短

13. 假定栈用顺序方式存储，栈类型 stack 定义如下：

```
TYPEstack = RECORD
                    A:ARRAY [1..m] OF datatype;
                    t:0..m
                    END;
```

下面是栈的一种基本运算的实现：

```
PROCEDURExxxx (VAR s:stack; x:datatype);
  BEGIN
    IF s.t = m
      THEN print ('overflow')
      ELSE BEGIN
        s.t := s.t +1;
        s.A[s.t]:= x;
      END;
  END;
```

这是栈的哪一种基本运算？

A）栈的推入　B）栈的弹出　C）读栈顶元素　D）将栈置为空栈

14. 设有关键码序列（Q，G，M，Z，A，N，B，P，X，H，Y，S，T，L，K，E），采用堆排序法进行按关键码值递增的顺序排序，经过初始建堆后关键码值 A 在序列中的序号是

A）1　B）4　C）8　D）12

15. 如下所示是一棵 5 阶 B 树，往该 B 树中插入关键码 72 后，该 B 树的叶结点数为

A）5　B）6　C）7　D）8

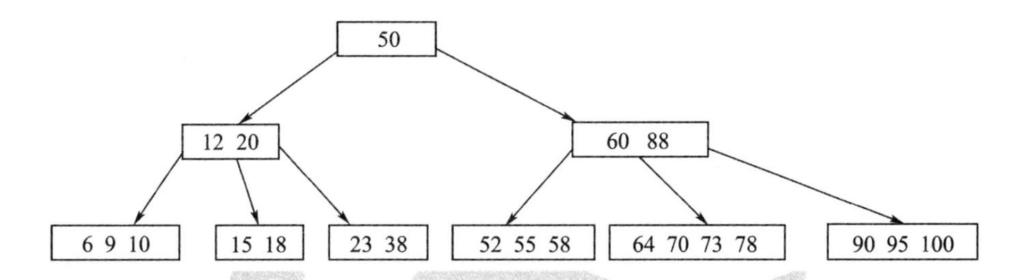

16. 下列关于操作系统与用户接口的叙述中，哪一个是不正确的？

A）操作系统向用户提供两类接口：程序级和操作级

B）编写 C 语言程序时可以直接使用系统调用命令

C）操作级接口由一组操作命令组成

D）系统调用命令的参数是通过控制寄存器传送给操作系统的

17. 下列关于中断处理过程的四个步骤中，哪一个描述了正确的处理顺序？

A）分析确定中断原因、保存现场、执行相应的中断处理程序、恢复现场

B）保存现场、分析确定中断原因、恢复现场、执行相应的中断处理程序

C）保存现场、分析确定中断原因、执行相应的中断处理程序、恢复现场

D）分析确定中断原因、执行相应的中断处理程序、保存现场、恢复现场

18. 在进程调度的时间片轮转法中，下列哪一个不是影响时间片值设置的主要因素？

A）响应时间　B）就绪队列中进程的数量

C）CPU 的计算能力　D）时钟中断的频率

19. 下列关于信号量及 P、V 操作的叙述中，哪一个是不正确的？

A）在信号量上只能实施 P、V 操作

B）用信号量可以正确管理临界区

C）信号量的取值不能大于 1

D）当信号量的值小于 0 时，表示有进程在队列中等待该信号量

20. 下列关于存储管理的基本概念中，哪一个不需要硬件支持？

A）快表　B）地址映射　C）交换技术　D）存储保护

21. 一个系统利用空闲分区管理物理内存，当系统回收一个分区时，在下列哪一种情况下在空闲区表中需要增加一个新的空闲区栏目？

A）回收分区的上邻分区为空闲

B）回收分区的下邻分区为空闲

C）回收分区的上邻、下邻分区均为空闲

D）回收分区的上邻、下邻分区均不为空闲

22. 假设每个盘面 8 个磁道，每磁道 4 个扇区，则位示图中字号 i 为 4、位号为 7 的位所对应的磁盘物理块号是

A）28　B）32　C）128　D）135

23. 下列关于文件目录及实现的叙述中，哪一个是不正确的？

A）文件目录是文件控制块的有序集合

B）多级目录结构在磁盘上对应了多个目录文件

C）两个或两个以上的文件可以共享一个文件控制块

D）从当前目录开始查找文件可以提高文件的检索速度

24. 有 4 个访问第 66 柱面的访盘请求，其访问要求如下所示。

请求号	柱面号	磁头号	扇区号
①	66	4	1
②	66	1	5
③	66	4	5
④	66	2	8

下列哪一种执行顺序得到最短的服务时间？

A）①、②、④、③　B）①、④、②、③　C）①、②、③、④　D）②、①、③、④

25. 信息的价值主要与信息的哪些性质有关？

Ⅰ. 准确性　Ⅱ. 及时性　Ⅲ. 可靠性　Ⅳ. 开放性　Ⅴ. 完整性

A）仅Ⅰ、Ⅱ、Ⅲ和Ⅳ　B）仅Ⅱ、Ⅲ、Ⅳ和Ⅴ

C）仅Ⅰ、Ⅱ、Ⅲ和Ⅴ　D）仅Ⅰ、Ⅱ、Ⅳ和Ⅴ

26. 在 SQL 中，由于对视图的修改最终要转换为对基本表的修改，因此下列哪类视图是可以修改的？

A）行列子集视图　B）带表达式视图

C）分组视图　D）连接视图

27. 在数据库三级模式结构中，外模式的个数

A）只有一个　B）可以有任意多个

C）与用户个数相同　D）由设置的系统参数决定

28. 在 SQL 中，授予用户权限时，若只允许他删除基本表中的数据（元组），应授予哪种权限？

A）DROP　B）DELETE　C）ALTER　D）UPDATE

29. 下列关于关系的叙述中，哪一个是不正确的？

A）关系中的每个属性是不可分解的

B）在关系中元组的顺序是无关紧要的

C）任意的一个二维表都是一个关系

D）每一个关系只有一种记录类型

30. 在关系数据库系统中，当关系的型改变时，用户程序也可以不变，这是数据的

A）物理独立性　B）逻辑独立性　C）位置独立性　D）存储独立性

31. 设关系 R 和 S 具有相同的元数，且它们相对应的属性的值取自同一个域，则 R-(R-S) 等于

A）R∪S　B）R∩S　C）R×S　D）R-S

32. 下列关于动态 SQL 语句的叙述中，哪一个是不正确的？

A）动态 SQL 是 SQL 标准提供的一种语句运行机制

B）动态 SQL 语句是指在程序编译时尚未确定，需要在程序执行过程中生成的 SQL 语句

C）SQL 标准引入动态 SQL 的原因是由于静态 SQL 语句不能提供足够的编程灵活性

D）SQL 标准提供的动态 SQL 语句的执行方式只有立即执行方式

33. 下列关于数据库三级模式结构的叙述中,哪些是正确的?

Ⅰ. 数据库三级模式是指外模式、模式和内模式

Ⅱ. 数据库中只有一个模式和一个内模式

Ⅲ. 外模式与模式之间的映像实现数据的逻辑独立性

Ⅳ. 外模式与内模式之间的映像实现数据的物理独立性

A）仅 Ⅰ 和 Ⅱ　　B）仅 Ⅱ 和 Ⅲ　　C）仅 Ⅲ 和 Ⅳ　　D）仅 Ⅰ、Ⅱ 和 Ⅲ

34~35 题基于"学生—选课—课程"数据库的三个表:

S(S#,SNAME,SEX,AGE)

SC(S#,C#,GRADE)

C(C#,CNAME,TEACHER)

它们的主码分别为 S#,(S#,C#) 和 C#。

34. 把查询 SC 表和修改成绩的权限授予用户 user1 的 SQL 语句是

A）GRANT UPDATE(GRADE), SELECT TO user1 ON TABLE SC;

B）GRANT UPDATE(GRADE), SELECT ON TABLE SC TO user1;

C）GRANT UPDATE TABLE SC ON(GRADE), SELECT TO user1;

D）GRANT ON TABLE SC UPDATE(GRADE), SELECT TO user1;

35. 为了提高查询学生成绩的查询速度,对 SC 表创建唯一索引,应该创建在哪个(组) 属性上?

A）S#　　B）C#　　C）GRADE　　D）(S#, C#)

36. SQL 语言集数据查询、数据修改(插入、删除、更新)、数据定义和数据控制功能于一体,语句 ALTER TABLE 是实现哪类功能?

A）数据查询　　B）数据修改　　C）数据定义　　D）数据控制

37. 下列关于视图的叙述中,哪些是正确的?

Ⅰ. 视图是关系数据库系统提供给用户以多种角度观察数据库中数据的重要机制

Ⅱ. 把对视图的查询转换为对基本表的查询的过程称为视图的消解

Ⅲ. 视图是由基本表和/或其他视图导出的虚表

Ⅳ. 视图一旦创建,在查询时就可以和基本表一样使用

A）仅 Ⅰ 和 Ⅱ　　B）仅 Ⅰ、Ⅲ 和 Ⅳ　　C）仅 Ⅱ 和 Ⅲ　　D）都正确

38~40 题基于如下的关系 R 和 S。属性 A 是关系 R 的主码,属性 B 是关系 R 的外码且是关系 S 的主码。

R

A	B	C
a1	b1	5
a2	b2	6
a3	b3	8
a4	b3	12

S

B	E
b1	3
b2	7
b3	10
b4	2
b5	2

38. 下面的关系 T 是关系 R 和 S 执行哪种操作的结果?

T

A	R.B	C	S.B	E
a1	b1	5	b1	3
a2	b2	6	b2	7
a3	b3	8	b3	10
a4	b3	12	b3	10

A) $R \underset{C<E}{\bowtie} S$　　B) $R \underset{C>E}{\bowtie} S$　　C) $R \underset{R.B=S.B}{\bowtie} S$　　D) $R \bowtie S$

39. 若关系 T = R × S,则关系 T 的属性个数和元组个数分别是

A) 6 和 9　　B) 5 和 9　　C) 5 和 20　　D) 6 和 20

40. 下列哪个元组不可以插入到关系 R 中?

A) ('a5','b2',7)　　B) ('a6','b5',3)

C) ('a7','b7',8)　　D) ('a8','b4',1)

41. 设有关系 R(A,B,C) ,与 SQL 语句 select distinct A, C from R where B = 5

等价的关系代数表达式是

Ⅰ. $\pi_{A,C}(\sigma_{B=5}(R))$　　Ⅱ. $\sigma_{B=5}(\pi_{A,C}(R))$

A) 都等价　　B) 仅 Ⅰ　　C) 仅 Ⅱ　　D) 都不等价

42. 下列关于缓冲区的叙述中,哪一个是不正确的?

A) 内存缓冲区划分为缓冲块,缓冲块的大小与磁盘块大小相同

B) 磁盘上所存信息的拷贝一般比缓冲区中的拷贝新

C) 负责缓冲区空间分配的子系统称为缓冲区管理器

D) 缓冲区如何替换是缓冲区管理器的重要任务之一

43. 下列关于数据存储组织的叙述中,哪一个是不正确的?

A) 采用分槽的页结构可以将大小不同的记录组织在同一个磁盘块中

B) 每个磁盘块的块头中包括有块中记录的个数

C) 块中一条记录如果被删除,它所占用的空间被释放,对应的条目需要置成被删除状态

D) 一个数据库只能映射为一个文件,该文件由底层的操作系统来维护

44. 下列关于索引结构的叙述中,哪一个是不正确的?

A) 支持对数据进行快速定位的附加的数据结构称为索引

B) 每个索引都是基于文件中的某一个属性来建立的

C) 两种最基本的索引类型是顺序索引和散列索引

D) 一个文件上可以建立多个索引

45. 下列关于关系代数表达式转换等价规则的叙述中,哪一个是不正确的?

A) 合取选择运算可分解为单个选择运算的序列

B) 选择运算不满足交换律

C) 选择运算可与笛卡尔积相结合

D) 选择运算对并运算具有分配律

46. 下列条目中,哪些是 SQL Server 2000 中常用的数据库对象?

Ⅰ. 表　　Ⅱ. 视图　　Ⅲ. 规则　　Ⅳ. 存储过程

A) 仅 Ⅰ、Ⅱ和Ⅳ　　B) 仅 Ⅰ、Ⅱ和Ⅲ　　C) 仅 Ⅱ、Ⅲ和Ⅳ　　D) 都是

47. 下列关于 SQL Server 2000 的叙述中,哪一个是不正确的?

A) 它由客户机组件、服务器组件和通信组件构成

B) 数据传输服务和联机丛书属于客户机端组件

C) 企业管理器和查询分析器属于服务器端组件

D) 客户机端应用与服务器之间的通信可有多种方式

48. 下列关于 Oracle 系统的叙述中,哪一个是不正确的?

A) Oracle 11g 支持网格计算和面向对象概念

B) Oracle 服务器包括 Oracle 数据库和 Oracle 实例

C) Oracle 数据库是存储数据的集合

D) Oracle 实例只是由一些用户进程所构成

49. 下列关于 Oracle 工具的叙述中,哪一个是不正确的?

A) Oracle Designer/2000 是一个 CASE 工具

B) Oracle Designer 中的 BPR 用于过程建模,帮助用户进行复杂系统建模

C) Oracle Reports 用于生成联机文档

D) Oracle Office 可用于办公自动化

50. 下列哪些不是由于关系模式设计不当所引起的问题?

Ⅰ. 数据冗余　Ⅱ. 丢失修改　Ⅲ. 级联回滚　Ⅳ. 删除异常　Ⅴ. 更新异常

A) 仅Ⅰ、Ⅲ和Ⅴ　B) 仅Ⅱ、Ⅳ和Ⅴ

C) 仅Ⅱ和Ⅲ　D) 仅Ⅳ和Ⅴ

51. 下列关于数据依赖的叙述中,哪一条是不正确的?

A) 关系模式的规范化问题与数据依赖的概念密切相关

B) 数据依赖是现实世界属性间相互联系的抽象

C) 数据依赖极为普遍地存在于现实世界中

D) 只有两种类型的数据依赖:函数依赖和多值依赖

52. 下列关于函数依赖的叙述中,哪一条是不正确的?

A) 若 $X \to Y$, $Y \to Z$, 则 $X \to Z$　B) 若 $X \to Y$, $Y' \subset Y$, 则 $X \to Y'$

C) 若 $X \to Y$, $X' \subset X$, 则 $X' \to Y$　D) 若 $X \to Y$,则 $XZ \to YZ$

53. 设 U 为所有属性,X、Y、Z 为属性集,$Z = U - X - Y$,下面关于多值依赖的叙述中,哪些是正确的?

Ⅰ. 若 $X \to\to Y$,则 $X \to Y$　Ⅱ. 若 $X \to Y$,则 $X \to\to Y$

Ⅲ. 若 $X \to\to Y$,且 $Y' \subset Y$,则 $X \to\to Y'$　Ⅳ. 若 $X \to\to Y$,则 $X \to\to Z$

Ⅴ. 设 $XY \subseteq W \subseteq U$,若 $X \to\to Y$ 在 $R(W)$ 上成立,则 $X \to\to Y$ 在 $R(U)$ 上成立

A) 仅Ⅰ和Ⅲ　B) 仅Ⅱ和Ⅳ　C) 仅Ⅲ和Ⅴ　D) 仅Ⅱ和Ⅴ

54. 若有关系模式 $R(X,Y,Z)$,属性 X、Y、Z 都是主属性。下列叙述中,哪一条是正确的?

A) R 肯定属于 1NF,但 R 不一定属于 2NF

B) R 肯定属于 2NF,但 R 不一定属于 3NF

C) R 肯定属于 3NF,但 R 不一定属于 BCNF

D) R 肯定属于 BCNF,但 R 不一定属于 4NF

55. 下列关于模式分解的叙述中,哪一条是不正确的?

A) 若一个模式分解保持函数依赖,则该分解一定具有无损连接性

B) 若要求分解保持函数依赖,那么模式分解可以达到 3NF,但不一定能达到 BCNF

C) 若要求分解既具有无损连接性,又保持函数依赖,则模式分解可以达到 3NF,但不一定能达到 BCNF

D) 若要求分解具有无损连接性,那么模式分解一定可以达到 BCNF

56. 下列关于 E-R 模型向关系模型转换的叙述中,哪一个是不正确的?

A) 一个实体类型转换成一个关系模式,关系的码就是实体的码

B) 一个 1 : n 联系转换为一个关系模式,关系的码是 1 : n 联系的 1 端实体的码

C) 一个 m : n 联系转换为一个关系模式,关系的码为参与联系的两个实体码的组合

D) 三个或三个以上实体间的多元联系转换为一个关系模式,关系的码为参与联系的各实体码的组合

57. 下列关于以数据库为中心的浏览器/服务器结构软件开发的叙述中,哪一个是不正确的?

A) 该结构中数据库服务器与 HTTP 服务器紧密相结合

B) 可使用 Internet 浏览器的方式来访问数据库

C) 能获得数据库服务器的所有功能,缩短 Web 开发过程

D) SQL Server 2000 不支持这种软件结构

58. PowerDesigner 中用于数据仓库建模和实现的模块是

A) ProcessAnalyst　　B) WarehouseArchitect

C) AppModeler　　D) DataArchitect

59. 下列关于数据库体系结构的叙述中,哪一个是不正确的?

A) 计算机体系机构的发展变化对数据库体系结构的发展变化有很大的影响

B) 分布式数据库系统中,每个节点都是一个独立的数据库系统

C) 分布式系统的所有问题都是外部的、用户级别的问题

D) 客户程序访问 DBMS 通常可以采用 ODBC,也可以采用 JDBC

60. 下列关于对象—关系数据库系统的叙述中,哪一个是不正确的?

A) 对象-关系数据库系统是以关系数据库系统为基础建立的

B) 对象-关系数据库系统的数据库模式的最顶层仍然是关系(表)的集合

C) 对象-关系数据库系统的表仍然是传统意义上的符合第一范式的简单的二维表

D) 对象-关系数据库系统的所有面向对象扩充都在 SQL 环境中进行

参考答案

选择题

1. B	2. B	3. D	4. C	5. B	6. D	7. D	8. A	9. C	10. D
11. B	12. C	13. A	14. A	15. C	16. D	17. C	18. D	19. C	20. C
21. D	22. D	23. C	24. A	25. C	26. A	27. B	28. B	29. C	30. B
31. B	32. D	33. D	34. B	35. D	36. C	37. D	38. C	39. C	40. C
41. B	42. B	43. D	44. B	45. B	46. D	47. C	48. D	49. C	50. C
51. D	52. C	53. B	54. C	55. A	56. B	57. D	58. B	59. C	60. C

参考文献

[1] 教育部考试中心.全国计算机等级考试三级教程——数据库技术(2009年版)[M].北京:高等教育出版社,2008.

[2] Silberschatz A,Korth H F,Sudarshan S.数据库系统概念[M].6版.杨冬青,李红燕,唐世渭,等,译.北京:机械工业出版社,2012.

[3] Garcia-Molina H,Ullman J D,Widom J.数据库系统实现[M].2版.杨冬青,吴愈青,包小源,等,译.北京:机械工业出版社,2010.

[4] Elmasri R,Navathe S B.数据库系统基础 初级篇和高级篇[M].5版.邵佩英,徐俊刚,王文杰,等,译.北京:人民邮电出版社,2008.

[5] Date C J.数据库系统导论[M].8版.孟小峰,译.北京:机械工业出版社,2007.

[6] 王珊,萨师煊.数据库系统概论[M].4版.北京:高等教育出版社,2006.